AGNÉS
VARDA

Director de la colección: Jenaro Talens

Carlos Tejeda

# AGNÈS VARDA

Cátedra
Signo e Imagen / **Cineastas**

Diseño de la colección: Manuel Bonsoms

1.ª edición, mayo de 2025

Diseño de cubierta: aderal

Imagen de cubierta: Fotograma de *Varda por Agnès* (2019)
© Ciné-Tamaris

Imagen de cuarta de cubierta: *Agnès de-ci de-là Varda* (2008-2011)
© Ciné-Tamaris


Valentín Beato, 21. 28037 Madrid
Depósito legal: M. 3.707-2025
I.S.B.N.: 978-84-376-4906-1
*Printed in Spain*

*A Delphine y Alma*

# Agradecimientos

En primer lugar, expresar mi agradecimiento a Rosalie Varda y a Claire Garate, de la productora Ciné-Tamaris —fundada por la cineasta en 1954 y que hoy en día se dedica a preservar tanto su legado como el de Jacques Demy—, por la documentación y las facilidades proporcionadas. A Raúl García Bravo, por su paciencia, y también a Elsa Otero y Esther Moñita. A Noelia Martín, Micol Largarde y Miguel Ángel Martínez, responsables de la Biblioteca Dolores Devesa de la Filmoteca Española, por la ayuda prestada y el tiempo que han dedicado a proporcionarme documentación, así como al resto del personal de la casa que, de una manera u otra, se ha visto implicado en este proyecto. A Delphine Valadié, por las horas que ha dedicado a la traducción de los textos en francés y cuya ayuda, además, fue crucial para captar mejor los juegos fonéticos a los que era tan aficionada la cineasta y con los que salpicó sus películas y sus textos. A José Ángel Barrueco, Israel Paredes, Raúl Álvarez, Araceli Rodríguez Mateos, Raquel Sardá y Vicente Alemany, que siguieron de cerca el proceso de escritura y me prestaron sus consejos, y a María Martínez de Ubago y Tomás Zarza. A Emma y Magnus, Judie y Luis, Almudena e Iván, Mate y Toni, Raquel, Elizabeth y Raúl, Lali, Carlos Atanes, Marta Timón y Marta Villarreal, y a todos los demás que, de alguna manera, os habéis visto salpicados por el libro y que, como sois bastantes, si lo tenéis en vuestras manos, y puesto que me conocéis de sobra, sabéis quiénes sois.

# Nota del autor

Por expresa indicación de los responsables de Ciné-Tamaris, en el presente estudio se han seguido los títulos, años y datos que figuran en el libro autobiográfico de Agnès Varda: *Varda par Agnès. L'intégrale* (París, Éditions de La Martinière, 2023), que consta de dos volúmenes: el primero, *1954-1994,* que es una reedición del publicado en 1994 por Ciné-Tamaris y Cahiers du Cinéma, y el segundo, *1994-2019*. Por esa razón, desde un principio se optó por mantener los títulos originales en francés, que son los que figuran en la mayor parte de la documentación que se ha consultado. Solo están traducidos aquellos que se estrenaron en su día en salas españolas.

En Madrid, a 20 de julio de 2024

## Introducción

# Antes de ir a las playas...

> En otra escena, Marie-France Boyer, tumbada en su cama, cierra un libro. Aquí hay otro plano que volví a grabar. Había cogido un libro al azar de la estantería: era *L'amour conjugal* de Moravia. Al principio, me pareció gracioso, pero, en el montaje, pensé que realmente parecía que lo había hecho a propósito. Así que cambié el plano por uno con un libro anodino. Es terrible cómo la imagen es significativa...[1].

Esta reflexión de Agnès Varda referente a su film *La felicidad (Le bonheur,* 1965) me hizo recordar una etapa en la que, tras terminar mis estudios en Bellas Artes, me dediqué de lleno a la pintura. Recuerdo mi primera exposición individual en una galería pequeña cuando el día de la inauguración recibí varios comentarios que eran interpretaciones personales de visitantes sobre lo que les sugerían mis cuadros. Lo interesante fue que ninguna de ellas coincidía con mis intenciones reales durante el proceso creativo, en el que

---

[1] Jean-André Fieschi y Claude Ollier, «La grâce laïque. Entretien avec Agnès Varda», *Cahiers du Cinéma,* núm. 165, abril de 1965, pág. 50.

el azar también estuvo muy presente. Incluso de una misma pintura recibí explicaciones diferentes. Mi asombro fue que todas ellas encajaban a la perfección. Con permiso de Agnès, «es terrible cómo la imagen es significativa». Quizá sean cosas del subconsciente. No lo sé, y se podría divagar sobre este tema durante días, pero eso es otra historia, como decía la muletilla de aquel personaje de *Irma la dulce* de Billy Wilder. La cuestión es que este asombro, que puede parecer insignificante, o incluso hasta una nadería, se me quedó grabado a fuego. Tanto, que desde entonces actúa como un mecanismo interior que salta como un resorte cada vez que me enfrento a una obra cinematográfica, literaria, musical o artística. Una cosa son las intenciones del artista y otra cómo las interpreta el espectador. Y es en esta tesitura en la que se ha concebido este libro que tiene usted en sus manos. Algo que adquirió, al menos para mí, una especial importancia durante el proceso del estudio de una obra que, a pesar de su aparente sencillez, posee una enorme profundidad por las numerosas cuestiones que plantea sobre los diversos aspectos de la naturaleza humana —la memoria, el paso del tiempo, la vejez, la muerte, el azar, etc.— y del arte —la imagen, la creación artística, la fotografía, el cine, etc.— y que está salpicada con infinidad de detalles entre juegos fonéticos, asociaciones y metáforas, como es la de Agnès Varda, una cineasta de carácter independiente que siempre navegó a contracorriente.

El presente estudio se ha concebido como un cuaderno de apuntes, pero en consonancia con el espíritu de la cineasta. Es decir, entre el puzle, el *collage,* el atlas, el juego y esa sensación de *work in progress* que emana su cine, algo que parece enfatizar la ausencia de la palabra «fin» en sus películas, su obra fotográfica, sus videoinstalaciones, su libro autobiográfico, *Varda par Agnès,* así como sus catálogos de exposiciones o sus ediciones en DVD, como ponen de relieve los materiales de muy diversa índole que incluye en ellos, desde fotografías, guiones, dibujos, mapas y material de archivo hasta extras o bonus, que ella llamaba *boni,* o folletos.

En *Jane B. par Agnès V.*, Jane Birkin pregunta a la cineasta si cree que va a conseguir lo que busca con los fragmentos que introduce en la película y esta responde: «Es como cuando hacemos un puzle, colocamos pequeñas piezas aquí y allá, y después se dibuja lentamente y hay todavía un agujero en el medio, un vacío». Por ello, se ha viajado hacia adelante y hacia atrás a lo largo de estas páginas para incorporar nuevas piezas «aquí y allá» que surgían durante el camino para tratar de completar ese otro gran puzle que es la figura de Agnès Varda y su obra, aun siendo consciente de que siempre queda un «agujero en el medio» o, más bien, agujeros. En otro momento de *Caras y lugares,* tras visitar a la centenaria abuela de JR, este comenta: «Ella no te dirá nada más. Cada uno tiene sus secretos». Como Agnès Varda habrá tenido los suyos.

Convertida en cineasta, es mi deber llevar al público a sensaciones, no sensaciones fuertes con efectos especiales, sino sensaciones sutiles con efectos casi invisibles.

Agnès Varda[2]

Lo que más me irrita en el cine francés del momento es sentir el esfuerzo, el trabajo duro, la obstinación forzada, el miedo a filmar. Nada de eso se percibe en Agnès Varda, quien se divierte filmando sus películas para que nosotros podamos divertirnos viéndolas.

François Truffaut[3]

---

[2] Agnès Varda, *Varda par Agnès. L'intégrale, vol. 1954-1994,* París, Éditions de La Martinière, 2023, pág. 62.

[3] François Truffaut, «Ô saisons! Ô châteaux», *Cahiers du Cinéma,* núm. 84, junio de 1958, pág. 42.

## Contexto: Agnès Varda y su tiempo

Al contrario que sus coetáneos de la *Nouvelle Vague,* devotos cinéfilos que se curtieron primero como críticos en las páginas de la revista *Cahiers du Cinéma,* como François Truffaut, Jean-Luc Godard, Claude Chabrol, Éric Rohmer o Jacques Rivette, Agnès Varda (Ixelles, Bélgica, 1928-París, 2019), ajena a todo ese ambiente, recibió formación en la L'École du Louvre[4], donde cursó estudios superiores

4 Fundada en 1882 en un ala del Museo del Louvre, es un centro de educación superior del Ministerio de Cultura que imparte cursos de his-

en historia del arte y, más tarde, de fotografía en la École de Vaugirard[5] para después iniciar su trayectoria profesional como fotógrafa en el Théâtre National Populaire (TNP) fundado por Jean Vilar[6] en 1947. Además, confesó que apenas había visto una decena de películas cuando inició el rodaje de su primer largometraje, *La Pointe Courte* (1954), protagonizada por los aún por aquel entonces desconocidos Philippe Noiret y Silvia Monfort, que en aquella época formaban parte de la compañía de Vilar. Un título en el que, además, y quizá de manera inconsciente, la joven cineasta comenzó a prefigurar los rasgos conceptuales y estéticos por los que después transitarán los *enfants terribles* de *Cahiers du Cinéma*.

El término *Nouvelle Vague* fue utilizado por primera vez por Françoise Giroud en un artículo sobre el auge de un nuevo espíritu en la juventud francesa publicado en *L'Express* el 3 de octubre de 1957 —al año siguiente vería la luz su libro, *La Nouvelle Vague, portratit de la jeunesse* (L'Air du Temps, 1958)—, cuando, en ese mismo año, el crítico Pierre Billard, en el número de febrero de 1958 de *Cinéma 58,* propone una encuesta para analizar el estado del cine francés y utiliza dicha expresión, aunque solo una vez y de paso, tal

---

toria del arte, arqueología, antropología o museografía. Su página web oficial: www.ecoledulouvre.fr.

[5] Creada en 1926 por iniciativa de un grupo de industriales e ingenieros entre los que se hallaban Louis Lumière y Léon Gaumont, entre otros, L'École Technique de Photographie et de Cinématographie (ETPC), tras varias etapas, en 1991 se convirtió en L'École Nationale Supérieure Louis-Lumière, situada actualmente en La Cité du Cinéma en Saint-Denis: www.ens-louis-lumiere.fr.

[6] Natural de Sète, Jean Vilar (1912-1971) fue además el fundador del Festival de Aviñón de teatro, cuya primera edición tuvo lugar en 1947. En cine participó en algunos títulos como *Las puertas de la noche (Les portes de la nuit,* Marcel Carné, 1947). Para más información sobre Vilar: https://maisonjeanvilar.com.

como recoge Michel Marie, para expresar que «La prudencia con la que esta *Nouvelle Vague* sigue los pasos de sus mayores es desconcertante»[7]. Asimismo, el historiador de cine constata que es *L'Express* el que recurre de nuevo a esa etiqueta para englobar las películas producidas en 1959 y, sobre todo, las presentadas en el Festival de Cannes de ese mismo año, como fue el caso de *Los cuatrocientos golpes (Les Quatre Cents Coups,* François Truffaut, 1959). Marie reproduce unas declaraciones del propio Truffaut al *France Observateur* el 3 de diciembre de 1959 en las que afirma que

> creo que la *Nouvelle Vague* ha tenido una realidad anticipada. Empezó como un invento de los periodistas y se acabó convirtiendo en algo efectivo. En todo caso, si no se hubiera creado ese eslogan periodístico en el momento del Festival de Cannes, creo que habría surgido esta denominación o cualquier otra, por la fuerza de las cosas, en el momento en que hubiésemos tenido conciencia del número de «óperas primas»[8].

Sea como fuere, y aunque entre esos jóvenes cineastas que surgieron bajo esta etiqueta hubo ciertos rasgos comunes en cuanto a la concepción cinematográfica —el director es el autor, rodajes en escenarios reales, bajos presupuestos, equipos reducidos, etc.—, en realidad, cada uno de sus integrantes concibió su obra siguiendo sus propios intereses estéticos y conceptuales. Agnès Varda, simplemente, coincide en el tiempo y en el espacio bajo el paraguas de esos nuevos aires de renovación. Tiene amistad con algunos, y, como ellos, es otro espíritu libre que siempre se mantuvo ajeno a tendencias y modas, que defendió su condición de cineasta independiente, incluso de *outsider,* imagen

---

[7] Michel Marie, *La Nouvelle Vague,* Madrid, Alianza Editorial, 2012, pág. 21.
[8] *Ibíd.,* pág. 19.

que la propia realizadora se encargó de cultivar si cabe aún más en sus dos últimas décadas con la aparición de las cámaras digitales y el inicio de su *tercera vida* como artista visual. Sin embargo, Flitterman-Lewis afirma que es en los escritos de Alexandre Astruc, aunque Agnès Varda nunca los leyó, según apunta la historiadora, donde se pueden detectar sus «afinidades teóricas y conceptuales»[9] con los miembros de la *Nouvelle Vague* por cuanto su forma de entender el cine, que definió como *cinécriture,* está en consonancia con las hipótesis que expuso aquel en su artículo «Nacimiento de una nueva vanguardia: la "Caméra-stylo"», publicado en 1948. En este texto Astruc defiende el cine como un acto de escritura y, por tanto, la noción de autor-director, es decir, el cineasta es un autor que «escribe con su cámara de la misma manera que el escritor escribe con una estilográfica»[10]. Ideas que suscriben los miembros del movimiento, aunque el punto de partida sobre las teorías de la «política de autor» se halla, según Marie[11], en el célebre y polémico artículo de François Truffaut «Una tendencia del cine francés» publicado varios años después, en 1954, en *Cahiers du Cinéma*[12].

Y aunque Agnès Varda tuvo amistad con Jean-Luc Godard, quien protagonizó junto a Anna Karina su cortometraje *Les fiancés du pont Mac Donald,* incluido dentro del

---

[9] Sandy Flitterman-Lewis, *To desire differently. Feminism and the French cinema,* Nueva York, Columbia University Press, 1996, pág. 251.

[10] Alexandre Astruc, «Nacimiento de una nueva vanguardia: la "caméra-stylo"», recogido en Joaquim Romagera y Homero Alsina (eds.), *Textos y manifiestos del cine,* Madrid, Cátedra, 1993, pág. 224.

[11] Michel Marie, *La Nouvelle Vague, op. cit.,* pág. 53.

[12] François Truffaut, «Une certaine tendence du cinéma français», *Cahiers du Cinéma,* núm. 31, enero de 1954, págs. 15-28. Hay una traducción en español a partir de la edición francesa, *Le plaisir des yeux,* publicada por Cahiers du Cinéma en 1987: *El placer de la mirada,* Barcelona, Paidós, 2002, págs. 227-244.

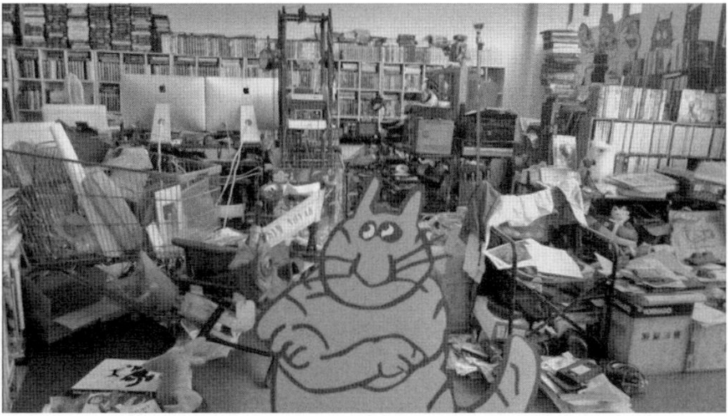

*Agnès de-ci de-là Varda* (2008-2011), episodio 01:
estudio de Chris Marker, © Ciné-Tamaris.

largometraje *Cleo de 5 a 7 (Cléo de 5 à 7,* 1961), y luego le dará plantón cuando va a visitarlo con JR en *Caras y lugares* (2017) a Rolle, localidad suiza donde vivía, sus amistades más cercanas fueron sobre todo algunos cineastas de la *rive gauche* parisina como Alain Resnais, quien realizó el montaje de su primer film, *La Pointe Courte,* o el propio Chris Marker, con quien compartió rasgos comunes, como su autonomía creativa, ya que no se adscribieron formalmente a grupo alguno. Incluso ambos tuvieron su propio avatar «gatuno»: si el del primero fue el atigrado Guillaume-en-Égypte, al que utilizaba como portavoz —son escasas, como es bien sabido, las fotografías existentes de su rostro real—, la cineasta incluyó en algunos films la imagen de su gata Zgougou[13], cuyo rostro forma parte del logotipo de su productora Ciné-Tamaris.

---

[13] En la página 24 del catálogo de la exposición *L'île et elle* (París, Actes Sud, 2006) se incluye la filmografía de Zgougou: *Hommage à Zgougou* (2001), *boni* incluido en el DVD de *Los espigadores y la espigadora;*

El historiador y profesor Bernard Bastide, quien además fue asistente de la cineasta entre 1993 y 1998 en su productora, constata que, en el año 1954, solo dos de las setenta y siete películas que se rodaron ese año fueron realizadas por mujeres[14]. Una era *La Pointe Courte* y la otra fue *Huis-clos*, que, protagonizada por Arletty y Frank Villard, dirigió Jacqueline Audry (1908-1977), cuya carrera se había iniciado con el mediometraje *Les chevaux du Vercors* en 1943 y quien, hasta esa fecha, había firmado *Les malheurs de Sophie* (1945), *Sombre dimanche* (1948), *Gigi* (1949), *Minne, l'ingénue libertine* (1950), *Olivia* (1951) y *La caraque blonde* (1953).

De ahí, según Bénézet, la importancia que posee la figura de Varda en el momento en que comienza su carrera, y por un doble motivo: su condición de joven principiante y el hecho de entrar en un ámbito como el cinematográfico, dominado en aquella época enteramente por hombres. Bénézet recoge una cita de Vincendeau:

> Dado que el modelo del autor sigue siendo el genio individual, o al menos el artista impulsado por una «necesidad interna» hacia la autoexpresión, esto ha tenido el resultado paradójico de empujar a las directoras francesas hacia un individualismo exacerbado por un lado y una alineación con «colegas» masculinos por otro[15].

---

*Dos años después*, en la que aparece junto a la propia Varda; *L'univers de Jacques Demy*, en un momento con Jacques Demy mientras este está escribiendo sus recuerdos, y *Le lion volatil*, sobre el pedestal del León de Belfort.

14 Bernard Bastide, «Agnès Varda, une auteure au féminin singulier (1954-1962)», en Antony Fiant, Roxane Hamery y Éric Thouvenel, *Agnès Varda: le cinéma et au-delà*, Rennes, Presses Universitaires de Rennes, 2009, pág. 17.

15 Delphine Bénézet, *The cinema of Agnès Varda: resistance and eclecticism*, Nueva York, Wallflower Press, 2014, pág. 61.

Silvia Monfort y Philippe Noiret en *La Pointe Courte* (1954), © Ciné-Tamaris.

De hecho, otra prueba de esa independencia es que para llevar a cabo *La Pointe Courte,* y a falta de productor, Agnès Varda creó su productora, que inicialmente se llamó Tamaris, para hacer frente a los gastos de la producción, circunstancia de la que ella misma deja constancia[16].

En este sentido, varias décadas después, cuando ya es una cineasta reconocida, en una entrevista concedida a Barbara Quart en 1986 para *Film Quarterly,* confiesa que «con cada película tengo que luchar como un tigre. No me quieren». A lo que la entrevistadora le pregunta: «¿Con todo lo que has hecho? ¿Con la magnitud de tus logros?». Y responde: «Soy un perfecto artilugio cultural, me tienen

[16] Agnès Varda, «Comment j'ai fait *La Pointe Courte*», reeditado en *Positif,* núm. 575, enero de 2009, pág. 58. El artículo se publicó originalmente en *Ciné-Club Méditerranée,* núm. 8, enero de 1956.

en todas las librerías y cinetecas. Seré inolvidable. Pero no me quieren para hacer películas»[17].

Sea como fuere, y pese a las dificultades, Agnès Varda concibió una sólida filmografía que gira en torno a cuarenta y cinco títulos, entre cortometrajes, mediometrajes y largometrajes, todos ellos con el rasgo común, incluidos sus encargos, de que sus guiones son de autoría única, original y exclusiva de la propia cineasta, es decir, nunca realizó adaptación alguna de una obra literaria ni filmó guiones escritos por otros. Además, continuó su actividad como fotógrafa, a lo que se sumaría su trayectoria como artista visual, que se inició con la videoinstalación *Patatutopia,* exhibida por primera vez en la Bienal de Venecia de 2003 cuando contaba ya con 75 años de edad. «La vieja cineasta se transforma en joven artista plástica», apostilla en *Las playas de Agnès (Les plages d'Agnès,* 2008). Una obra que controló en su totalidad desde el proceso creativo hasta las ediciones en DVD de sus películas o sus catálogos de exposiciones.

---

[17] Barbara Quart, «Agnès Varda: a conversation», *Film Quarterly,* vol. 40, núm. 2, invierno de 1986-1987, pág. 10.

## La *flâneuse:* mirar/observar a través de la cámara al caminar

Filmar aquello en lo que no repara el ojo del transeúnte común, que, como apunta Fiona Songel, «son fragmentos que forman parte de una ciudad que cambia "más rápido que el corazón de un hombre"»[18]. Es, en cierta manera, la tesitura por la que transita la mirada de Agnès Varda, cuyo

---

[18] Fiona Songel, *El arte de leer las calles. Walter Benjamin y la mirada del flâneur,* Valencia, Barlin Libros, 2021, pág. 40.

talante asimismo posee muchos rasgos del *flâneur*, figura nacida a mediados del siglo XIX en París con el surgimiento de los pasajes, galerías comerciales cubiertas, y en una época en la que estaba en boga el género literario de las fisiologías *(physiologies)*, retratos de las tipologías de los personajes de la vida urbana, lo que Walter Benjamin llamó «literatura panorámica»[19]. Sobre ellas añade que «las fisiologías vivían de su crédito sin haber añadido nada propio, cuando aseguraban que cualquiera, aunque nada supiera del asunto, estaba en condiciones de adivinar la profesión, el carácter, la extracción y hasta el modo de vida de los viandantes»[20]. Una operación similar que hará después, pero desde la fotografía, August Sander en su proyecto titulado *Hombres del siglo XX (Menschen des 20. Jahrhunderts)*, que inició en la década de 1910 al retratar a ciudadanos que representan todas las clases sociales y profesionales. Un ejercicio análogo lo realizará Varda, aunque a su manera, con los comerciantes de su calle en *Daguerréotypes* (1974-1975) o con las gentes que retrata en *Los espigadores y la espigadora (Les glaneurs et la glaneuse*, 1999-2000) y su continuación *Dos años después (Les glaneurs et la glaneuse... deux ans après*, 2001-2002), *Las playas de Agnès (Les plages d'Agnès*, 2008), la miniserie de cinco capítulos *Agnès de-ci de-là Varda* (2008-2011) o *Caras y lugares (Visages villages*, 2015-2017). Dentro de este género, destaca la *Fisiología del flâneur* (1841), cuyo autor, Louis Huart, apunta los atributos que debe de poseer aquel: «buenas piernas, buenas orejas y buenos ojos»[21]. Sin embargo, dos décadas después, Charles Baudelaire señala en *El pintor de la vida moderna* (1863) que:

---

[19] Walter Benjamin, «El París del Segundo Imperio en Baudelaire», en *Obras. Libro I, vol. 2,* Madrid, Abada, 2008, pág. 121.

[20] *Ibíd.*, pág. 126.

[21] Louis Huart, *Fisiología del flâneur,* Madrid, Gallo Nero Ediciones, 2018, pág. 51.

> Para el perfecto *flâneur,* para el observador apasionado, constituye un gozo inmenso elegir morada en el número, en lo ondulante, en el movimiento, en lo fugitivo y lo finito. Estar fuera de casa, y sin embargo sentirse en ella en todas partes; ver el mundo, estar en el centro del mundo y permanecer oculto al mundo, tales son algunos de los menores placeres de estos espíritus independientes, apasionados, imparciales, que la lengua solo puede definir torpemente. El observador es un *príncipe* que goza en todas partes de su incógnito[22].

Pero será el citado Walter Benjamin quien, a partir de la obra del poeta francés, analice más a fondo la figura del *flâneur,* aquella «que acude al asfalto a hacer botánica»[23], ya que la considera la auténtica representación de la experiencia urbana y moderna. Acto que asoció a diversos conceptos, como la observación, la multitud o el caminar, en especial por los pasajes. Pero el filósofo, que tampoco ofrece una descripción exacta, apunta en su libro *Infancia berlinesa hacia mil novecientos* que

> andar desorientado en una ciudad no significa gran cosa. Extraviarse en ella como quien se extravía en un bosque requiere, no obstante, preparación. Los nombres de las calles tienen que hablar al errabundo como el crujir de ramitas secas, y las callejuelas del centro reflejarle las horas del día con la nitidez de un claro en la montaña[24].

---

[22] Charles Baudelaire, *El pintor de la vida moderna,* edición de Antonio Pizza y Daniel Aragó, Murcia, Colegio Oficial de Aparejadores y Arquitectos Técnicos, Librería Yerba, Cajamurcia, 1995, págs. 86-87.

[23] Walter Benjamin, «El París del Segundo Imperio en Baudelaire», art. cit., pág. 123.

[24] Walter Benjamin, *Infancia berlinesa hacia mil novecientos,* traducción de Richard Gross, Cáceres, Editorial Periférica, 2021, pág. 31.

Esa idea se puede asociar a esa cita que Benjamin recoge sobre el *flâneur* de Edmond Jaloux: «salir cuando nada le obliga, y seguir su inspiración como si solo el hecho de torcer a derecha o a izquierda constituyera ya un acto esencialmente poético»[25]. En consonancia con esta idea, Franz Hessel escribe en su libro *Paseos por Berlín,* publicado en 1929, que

> pasear es una suerte de lectura de la calle, durante la cual los rostros de la gente, las vitrinas, los escaparates, las terrazas de los cafés, los tranvías, coches y árboles se convierten en letras, todas ellas igual de legítimas, que juntas forman palabras, frases y páginas de un libro en constante renovación. Para pasear de verdad es preciso carecer de un propósito muy determinado[26].

Sin embargo, Benjamin, en su inacabado *Libro de los pasajes,* cuya redacción comenzó en 1927, afirma que para el *flâneur* la ciudad no solo constituye un escenario[27], sino que su *fantasmagoría* es «leer en los rostros la profesión, el origen y el carácter»[28]. Y unas páginas más adelante, agrega que:

> La figura del detective se halla performada en la del *flâneur.* Tuvo que ser importante para el *flâneur* la legitimización social de su hábito. Le convenía mucho ver que su indolencia se presentaba como apariencia bajo la cual, en realidad, se ocultaba la aguda atención de un observador que no pierde de vista a los desprevenidos criminales[29].

---

[25] Walter Benjamin, *Libro de los pasajes,* edición de Rolf Tiedemann, Madrid, Akal, 2005, pág. 439.

[26] Franz Hessel, *Paseos por Berlín,* Madrid, Errata Naturae, 2015, pág. 150.

[27] Walter Benjamin, *Libro de los pasajes, op. cit.,* pág. 354.

[28] *Ibíd.,* pág. 433.

[29] *Ibíd.,* pág. 445.

*Los espigadores y la espigadora* (1999-2000), © Ciné-Tamaris.

El antropólogo David Le Breton apunta que el «*flâneur* camina por la ciudad como lo haría por un bosque: dispuesto al descubrimiento»[30], y añade nuevos matices como que es un «cazador de anécdotas»[31]. Rebecca Solnit lo califica de «consumidor visual»[32]. Con la llegada de la fotografía, según Susan Sontag, la cámara se afianza al principio «como una extensión de la mirada del *flâneur* de clase media». La escritora apunta unas pocas líneas después que «el fotógrafo es una versión armada del paseante solitario que explora, acecha, cruza el infierno urbano, el caminante voyerista que descubre en la ciudad un paisaje de extremos

[30] David Le Breton, *Elogio del caminar,* Madrid, Siruela, 2017, pág. 174.
[31] *Ibíd.,* pág. 181.
[32] Rebecca Solnit, *Wanderlust. Una historia del caminar,* Madrid, Capitán Swing, 2015, pág. 295.

voluptuosos», para concluir que le atraen los «rincones oscuros y miserables, sus pobladores relegados, una realidad no oficial tras la fachada de vida burguesa que el fotógrafo "aprehende" como un detective aprehende a un criminal»[33].

En la década de 1950, Guy Debord acuñó el término «psicogeografía» para referirse al efecto psicológico del espacio urbano en el habitante de la ciudad y propuso un nuevo tipo de movimiento, la deriva, que definió como «una técnica de paso precipitado a través de ambientes diversos»[34]. A continuación, matiza que dicho concepto es «inherente al reconocimiento de efectos de naturaleza psicogeográfica y a la afirmación de un comportamiento lúdico-constructivo, cosa que lo sitúa, en todos sus aspectos, en una postura totalmente opuesta a las nociones clásicas de viaje y de paseo»[35].

A diferencia de la *flânerie,* que se centra en deambular y observar, la deriva incide en el desplazamiento mientras se observa. Sea como fuere, el nuevo entorno parisino despertó la curiosidad del hombre burgués del siglo XIX, quien tenía tiempo para explorar la nueva ciudad. Conceptos, por otra parte, presentes en los personajes *vardianos,* como la pareja protagonista de *La Pointe Courte,* Cléo en *Cleo de 5 a 7,* Edgar en *Las criaturas (Les criatures,* 1965), Mona en *Sin techo ni ley (Sans toi ni loi,* 1985) o la propia figura de Agnès Varda en sus últimos documentales —*Los espigadores y la espigadora, Dos años después*—, la miniserie *Agnès de-ci de-là Varda* o *Caras y lugares.* Estos conceptos también impregnan las películas de la *Nouvelle Vague,* cuyo cine no solo sale a la calle, sino que muchos de sus protagonistas

---

[33] Susan Sontag, *Sobre la fotografía,* Barcelona, Debolsillo, 2020, páginas 61-62.

[34] Guy Debord, «Teoría de la deriva», en *Psicogeografía, arquitectura y urbanismo,* Madrid, Ediciones Asimétricas, 2022, pág. 221.

[35] *Ibíd.*

son seres itinerantes; cuando no se entregan a callejear por la ciudad, la recorren a su manera, aunque el motivo de ese desplazamiento tenga una meta concreta: *Los cuatrocientos golpes (Les Quatre Cents Coups,* François Truffaut, 1959), *Al final de la escapada (À bout de souffle,* Jean-Luc Godard, 1960), *Paris nous appartient* (Jacques Rivette, 1961), *Le signe du lion* (1962) de Éric Rohmer, precisamente un cineasta cuyos personajes caminan la mayor parte del tiempo mientras hablan, o *Le maman et la putain* (Jean Eustache, 1973).

Agnès Varda encarna los aspectos descritos sobre la figura del *flâneur,* e incluso la del detective de Benjamin: su innata atracción por el paseo, por experimentar el espacio, caminar por él, también con la cámara, en sus documentales o a través de sus personajes al atrapar la vida que sucede a su alrededor. En *Las playas de Agnès* afirma que «me gusta deambular en los mercadillos. Buscar o hablar, pasear o filmar... y encontrar cosas». En este mismo film, así como en su libro autobiográfico *Varda par Agnès,* la cineasta confiesa la influencia que ejerció en ella durante su época de estudiante el filósofo Gaston Bachelard[36], que en su libro *La poética del espacio* (1957) lleva a cabo un estudio sobre la fenomenología de la imagen poética, «es decir, la consideración del *surgir de la imagen* en una conciencia individual»[37] en los espacios vividos. La cineasta afirma en *Las playas de Agnès:* «Hoy estoy creando imágenes que me han hechizado durante mucho tiempo desde las clases de Bachelard en la Sorbona», aunque a continuación confiese que no siempre lo entendía, como vuelve a confirmar en *Varda por*

---

36 Gaston Bachelard (1884-1962), filósofo y profesor en la Facultad de Letras de Dijon (1930-1940) y después en la Sorbona (1940-1954). Entre otras distinciones recibió la Legión de Honor (1960) o el Grand Prix National des Lettres (1961).

37 Gaston Bachelard, *La poética del espacio,* Buenos Aires, Fondo de Cultura Económica, 2000, pág. 9.

*Agnès (Varda par Agnès,* 2019) mientras camina sobre la playa y cita algunos de los libros más destacados del filósofo: *El agua y los sueños* (1942), *El aire y los sueños* (1943) o *La tierra y las ensoñaciones del reposo* (1946), al explicar la vinculación entre la vida interior y los elementos de la naturaleza tal como ella la siente. El influjo de la poética fenomenológica de Bachelard, según Bénézet, empapa sus películas por cuanto

> tan pronto como el espacio es observado o experimentado físicamente (por ejemplo, al recorrerlo), se impregna por la presencia de alguien y de su subjetividad encarnada. Este espacio puede seguir siendo misterioso e incontrolable para el sujeto, pero su representación cambia drásticamente[38].

Algo que Agnès Varda parece acentuar en sus paseos por la orilla en *Las playas de Agnès,* incluso cuando camina hacia atrás como metáfora mientras rememora su pasado al principio del film, acción que luego repetirá en más ocasiones a lo largo del metraje al comenzar a recordar su infancia en Sète: «Hoy regreso a esta playa, retrocediendo, retrocediendo como en todo este film», o sobre una barca, cuando la cineasta rema también «hacia atrás para llegar al muelle donde vivíamos».

En el terreno de la ficción, la representación *vardiana* de la figura del *flâneur* (o *flâneuse)*[39] recaerá en el personaje de Cléo (Corinne Marchand), una cantante que, a la espera de unos resultados médicos que podrían ser fatídicos, se entrega a deambular por las calles de París. Ella no solo observa cuanto se cruza en su entorno, sino que la propia cámara de

---

[38] Delphine Bénézet, *The cinema of Agnès Varda: resistance and eclecticism, op. cit.,* pág. 90.

[39] Sobre las *flâneuses,* véase Anna M.ª Iglesia, *La revolución de las flâneuses,* Girona, WunderKammer, 2019.

Corinne Marchand en *Cleo de 5 a 7* (1961), © Ciné-Tamaris.

Varda, al seguir su itinerario, va captando, al azar, todo cuanto acontece a su alrededor, desde artistas ambulantes que se tragan ranas o se clavan agujas en los bíceps hasta los variopintos transeúntes o clientes en los cafés. Si bien el resto de sus personajes en la ficción también están entregados a un perpetuo caminar: en *La Pointe Courte,* la pareja protagonista habla de su crisis matrimonial mientras recorre las callejuelas y los alrededores del barrio de Sète al que da título la película; el escritor Edgar (Michel Piccoli) da largas caminatas por la isla de Noirmoutier en *Las criaturas (Les créatures,* 1965); Pauline/Pomme (Valérie Mairesse)[40] viaja por la Francia rural con su grupo musical en *Una canta, otra no (L'une chante, l'autre pas,* 1977), al igual que Mona (Sandrine Bonnaire) en su sempiterno vagabundeo en *Sin techo ni*

[40] Además de *Una canta, otra no,* del centenar de títulos en los que ha participado hasta la fecha la actriz parisina Valérie Mairesse (1955) destaca su papel de Julia en el largometraje *Sacrificio (Offret,* 1985) dirigido por Andrei Tarkovski.

*ley*. Papel que desempeña la propia Agnès Varda, también una figura en constante itinerancia, como recoge en sus propios documentales al filmar a ciudadanos de a pie con sus pequeñas historias, esas que componen la historia en minúsculas, las que acontecen en la vida cotidiana, en el día a día, como se pone de manifiesto en *Los espigadores y la espigadora, Dos años después*, *Quelques veuves de Noirmoutier* (2006), *Agnès de-ci de-là Varda* o *Caras y lugares*.

Este acto, además, tiene ciertas connotaciones de voyerismo, como queda patente en *Daguerréotypes,* y sobre el que DeRoo apunta que «percibimos la quietud antinatural mientras los sujetos intentan mantener sus poses. Sus ligeros gestos, como la respiración nerviosa del carnicero, no pasan desapercibidos, y su torpeza e incomodidad nos hacen sentir, como espectadores, incómodos y conscientes de nuestro propio voyerismo»[41].

Voyerismo que, en cierta manera, está latente en sus películas y que, a veces, por azar —sobre el que la cineasta ha declarado en numerosas ocasiones que ha sido «el mejor de sus asistentes», tal como le expresa a JR en *Caras y lugares*—, se pone de manifiesto en numerosas ocasiones, como cuando visita la casa de su infancia en Ixelles, sobre la que deja constancia en *Las playas de Agnès* y que evoca en *Varda por Agnès*. Tras recorrer la casa, su atención se acaba centrando en los actuales propietarios, un matrimonio apasionado por los trenes en miniatura que le enseña las reproducciones que atesoran en las diferentes vitrinas repartidas por las estancias. Al salir de allí, la cineasta comenta en voz en *off*: «Fue divertido este encuentro y como era un poco inusual me absorbió esta pareja y su colección de trenes. En cuanto a la casa de infancia, fue un fracaso».

---

[41] Rebecca J. DeRoo, *Agnès Varda between film, photography, and art,* Oakland (CA), University of California Press, 2018, pág. 91.

Más allá del plano cinematográfico, hay intrínseco en la propia biografía de la cineasta un carácter nómada, ya que nació en Ixelles, Bélgica, pero después, a causa de la invasión alemana, se asentó con su familia en Sète, localidad al borde del mar Mediterráneo. Con 17 años se instala en París, donde realiza sus estudios y fija su residencia en la rue Daguerre. Pero a lo largo de su periplo vital se sumarán sus numerosos viajes, desde sus visitas a China o Cuba hasta sus dos estancias en Los Ángeles, la primera a finales de los años sesenta —cuando rueda *Black Panthers* (1968) y *Lions Love* (1969)— y la segunda a principios de los ochenta —en la que concibe *Mur murs* (1980) y *Documenteur* (1980-1981)—, e incluso los desplazamientos que realiza por la propia idiosincrasia de sus documentales, que la llevan a recorrer Francia, o por diferentes países debido a su participación en festivales internacionales, ciclos organizados por cinetecas, conferencias o inauguraciones de sus exposiciones —*Les demoiselles ont eu 25 ans* (1992), *Los espigadores y la espigadora* y su continuación, *Dos años después, Las playas de Agnès, Agnès de-ci de-là Varda, Caras y lugares*. «Hacer cine tiene la ventaja de que, dado que las películas son invitadas a los cuatro rincones del mundo, a menudo también invitan a sus cineastas»[42], escribe la directora. Una forma de filmar que había cobrado una nueva dimensión con la aparición de las pequeñas videocámaras en el cambio de siglo y con la que se reafirma en su condición de *espigadora* de imágenes. «Iba a poder hacer cosas más personales, quizá íntimas, y, en definitiva, hacer documentales libremente», declara en su documental *Varda por Agnès,* porque estos aparatos

---

[42] Agnès Varda, *Varda par Agnès. L'intégrale, vol. 1954-1994, op. cit.*, pág. 34.

> me permitieron acercarme a personas en situación precaria que seguramente no habrían soportado a un tipo con una cámara, a un técnico de sonido con una pértiga, a asistentes con gorras y gafas de sol... Las caricaturas de un rodaje. Pero yo estaba allí, tan pequeñita con una cámara no mayor que una de fotos. Y creo que no les asustaba. No intimidaba a nadie.

En *Dos años después,* incluso afirma: «Acepto presentaciones en ciudades con museos por descubrir, o por ver de nuevo».

Sea como fuere, la pequeña videocámara permite a Agnès Varda instantaneidad, discreción e intimidad a la hora de acercarse a las personas o situaciones, como si el aparato en sí mismo fuese la «extensión de la mirada del *flâneur*» que apuntaba Sontag, con lo que se convertirá en su inseparable compañera de viaje; con ella filmará a directores de festivales, cineastas que asisten a ellos, museos o centros de arte que visita, a artistas, galeristas, comisarios y críticos, sus propias exposiciones, al público, así como los diferentes ámbitos populares de cada ciudad a la que acude, como mercados, mercadillos, sus comerciantes o los barrios en los que se adentra durante el tiempo libre que le dejan sus compromisos. Pero esa inmersión en entornos a pie de calle ha sido un rasgo común desde sus primeros documentales, como *Ô saisons, ô châteaux* (1957) o *Du côté de la côte* (1958), que, a pesar de ser encargos de l'Office National du Tourisme, retratan a guardeses y jardineros en el primero y veraneantes y lugareños en el segundo; a los transeúntes, vagabundos y alcohólicos en *L'Opéra-Mouffe* (1958), a los campesinos en *Salut les cubains* (1963), a los *hippies* en *Oncle Yanco* (1967), a los afroamericanos en *Black Panthers* (1968), a los exiliados griegos en *Nausicaa* (1970), a los comerciantes y clientes en *Daguerréotypes* o a los artistas mexicanos y afroamericanos en *Mur murs.* Lo mismo se puede decir de sus largometrajes de ficción, en los que utiliza actores y actrices no profesionales, como en *La Pointe Courte*, *Cleo de 5 a 7*, *La felicidad*, *Una canta, otra no*, *Documenteur*, *Sin techo ni ley* o *Kung-Fu Master* (1987).

A su condición de *flâneuse*, Bénézet le aplica el término *cinéaste passeur* acuñado por Dominique Baqué, en el sentido de que esta última ve la figura del cineasta como «un mediador no solo entre los sujetos filmados y los espectadores, sino también entre un espacio y un tiempo específicos y el momento de la proyección»[43]. Algo que confirma Agnès Varda cuando habla sobre el concepto de compartir como la tercera clave del cine según su pensamiento.

## Figura: autorretrato, el retrato de los demás

> Aunque mostremos todo, no revelamos mucho.
>
> Jane Birkin
> en *Jane B. par Agnès V.*

Roland Barthes apunta que en el retrato fotográfico «cuatro imaginarios se cruzan, se afrontan, se deforman. Ante el objetivo soy a la vez: aquel que creo ser, aquel que quisiera que crean, aquel que el fotógrafo cree que soy y aquel de quien se sirve para exhibir su arte»[44]. Cuatro aspectos que impregnan la obra de Agnès Varda. En *Las playas de Agnès*, en el momento en que la cineasta coloca unos espejos sobre la arena de una playa, el viento mueve su fular y le tapa la cara. «Parece que hago esto del fular a propósito», dice, y, cogiéndolo con la mano, se cubre la cabeza a la

---

[43] Delphine Bénézet, *The cinema of Agnès Varda: resistance and eclecticism*, *op. cit.*, pág. 5.

[44] Roland Barthes, *La cámara lúcida*, Barcelona, Paidós, 2010, página 34.

vez que exclama: «Esta es mi idea, mi idea del retrato, que yo esté en espejos estropeados y detrás de fulares». Quizá un guiño, y quizá también inconsciente, al cuadro *Los amantes* (1928)[45] de René Magritte, que representa a una pareja que se besa con sus cabezas envueltas en una tela blanca y que, en este mismo documental, Varda recrea, a modo de *tableau vivant,* desnudos y en estado de excitación. Sin embargo, en uno de los espejos instalados en la playa hay una fotografía de su infancia que, al retirarla, refleja su imagen actual. Vida y creación van unidas de la mano en la existencia de Agnès Varda. Sus películas son un reflejo de sí misma, la que ella cree ser, la imagen que quiere dar de sí, la que da desde detrás de la cámara, la que esta finalmente ofrece de sí misma al formar parte de su obra. Incluso su imagen a través de sus propios *alter ego* en la ficción, como el que encarna Shirley Clarke[46], y que a su vez se interpreta a sí misma en *Lions Love*[47], cuyo proyecto

---

[45] Bajo este título, Magritte concibió en 1928 una serie de cuatro pinturas. Solo en las dos primeras aparecen los amantes encapuchados: *The lovers I* (National Gallery of Australia, Camberra), en la que ambos apoyan sus cabezas de manera afectuosa, y *The lovers II* (MoMa, Nueva York), que representa el célebre beso y que es la que le sirve como fuente de inspiración a Agnès Varda.

[46] Shirley Clarke (1919-1997), cineasta independiente neoyorquina que, junto con Jonas Mekas, había fundado el New American Cinema Group en 1960 en Nueva York, y autora, asimismo, del largometraje de ficción *The connection* (1961) y de los celebrados documentales *The cool world* (1967), *Portrait of Jason* (1967) o el dedicado al saxofonista de jazz Ornette Coleman *Ornette: made in America* (1985).

[47] En realidad, el título es *Lions love and lies,* pero al parecer, durante el rodaje, no solo los intérpretes lo encontraron demasiado largo, sino que quien manejaba la claqueta, simplemente, escribió en esta las dos primeras palabras (Agnès Varda, *Varda par Agnès. L'intégrale, vol. 1954-1994, op. cit.,* pág. 95). No obstante, hay fuentes en que aparece como *Lions love (...and lies),* caso de las ediciones en DVD o su página web oficial, www.cine-tamaris.com. Como en su libro autobiográfico *Varda par*

*Oncle Yanco* (1967), © Ciné-Tamaris.

cinematográfico es rechazado por un gran estudio de Hollywood, recreación de una experiencia que vivió la propia Agnès Varda; como *alter ego* es también la joven estudiante (Frances Dougnac) de *Nausicaa,* que también se llama Agnès; o Émilie (Sabine Mamou)[48] en *Documenteur,* sobre cuyo personaje la cineasta apunta en *Las playas de Agnès* que, «mirando atrás, veo que ella fue otra "yo misma"».

---

*Agnès* aparece simplemente como *Lions Love,* es la opción que se ha elegido.

48 Sabine Mamou (1948-2003) fue montadora de varios títulos de Agnès Varda como *Placer de amor en Irán, Mur murs,* la propia *Documenteur* o *7 P., cuis., s. de b... (à saisir)*. Realizó también el montaje de otros títulos como *Una habitación en la ciudad (Une chambre en ville,* 1982) y *Trois places pour le 26* (1988), ambas dirigidas por Jacques Demy, y *El muro (Duvar,* Yilmaz Güney, 1983), o de tres documentales de Claude Lanzmann: *Tsahal* (1994), *Un vivant qui passe* (1999) y *Sobibór, 14 octobre 1943, 16 heures* (2001).

Sea como fuere, varías décadas antes, Varda se había definido al final del documental *Daguérrotypes,* casi como una declaración de intenciones, como «Agnès la *daguerréotypesse».*

De ahí esa cierta ambigüedad latente en cuanto al acto de representarse a sí misma que ha llevado a cabo la cineasta a lo largo de su obra y en la que, con el paso de los años, su figura ha ido adquiriendo una presencia cada vez mayor dentro de la pantalla. Si al principio sus apariciones son esporádicas —*Oncle Yanco, Lions Love, Nausicaa, Les demoiselles ont eu 25 ans*— o solo con su voz en la locución —*Salut les cubains, Black Panthers*[49] o en films de ficción como *Una canta, otra no*—, paulatinamente su presencia va aumentando —*Jane B. par Agnès V.*— hasta convertirse en una suerte de anfitriona dentro de la propia película a partir de *Los espigadores y la espigadora,* y que continuará en *Las playas de Agnès,* en la miniserie *Agnès de-ci de-là Varda,* en *Caras y lugares* en compañía del fotógrafo JR o en *Varda por Agnès.* Kate Ince habla sobre «la centralidad de su propio cuerpo»[50], ya que cuando rueda *Daguerréotypes* está supeditada al cuidado de su hijo Mathieu, que, en aquellos momentos, tiene 3 años, por lo que limita el espacio fílmico a la extensión del cable de 80 metros con el que conecta el equipo de filmación en su casa, tal como ella misma relata y escenifica en *Las playas de Agnès.*

En esta tesitura, utiliza su propio cuerpo como fuente de reflexión. Cuando en su libro autobiográfico se refiere a *Los*

---

[49] Sobre *Black Panthers* hay dos versiones, una en francés cuya locución es de la propia Agnès Varda y una en inglés, tal como apunta Imma Merino, *Agnès Varda. Espigadora de realidades y de ensueños,* Colección Nosferatu, Donostia / San Sebastián, Donostia Kultura / Filmoteca Vasca, 2019, pág. 52.

[50] Kate Ince, «Feminist phenomenology and the film world of Agnès Varda», *Hypatia,* vol. 28, núm. 3, 2013, pág. 610.

*espigadores y la espigadora,* recuerda la secuencia en la que deshace su equipaje tras un viaje a Japón. Al coger una postal, según relata, ve su mano y medita sobre la vejez: «Pensaba que, precisamente cuando uno envejece, ya no hay coquetería. Me interesaba ver mi vejez, ver como era. Y vi mis primeros cabellos blancos, los filmé». Y si la vejez puede desatar sentimientos de abatimiento, ella afirma que sintió la necesidad de tratarla como una «vejez amiga». Y prosigue: «Así que empecé a decirme que tenía derecho a estar un poco en mis películas». Pero, unas líneas más adelante, añade que de «lo que me di cuenta en las películas que siguieron [a *Los espigadores y la espigadora]* es de que hablar de uno mismo es una forma de estar con las personas que ven la película. A la edad que tengo, no se puede pensar que es para mostrar que estoy bien: uno es lo que es»[51].

Si su aparición en *Oncle Yanco* es para escenificar el encuentro con su tío, en *Lions Love* es en el papel de directora, reflejada primero en un espejo para más adelante intervenir en una secuencia dentro del encuadre, o en *Nausicaa* en una breve entrevista a uno de los exiliados griegos. Sin embargo, en *Daguérreotypes* su presencia adquiere un nuevo giro. Mientras la voz en *off* del mago Mystag describe los cargos de los nombres del equipo técnico que aparecen superpuestos sobre la imagen de unas latas de películas apiladas detrás de un cristal, en este se refleja la figura de la propia Agnès Varda, que sostiene una claqueta junto a su equipo, la única vez que se ve la imagen de la cineasta en el documental. De una forma metafórica, la realizadora parece sugerir que el contenido del propio documental es un reflejo de sí misma a través de los otros, los comerciantes que forman parte de su vida cotidiana en la calle Daguerre don-

[51] Agnès Varda, *Varda par Agnès. L'intégrale, vol. 1994-2019,* París, Éditions de La Martinière, 2023, pág. 43.

*Daguerréotypes* (1974-1975), © Ciné-Tamaris.

de vive, al mismo tiempo que es una sutil declaración de intenciones que reivindica la cámara como la extensión de su mirada. En cierta manera, de la quietud que desprenden la mayoría de las secuencias del film emana el espíritu del daguerrotipo en el sentido de que los retratados debían mantenerse quietos durante un determinado tiempo para que la fotografía resultante captase un instante de vida aunque transcurriesen unos segundos de posado, mientras que la cámara cinematográfica, más allá de esa *estaticidad,* permite registrar esas variaciones gestuales, aunque mínimas, que definen con más precisión al retratado, como sucede, por ejemplo, en el plano de la pareja de ancianos que regentan el viejo comercio de Le chardon bleu [El cardo azul] mirando a la calle detrás de la puerta de su local comercial.

Además de los títulos citados anteriormente, Agnès Varda también aparece, aunque de forma fugaz, al principio de

*Saluts les cubains* ante un grupo de músicos cubanos que actúan en una calle de París con motivo de una exposición de fotografías titulada *Cuba 10 ans de révolution* [Cuba 10 años de revolución] que tuvo lugar en la galería de Saint-Germain-des-Prés, en la 44 rue de Rennes, y donde también se asoman fugazmente Alain Resnais, Joris Ivens, William Klein y Jacques Demy. Asimismo, junto con la voz de Michel Piccoli, interviene la de la propia Varda, aunque solo aparece el nombre del actor en los créditos como narrador.

Si su presencia se incrementa con el paso del tiempo, como se ha apuntado antes, su papel como narradora adquiere una nueva dimensión porque la cineasta se transforma en *performer* dentro del encuadre y en *flâneuse* con la pequeña cámara digital como extensión de su mirada, tal como pone en práctica en *Los espigadores y la espigadora* cuando realiza sus primeros ejercicios de autoexploración al peinarse sus cabellos canos frente a un espejo o al observar sus manos y comprobar el paso del tiempo sobre su cuerpo. O al sacar varias postales de autorretratos de Rembrandt posa su mano sobre una de ellas mientras con la otra sujeta la cámara y filma dos autorretratos: el del pintor holandés y el suyo a través de su propia mano envejecida pero que ya no reconoce. Al apartarla, deja ver dicho autorretrato y apunta: «El caso es que es lo mismo, es siempre un autorretrato». La cámara se transfigura en un espejo en el que la cineasta se refleja y, al mismo tiempo, en un medio para la construcción de su imagen como artista.

* * *

En *Las playas de Agnès,* la cineasta declara al comienzo que «son los otros los que me interesan y a quienes me gusta filmar. Los otros, que me intrigan, me motivan, me inter-

*Agnès de-ci de-là Varda* (2008-2011), episodio 03: autorretrato de Agnès Varda ante el cuadro *El milagro de la cruz en el puente de San Lorenzo* (c. 1500) de Gentile Bellini (Gallerie dell'Accademia, Venecia), © Ciné-Tamaris.

pelan, me desconciertan, me apasionan. Esta vez, para hablar de mí, pensé: si abriéramos a las personas, encontraríamos paisajes. Si me abrieran a mí, encontraríamos playas». Ese interés por los otros será una de sus señas de identidad, ya presente en sus comienzos como fotógrafa. La mayoría de sus instantáneas son retratos, sean de sus vecinos, seres anónimos que se cruzan durante sus viajes, amigos del ámbito artístico —Brassaï, Alexander Calder, Salvador Dalí, Luchino Visconti, Federico Fellini, Jacques Demy, etc.— o los que realiza durante su período como fotógrafa del Théâtre National Populaire (TNP), en el que retrata en numerosas ocasiones al propio Vilar, María Casares o Gérard Philipe, entre otros muchos. De hecho, es en esa época cuando la cineasta comienza a adquirir un cierto renombre como fotógrafa e incluso llama la atención de Roland Barthes cuando el filósofo analiza en un texto que forma parte de su libro *Mitologías* (1957) los retratos fotográficos de estrellas del cine realizados por el Estudio d'Harcourt[52], retratos que endiosan a los intérpretes, frente a los que llevan a cabo Thérèse Le Prat[53] y Agnès Varda, que califica de vanguardistas y sobre los que apunta que «siempre dejan al actor el rostro que encarnan y lo encierran francamente, con una humildad ejemplar, en su función social que consiste en "representar" y no en mentir»[54].

Y en cierta manera, esa premisa de «representar y no mentir» es la que Agnès Varda mantendrá a lo largo de su trayectoria, en la que concibe un cine de proximidad, casi en consonancia con André Breton cuando expresa su fascinación por *Nadja:* «Cuando estoy cerca de ella, estoy mucho más cerca de las cosas que están cerca de ella»[55]. En el mismo acto de filmar queda patente tanto el propio interés de la cineasta como el acercamiento hacia sus retratados, respetuoso y sin emitir juicio alguno. Eso proporciona a sus films un carácter polifónico por el variado caleidoscopio de seres de toda índole y condición que retrata. Agnès Varda, casi como una entomóloga, trata de comprender las situaciones, los moti-

---

52 El Estudio d'Harcourt fue fundado en 1933 en París por Cosette Harcourt (1900-1976), seudónimo de Germaine Hirschfeld. Al año siguiente se asoció con los hermanos Jean y Jacques Lacroix y Robert Ricci, hijo de la diseñadora Nina Ricci. Después de la II Guerra Mundial, el estudio conoció tal éxito que Barthes llegó a decir que «En Francia no se es actor si uno no ha sido fotografiado por los Studios d'Harcourt. El actor de d'Harcourt es un dios; nunca hace nada: se lo capta en *descanso*» (Roland Barthes, «El actor de d'Harcourt», en *Mitologías,* Madrid, Siglo Veintiuno Editores, 2008, pág. 28).

53 Thérèse Le Prat (1897-1966), fotógrafa francesa, se especializó en el género del retrato, particularmente dentro del ámbito teatral, y son muy conocidas sus publicaciones *Visages d'acteurs* (1950) y *Autres visages d'acteurs* (1952).

54 Roland Barthes, «El actor de d'Harcourt», art. cit., págs. 31-32.

55 André Breton, *Nadja,* edición de José Ignacio Velázquez, Madrid, Cátedra, 2023, pág. 172.

vos, algo ya patente en su primera película, *La Pointe-Courte,* cuando capta, por un lado, y en el terreno de la ficción, a la pareja en crisis mientras pasea por la calles y alrededores del barrio de Sète y, por otro, los problemas cotidianos de sus habitantes. Pero en su voluntad por experimentar nuevas formas narrativas, Agnès Varda busca de manera constante otros modos de mirar. En *Lions Love,* la aparición en un momento dado de la propia Varda reflejada en un espejo detrás de una cámara y, después, su entrada en otra escena para explicarle a Shirley Clarke la situación de su personaje cambian la percepción del espectador sobre las imágenes que contempla en la pantalla: realmente la cineasta belga está rodando una película sobre el trío protagonista con un espíritu similar a *The Connection* (1961)[56], film que dirigió la propia Shirley Clarke y que narraba la espera de un grupo de toxicómanos, algunos de ellos músicos de jazz[57], en un apartamento destartalado de su traficante con las dosis ansiadas mientras son filmados por dos cineastas que realizan un documental sobre el mundo de la droga. «¿Y hacer una película en Hollywood, es un documental o una ficción? ¿Es cine mentira?», se pregunta Agnès Varda[58].

En su faceta de *flâneuse,* Agnès Varda busca constantemente nuevos modos de mirar. De forma directa a los comerciantes de la rue Daguerre en *Daguerréotypes,* la mayoría de ellos matrimonios que regentan juntos su negocio y a

---

[56] Véase Carlos Tejeda, «*The connection:* El tormento de la adicción», *Cuadernos de Jazz,* núm. 103, noviembre/diciembre de 2007, págs. 44-46.

[57] De hecho, los músicos que participan son el gran saxofonista Jackie McLean junto con el pianista Freddy Redd, el contrabajista Michael Mattos y el baterista Larry Ritchie. La banda sonora está editada en el sello Blue Note.

[58] André Comand, «Lions Love», *La revue du cinéma,* núm. 247, febrero de 1971, recogido por T. Jefferson Kline (ed.), *Agnès Varda: Interviews,* Jackson (MS), University Press of Mississippi, 2014, pág. 50.

Shirley Clarke en *Lions Love* (1969), © Ciné-Tamaris.

quienes, en determinados momentos, les hace responder ante la cámara cuestiones como de dónde proceden o cómo se conocieron. De la misma manera que con total naturalidad capta a los artistas y habitantes de Los Ángeles en *Mur murs* o a las gentes de Rochefort en *Les demoiselles ont eu 25 ans*. Pero en ese acto de mirar, la cineasta parece tener su metáfora en la figura del fotógrafo encarnado por Robert Dadiès al inicio de *Una canta, otra no,* en cuyas fotografías de mujeres «proyecta su propia angustia»[59] en el sentido de que aquel no oculta su preocupación por hallar el secreto que esconde toda mujer. De ahí el seguimiento que Varda realiza a las dos amigas protagonistas, que emprenden caminos diferentes pero que a lo largo de los años mantienen el contacto y se reúnen cada cierto tiempo. También, durante las giras de Pomme y su grupo por los pueblos, filma a sus habitantes reales y sus reacciones antes y durante las actuaciones y rei-

[59] Agnès Varda, *Varda par Agnès. L'intégrale, vol. 1994-2019, op. cit.*, pág. 131.

vindicaciones de las jóvenes. En *Sin techo ni ley* se produce una nueva perspectiva en la mirada por cuanto lo que se cuenta sobre la joven vagabunda que deambula hacia ninguna parte es a través de los ojos de los «otros», que son aquellos con los que ella se ha cruzado en su camino; miradas que dicen más sobre los propios testigos que sobre la protagonista. También distinta es la forma de mirar a Jane Birkin en *Jane B. por Agnès V.*, en parte por la complicidad existente entre ambas mujeres en un film que conciben por propia voluntad como un juego de metacine, una suerte de entrevista ficticia que combina algunos aspectos biográficos de la actriz, sus reflexiones y *sketches* en los que desempeña diferentes papeles.

Y como ya se ha apuntado, la aparición de la pequeña cámara digital le permite acercarse de una manera más discreta y sin el habitual equipo de filmación, que en ocasiones puede incomodar a los retratados, al tiempo que le posibilita acceder a su intimidad, como sucede en *Les veuves de Noirmoutier* (2005), la instalación que muestra en catorce pantallas los testimonios de varias viudas de la isla y que después montó linealmente en forma de documental con el título *Quelques veuves de Noirmoutier*. Se trata de vivencias personales que muchas veces no suelen contarse más allá del ámbito privado y que Agnès Varda filma dejando que cada una de ellas exprese ante la cámara cuanto desee. El decimocuarto testimonio corresponde a la propia cineasta a modo de experiencia compartida en su estatus de viuda, pues en esa isla ella y Demy transformaron un viejo molino en vivienda y pasaron largas temporadas. Sin embargo, este testimonio lo concibe de forma diferente: se abre con unos planos de la marea baja de una playa. Al girar la cámara, aparece la cineasta en el encuadre, sentada en una silla, en silencio. A su lado hay otra silla vacía como metáfora de la ausencia de Jacques Demy. Tan solo se oye el sonido del mar. Un primer plano del rostro de ella hace

JR y Agnès Varda en *Caras y lugares* (2015-2017),
© Ciné-Tamaris.

más evidente su tristeza. A continuación, varios planos de algas, del propio mar y de nuevo ella, sentada en la silla pero vistiendo otra ropa diferente. Después, unos planos que muestran la orilla mientras en *off* la cineasta canta la canción «Démons et merveilles», con letra de Pierre Prévert, hasta que aparecen unas imágenes de Demy en la playa que ya había incluido en *Jacquot de Nantes* (1990).

Su forma de mirar al otro experimenta un nuevo giro cuando se une al fotógrafo JR para concebir *Caras y lugares*. Los retratos que realizan a la gente son reproducidos en ampliaciones de gran tamaño que luego pegan en paredes y fachadas. Aunque surge una contrariedad: que Agnès Varda comienza a perder la vista.

### *La memoria*

«"Les poëtes sont plus inspirés par les images que par la présence même des objects" [Los poetas están más inspirados por las imágenes que por la presencia misma de los objetos], nos dice Joubert. Y con los artistas pasa igual. Lo que uno sabe que pronto no tendrá ya ante sí se convierte en una imagen»[60], escribe Walter Benjamin. Y Roland Barthes apunta: «La Fotografía no dice (forzosamente) *lo que ya no es,* sino tan solo y sin duda alguna *lo que ha sido*»[61]. Estas ideas gravitan, en cierta manera, en *Las playas de Agnès,* cuyo plano final muestra a la cineasta sentada en el patio de su casa en la rue Daguerre mientras pronuncia en voz en *off* la frase con la que cierra el film: «Mientras vivo, recuerdo». Aunque antes, hacia el principio del metraje, había declarado que «intentar volver a verse niño es correr a contrapelo. Imaginarse muy vieja es divertido, como una broma pesada». Agnès Varda es consciente de la fragilidad de las evocaciones. De hecho, en un determinado momento de *Las playas de Agnès,* al hablar del período en el que rodó *Mur murs* y *Documenteur* en California, confiesa frente a la cámara: «Mis recuerdos me rodean como moscas que se confunden. No sé, dudo al recordar todo eso. No quiero hacerlo». Y más adelante, con una imagen de Jane Birkin en una secuencia de *Jane B. par Agnès V.* en la que la actriz, desnuda, recrea el cuadro *La Venus de Urbino* (1538) de Tiziano, la cineasta parece volver a reafirmarse: «Lo he dicho antes, los recuerdos son como moscas que revoletean, fragmentos de memoria en desorden». En *Caras y lugares* expresa que el trabajo de JR responde a sus deseos: «las caras que encuentro, fotografiarlas para que no desaparezcan rápidamente de los agujeros de mi memoria».

Quizá una posible explicación la proporciona su admirado Bachelard cuando apunta que una imagen posee al mismo tiempo una historia y una prehistoria, además de

---

[60] Walter Benjamin, «El París del Segundo Imperio en Baudelaire», art. cit., pág. 183.

[61] Roland Barthes, *La cámara lúcida, op. cit.,* pág. 98.

> un fondo onírico insondable y sobre ese fondo el pasado personal pone sus colores peculiares. Por lo tanto, ya está muy avanzado el curso de la vida cuando se venera realmente una imagen descubriendo sus raíces más allá de la historia fijada en la memoria. En el reino de la imaginación absoluta se es joven muy tarde[62].

Walter Benjamin señala que «la verdadera imagen del pasado pasa *súbitamente*. El pasado solo cabe retenerlo como imagen que relampaguea de una vez para siempre en el instante de su cognoscibilidad»[63]. Y Sontag añade que «la memoria, puesta en escena del pasado, convierte el flujo de los acontecimientos en cuadros»[64]. Sin embargo, «ese teatro del pasado que es nuestra memoria»[65] posee un carácter fragmentario. De ahí la complejidad de reconstruir la totalidad del pasado, pues una parte se desvanece con el paso de los años. Tampoco se recuerda en secuencias lineales. Por ello, durante la tarea de la evocación, surgen lagunas, espacios que, de alguna manera, se rellenan, quizá inconscientemente. Y los retazos que perviven son instantes que con el tiempo la mente ha ido modelando, transformando; tiempo de vida que desgasta el concepto de la totalidad. A partir de las teorías que formuló Henri Bergson en su libro *Materia y memoria* (1896)[66], Benjamin traza una reflexión a través de Marcel Proust en la que plantea la distinción entre una *mémoire involontaire,* es decir, la que se desencadena de repente, de forma inconsciente, provocada por algo vinculado a un momento olvidado del pasado, y

---

[62] Gaston Bachelard, *La poética del espacio, op. cit.,* pág. 49.
[63] Walter Benjamin, «Sobre el concepto de la historia», en *Obras. Libro I, vol. 2, op. cit.,* pág. 307.
[64] Susan Sontag, *Bajo el signo de Saturno,* Barcelona, Debolsillo, 2015, pág. 124.
[65] Gaston Bachelard, *La poética del espacio, op. cit.,* pág. 49.
[66] Publicado en Salamanca, Sígueme, 2021.

una *mémoire volontaire,* «es decir, el recuerdo voluntario, y lo que sucede en ese caso es que las informaciones que nos imparte sobre lo que ha expirado no retienen consigo nada de ello», para después concluir con una cita de *En busca del tiempo perdido:* «así ocurre con nuestro pasado. En vano pretenderemos evocarlo; todo el esfuerzo de nuestra inteligencia por conseguirlo no nos es de ninguna utilidad»[67]. Por otra parte, en *Las playas de Agnès,* la cineasta filma a varios de sus colaboradores reflejados en los espejos. Comenta que le faltan algunos y afirma que «es porque hay varias personas que aceptan entrar en una ensoñación, en algo imaginario que ni siquiera sé qué es, y ellos ni siquiera exigen saberlo». Tras este puzle de citas, aún queda un agujero de compleja resolución si además se tiene presente el apunte de Didi-Huberman cuando escribe que: «Las imágenes nunca *lo muestran todo;* mejor, saben mostrar la ausencia desde el *no todo* que constantemente nos proponen»[68]. Entonces ¿cómo plasmar memoria y realidad sin traicionar la verdad?

De ahí que la acción de recordar sea como construir un puzle, que es, en cierta manera, la operación que Agnès Varda lleva a cabo en *Las playas de Agnès* —«revivir, en el presente, recuerdos vinculados a mis películas», como vuelve a afirmar en su documental *Varda por Agnès*. O (re)construir esos recuerdos de cuyas lagunas y discontinuidades ella es consciente. De hecho, filma el momento en que en un mercadillo encuentra un viejo rompecabezas con los departamentos de Francia y sus capitales, que aprendió de niña precisamente gracias a ellos. E incluso subraya ese carácter de puzle que posee *Las playas de Agnès* —como la mayor parte de sus películas—, más allá del propio montaje, verbal-

---

[67] Walter Benjamin, «Sobre algunos motivos en Baudelaire», en *Obras. Libro I, vol. 2, op. cit.,* pág. 211.

[68] Georges Didi-Huberman, *Imágenes pese a todo. Memoria visual del Holocausto,* Barcelona, Paidós, 2004, pág. 185.

mente, con su voz en *off,* cuando abre dos paréntesis para incluir pequeñas anécdotas (la visita de Jim Morrison al rodaje de *Piel de asno,* que dirige Jacques Demy, y el *brunch* con su asistente Eugène). No solo su relato biográfico no sigue una línea cronológica, sino que los recuerdos se enlazan con asociaciones de imágenes o de imágenes con recuerdos. El plano inicial del film parece poner de manifiesto ese ejercicio de revisión del pasado de forma metafórica con la propia cineasta caminando hacia atrás, descalza en la playa, para girarse después a la cámara y decir: «Interpreto el papel de una ancianita regordeta y parlanchina que cuenta su vida». Camina hacia atrás cuando comienza a recordar su infancia en Sète: «Hoy regreso a esta playa, retrocediendo, retrocediendo como en todo este film»; sobre una barca, en la que rema también «hacia atrás para llegar al muelle donde vivíamos»; al cruzar el Pont des Arts de París y rememorar sus inicios como estudiante en la escuela del Louvre, y al hablar de *Cleo de 5 a 7*. La memoria es «la lectura de uno mismo al revés»[69], escribe Susan Sontag. Una revisión que, al mismo tiempo, puede suponer una frustración, como pone de manifiesto tras su visita a la casa de su infancia, donde tiene un encuentro con sus habitantes, un matrimonio coleccionista de trenes en miniatura, en el que el intento de evocar «parte de mis recuerdos de infancia fue un fracaso».

En *Las playas de Agnès* la cineasta es consciente de la fragilidad de las imágenes del pasado cuando se trata de rememorar porque son como esos espejos que coloca en la playa y que en realidad muestran tan solo el reflejo de esas playas donde transcurrió su infancia, las de Bélgica, Sète, Noirmoutier o la de Venice en California. Y en uno de esos espejos, pero en otro plano, hay una foto de cuando era

---

[69] Susan Sontag, *Bajo el signo de Saturno, op. cit.,* pág. 124.

una niña, y una voz en *off* le pregunta si no siente nostalgia de aquella época y responde que no, pero que le gusta mirar las imágenes. Sin embargo, instantes después, la cineasta recrea una imagen de sus juegos de la infancia con dos niñas que han montado en la playa un puestecito con conchas y flores de papel que han clavado en la arena para venderlas. Varda vuelve a aparecer en el encuadre y dice: «No sé qué es recrear una escena como esta. ¿Hace revivir esos tiempos? Para mí el cine es un juego». En cierta manera es lo que viene a reafirmar Didi-Huberman al hablar sobre la imposibilidad que encuentra Walter Benjamin «para que "todo el pasado" llegase a ser citable», tras lo cual sostiene que son el historiador y el artista quienes tantean dicha «posibilidad *pese a todo*. Una posibilidad evidentemente parcial, errática, que siempre hay que recuperar, recomenzar, reconfigurar»[70]. Y Agnès Varda reconfigura algunas anécdotas de su pasado en *Las playas de Agnès* al recrearlas con la ayuda de un decorado del patio de su casa de la rue Daguerre para relatar cómo se calentaba con una vieja estufa de madera o para explicar, por medio de una silueta de madera que representa su primer automóvil, las catorce maniobras que tenía que realizar para estacionar el vehículo en su patio. A este respecto, Shelly Rice apunta que

> de alguna manera, Varda parece estar diciéndonos que los sueños son el relleno de la vida, y las imágenes recurren y se reproducen a sí mismas a lo largo del tiempo, de manera que sus contextos cambiantes nos devuelven el reflejo no solo de la trayectoria personal, sino también de los trastornos de la realidad histórica[71].

---

[70] Georges Didi-Huberman, *Imágenes pese a todo, op. cit.*, pág. 249.

[71] Shelley Rice, «El hilo de Ariadna; en las playas que *son* Agnès Varda», *L'Atalante, revista de estudios cinematográficos,* julio-diciembre de 2001 (reedición de 2013), pág. 67.

En este sentido, en *Las playas de Agnès* hay otra secuencia reveladora inspirada en una escena de *La Pointe Courte* en la que unos niños empujan un carrito por las calles de Sète. Blaise y Vincent empujan un carro con un proyector y una pantalla en la que miran las pruebas previas que rodó la cineasta con sus padres Pierrot y Sozou. Él murió poco tiempo después a consecuencia de un cáncer, cuando aquellos aún eran niños de corta edad. Agnès Varda apunta en *off* que «conocían fotos de su padre, pero que nunca le habían visto en movimiento». Y aquí se revela una cualidad inherente del cine, que es hacer resucitar a los difuntos. «Poseer el mundo en forma de imágenes es, precisamente, volver a vivir la irrealidad y lejanía de lo real»[72]. O como afirma Barthes sobre la fotografía pero puede hacerse extensivo al cine: «Es la imagen viviente de una cosa muerta»[73]. «Crear una emoción en el presente», subraya Agnès Varda al mismo tiempo que hace partícipe de la acción a Blaise y Vincent y, por extensión, a los propios espectadores en la sala de cine.

Pero si *Las playas de Agnès* es un film sobre la memoria, también lo es sobre su pérdida. En otro momento en que la cineasta rememora su adolescencia en Sète, cuando iba a la playa con sus amigas a ver a los pescadores, pregunta a una mujer octogenaria: «¿Te acuerdas de la pesca?». Su respuesta es que sí, aunque vagamente, porque «la memoria a veces me tiende trampas». Y la cineasta replica en voz en *off*: «Linda manera de expresarlo». Agnès Varda es consciente de que la memoria no es fidedigna. De hecho, confiesa que «todas las épocas se confunden» cuando piensa en sus dos estancias en California, y que el olvido forma parte de la memoria. Algo que constata cuando recuerda a la familia

---

[72] Susan Sontag, *Sobre la fotografía, op. cit.*, pág. 159.
[73] Roland Barthes, *La cámara lúcida, op. cit.*, pág. 92.

Schlegel, que, según ella, la habían adoptado y con cuyas tres hijas pasó muchos veranos. Una de ellas, Andrée, la mayor, se casaría con Jean Vilar, director del Théâtre National Populaire (TNP). Habla de sus hijos, Christophe, pintor, y Stéphan, músico, y los filma junto a su madre, una anciana Andrée que hace tiempo comenzó a perder la memoria pero no ha olvidado los poemas que ha memorizado. Si bien Varda, por medio de la voz en *off,* recita el primer verso de «El cementerio marino» de Paul Valéry, poeta nacido, precisamente, en Sète, enseguida deja paso a la propia Andrée, que declama los tres siguientes:

> Ese techo, tranquilo de palomas,
> Palpita entre los pinos y las tumbas.
> El Mediodía justo en él enciende
> El mar, el mar sin cesar empezando...[74].

En el terreno de la ficción, Agnès Varda plantea la cuestión en *Las cien y una noches (Les cent et une nuits de Simon Cinéma,* 1995), «una especie de comedia sobre la memoria»[75], ya que su protagonista, el centenario Monsieur Cinéma (Michel Piccoli), representación metafórica del cine, comienza a perder la memoria, y para que le ayude a ejercitarla contrata a una joven estudiante, Camille (Julie Gayet), aunque después, durante sus sesiones, se entremezclará lo imaginario con lo real.

Sin embargo, hay una memoria afectiva producida por el duelo por los seres queridos. Al escribir sobre Proust, Benjamin sostiene que: «La mayor parte de los recuerdos que inda-

---

[74] «Ce toit tanquille, où marchent des colombes, / entre les pins palpite, entre les tombes; / Midi le juste y compose de feux / la mer, la mer, toujours recommencée!», en Paul Valéry, *El cementerio marino*, traducción de Jorge Guillén, Madrid, Alianza Editorial, 2017 (3.ª ed.), pág. 28.

[75] Carol Allen, «The grandmother of the New Wave», en Jefferson T. Kline (ed.), *Agnès Varda: Interviews, op. cit.,* pág. 171.

Michel Piccoli y Julie Gayet en *Las cien y una noches* (1994), © Ciné-Tamaris.

gamos se presentan ante nosotros como rostros, y también las figuras propias de la *mémoire involontaire* son, en buena parte, rostros aislados, enigmáticos»[76]. De ahí el deseo de que perduren los instantes para poder revivirlos, razón por la cual se fotografían o se graban. Aunque al volver a mirar las imágenes de esos instantes congelados del pasado, estas, aunque siguen siendo las mismas, cambian su significado, porque la mirada se ha transformado por la propia experiencia vital. Y a pesar de ser una imagen tangible, si en aquel instante han participado varios testigos, las versiones de ese mismo recuerdo varían. Algo que se pone de manifiesto en el cortometraje *Ulysse* (1982), en el que treinta años después Agnès Varda vuelve a reunirse con los dos protagonistas de su conocida fotografía, el joven desnudo de espaldas y un niño, también desnudo y antiguo vecino suyo, y el cadáver de una cabra en la playa. El

[76] Walter Benjamin, «Hacia la imagen de Proust», en *Obras. Libro II, vol. 1*, Madrid, Abada, 2007, pág. 330.

primero recuerda aquel instante vagamente; el segundo, que regenta una librería, no se acuerda. Asimismo, los recuerdos se modelan y van mutando. Los objetos del recuerdo se escogen por esa necesidad inconsciente de activar o mantener viva la memoria en un futuro. De nuevo, en *Las playas de Agnès,* con motivo de la exposición de sus fotografías sobre los primeros años del Festival de Aviñón en la edición de 2007, mientras la cineasta se pasea ante sus retratos de Gérard Philipe, María Casares, Charles Denner, Germaine Montero, el propio Jean Vilar o Philippe Noiret, expresa que «lo que veo más es que están muertos», para concluir que «todos los muertos me llevan a Jacques. Cada lágrima, cada flor, cada rosa y cada begonia es una flor para Jacques. Es el más querido de entre los muertos». Y aquí se hace inevitable otra cita de Susan Sontag: «Ante todo una fotografía no es solo una imagen (en el sentido en que lo es una pintura), una interpretación de lo real; también es un vestigio, un rastro directo de lo real, como una huella o una máscara mortuoria»[77].

Si bien, más allá de *Las playas de Agnès* por su condición de film autobiográfico, e incluso una suerte de memorias filmadas, como su último título, *Varda por Agnès,* que es un ensayo fílmico sobre su obra, la filmografía de Agnès Varda está impregnada por la interrelación de su propia biografía con el hecho cinematográfico: *Oncle Yanco,* donde a través de la figura de su tío, que en realidad es primo de su padre, descubre sus antepasados familiares griegos, algo que tiene su nexo común con *Nausicaa* al ser este un film en el que indaga en el pasado de su progenitor, a la vez que trata de conocer más a fondo la cultura griega desde el pretérito a través del arte clásico y la realidad de aquellos momentos por medio de los exiliados helenos a causa de la dictadura de los coroneles; *Daguerréotypes,* porque los comerciantes de la calle donde

[77] Susan Sontag, *Sobre la fotografía, op. cit.,* pág. 150.

vive son en cierta manera un reflejo de la sociedad de aquella época que empieza a transformarse por el proceso de modernización bajo el mandato de Georges Pompidou; *Jane B. par Agnès V.*, porque, aunque es un retrato de Jane Birkin, también lo es a la inversa, un autorretrato a través de la propia actriz; *Documenteur*, sobre cuya protagonista, Émilie, expresa en voz en *off* al principio que «esta mujer, de rostro solemne y ojos perdidos, probablemente soy yo, y es real. Pero no me reconozco en ella», ambigüedad a la que contribuye el hecho de que su hijo Mathieu interprete al vástago de aquella y que el rodaje coincida con una etapa en la que vive separada de Demy, asunto del que por otro lado ella nunca ha dado detalle alguno[78]; o la propia trilogía dedicada a Demy: *Jacquot de Nantes, Les demoiselles ont eu 25 ans* y *L'univers de Jacques Demy*. Es el caso también de *Los espigadores y la espigadora, Dos años después, Caras y lugares, Agnès de-ci de-là Varda* o *Varda por Agnès,* por su carácter de diarios fílmicos, más allá de que estén salpicados de detalles autobiográficos.

* * *

> Probablemente ella [la imagen] nos sobrevivirá, que ante ella somos el elemento frágil, el elemento de paso, y que ante nosotros ella es el elemento del futuro, el elemento de la duración. La imagen a menudo tiene más de memoria y más de porvenir que el ser que la mira[79].

---

[78] Al parecer, fue un período en el que Demy atravesó dificultades para sacar adelante varios proyectos. Además, ambos vivían en sitios diferentes en Los Ángeles, según Camille Taboulay, quien tampoco ofrece más datos sobre la situación de la pareja, aunque apunta: «No muy lejos de allí, Agnès Varda rueda *Mur murs* y, al final del año, *Documenteur*, la expresión de su propio desconcierto. Una cantilena de palabras e imágenes que forman otro murmullo hacia el amor ausente» *(Le cinéma enchanté de Jacque Demy*, París, Cahiers du Cinéma, 1998, pág. 133).

[79] Georges Didi-Huberman, *Ante el tiempo,* Buenos Aires, Adriana Hidalgo Editora, 2011, pág. 32.

*Lo transitorio: el paso del tiempo*

En *Los espigadores y la espigadora,* durante un paseo nocturno en compañía de François Wertheimer[80], este recoge de un montón de basura un reloj sin manecillas que finalmente se lo queda Agnès Varda. Ya en su casa, la cineasta expresa con entusiasmo: «Un reloj sin agujas me viene muy bien. No ves pasar el tiempo». Es quizá, a partir de este documental —la cineasta cuenta con 70 años de edad—, cuando las alusiones a lo transitorio y al paso del tiempo comienzan a hacerse más patentes en su filmografía. En otra secuencia, pero en *Las playas de Agnès,* durante un paseo por un mercadillo, encuentra en uno de los puestos una ficha[81] sobre sobre su película *Documenteur*. Sigue rebuscando y halla una dedicada a Jacques Demy y otra a ella. En el anverso, imágenes de sus rostros; en el reverso, su biografía y su filmografía. Y ahí surge una nueva observación de la cineasta: «Pienso que antes de ser fichas de cine con cabezas de cartón, fuimos seres de carne y hueso, amantes, como los de Magritte». Y de ahí pasa al *tableau vivant* del mencionado cuadro de *Los amantes*.

Lo transitorio. Atrapar el tiempo. Conceptos que empezaron a estar latentes en *Jacquot de Nantes,* film que rueda

---

[80] El músico François Wertheimer (1947), además de interpretar al músico que viaja acompañado de su hijo pequeño (Mathieu Demy), compuso algunas de las canciones de *Una canta, otra no*.

[81] Las fichas que compra Agnès Varda pertenecen a la popular colección de entregas mensuales *Les fiches de Monsieur Cinéma,* creada por Marc Combier en colaboración con Pierre Tchernia y Jacques Rouland y cuya primera serie salió a la luz en septiembre de 1976; en la actualidad sigue publicándose. Para más información, hay un artículo del propio Combier en el que cuenta su historia: «Les *Fiches de Monsieur Cinéma*», *Communication & Langages,* núm. 178, 2013/2014, págs. 145-154. También tiene su página web: www.monsieurcinema.fr.

coincidiendo con la última etapa de la vida de Demy. En *Varda por Agnès* incluye una entrevista imaginaria a través de la voz de Guillaume-en-Égypte, avatar de Chris Marker, que le sugiere que «toda la película es el deseo de detener el tiempo y negar la muerte», y ella contesta: «No, yo no lo veo así. No de detener el tiempo, sino de estar con el tiempo. La película acompaña a Jacques, que se está muriendo. A Jacques, que recuerda su infancia». Una idea en consonancia con Walter Benjamin cuando expresa que «uno no debe dejar pasar el tiempo, sino que debe cargar tiempo, invitarlo a que venga a uno mismo»[82]. Incluso con el propio Andrei Tarkovski cuando reflexiona sobre la imagen cinematográfica, que «solo será "realmente" cinematográfica —entre otras cosas— si se mantiene la condición imprescindible de que no solo viva en el tiempo, sino que el tiempo viva en ella, y además desde el principio, en cada una de las tomas»[83]. De alguna manera es la operación que lleva a cabo la cineasta al filmar con gran detalle los cabellos, la piel o los ojos de Demy con la consciencia del poco tiempo de vida que le queda. A este respecto, Agnès Varda añade que

> no sabía qué hacer, e hice planos que se pueden expresar con una sola palabra cuando se dice de alguien «yo estaba cerca de él»; la palabra *cercano* es todo lo que encontré. Es peor que un primer plano, es «macrofilmación». Filmé su piel como un paisaje, su cabello como un arbusto. De una cierta manera abstracta, eso me permitía estar al mismo tiempo cerca, sin ser sentimental, puesto que es una película, no una crónica privada[84].

---

[82] Walter Benjamin, *Libro de los pasajes, op. cit.*, pág. 133.

[83] Andrei Tarkovski, *Esculpir en el tiempo,* Madrid, Rialp, 1991, página 89.

[84] Jean Decock, «Entretien avec Agnès Varda sur *Jacquot de Nantes*», *The French Review,* vol. 66, núm. 6, mayo de 1993, pág. 957.

En *Los espigadores y la espigadora* muestra lo transitorio a través de la descomposición de las patatas en forma de corazón que ha encontrado durante uno de sus viajes por la Francia rural. Esta idea la traslada a la que será su primera instalación, *Patatutopia,* que concibe para la Bienal de Venecia de 2003 y sobre cuya concepción Conway apunta que «también brindó a Varda la oportunidad de reflexionar sobre el cambio de la materia orgánica a lo largo del tiempo, un proceso que a su vez le permitió contemplar el paso del tiempo y la creación de belleza a partir de objetos envejecidos y abandonados»[85]. Y en sentido inverso, como pone de relieve el prólogo, de apenas dos minutos de duración, que precede a cada uno de los cinco capítulos de su miniserie *Agnès de-ci de-là Varda* y cuyo protagonista es el árbol del patio de su casa en la rue Daguerre. La secuencia comienza cuando un operario acomete su desbrozo dada la gran frondosidad que presenta. «Tuvimos que podar este árbol, su follaje se estaba comiendo toda la luz. Comencé una serie de viajes, filmando aquí y allá rostros y palabras, museos, ríos y obras. Escuché a aquellos que encontré, a veces por azar, y especialmente a los artistas, cuyo trabajo me gusta». Incluso tras el título, añade a continuación un epígrafe algo más combativo y a modo de juego de palabras, ese que reza «Agnès War da», casi como una declaración de intenciones. Una vez podado, se suceden una serie de imágenes, casi siguiendo el concepto del *stop motion,* que muestran su crecimiento paulatino. La locución de la cineasta prosigue: «El árbol renacía. Iba y venía, y con Jean-Baptiste hacía el montaje de las imágenes y sonidos recolectados. Pero mucho antes de que terminaran mi periplo y mi trabajo, que duraron más de un año, el

---

85 Kelley Conway, *Agnès Varda,* Urbana, Chicago y Springfield (IL), University of Illinois Press, 2015, pág. 93.

árbol había recuperado todo su follaje en menos de tres meses». Tras cada introducción, expone un pequeño resumen previo, casi a modo de índice, de los lugares que ha visitado y que se mostrarán a continuación. Asimismo, durante los créditos finales, en un pequeño recuadro se muestra, a modo de resumen, el contenido del episodio. De un modo similar concibe el folleto que incluye la edición DVD de la miniserie[86], donde también deja constancia con pequeños comentarios e imágenes del contenido de cada capítulo.

Descomposición y composición. La putrefacción de las patatas y el renacimiento del árbol. Dos formas con las que Agnès Varda expresa la fugacidad del tiempo, la propia fragilidad de la vida. El hecho de fotografiar o filmar como forma de conservar lo efímero. La imagen deja constancia el paso del tiempo, de lo que un día existió «como una emanación *de lo real en el pasado*»[87]. La cineasta no solo espiga imágenes, también *espiga* el tiempo, que es igual que atraparlo.

> Pues la inmovilidad de la foto es como el resultado de una confusión perversa entre dos conceptos: lo Real y lo Viviente: atestiguando que el objeto ha sido real, la foto induce subrepticiamente a creer que es viviente, a causa de ese señuelo que nos hace atribuir a lo Real un valor absolutamente superior, eterno; pero deportando ese real hacia el pasado («esto ha sido»), la foto sugiere que este está ya muerto[88].

La muerte aparece de diversas formas en su cine. Gravita alrededor de Cleo en su angustia y temor a tener que

---

[86] *Agnès de-ci de-là Varda,* Ciné-Tamaris / ARTE France, 2011.
[87] Roland Barthes, *La cámara lúcida, op. cit.,* pág. 100.
[88] *Ibíd.,* págs. 92-93.

Jean-Claude y Claire Drouot en *La felicidad* (1964),
© Ciné-Tamaris.

afrontarla; hace un repentino acto de presencia al final de *La felicidad,* al morir Thérèse en extrañas circunstancias, cuando el marido cree haber conseguido su plenitud existencial al sumar felicidad a su felicidad; o ya ha pasado, al comienzo de *Sin techo ni ley,* con la aparición del cadáver de Mona, aunque, al ser un film narrado en *flashback,* se verá a la muerte actuar al final, con la protagonista tendida en una zanja y que cerrará la historia de manera circular. En *Caras y lugares,* durante la visita a la tumba del fotógrafo Henri Cartier-Bresson en el cementerio de Montjustin, JR le pregunta a Agnès Varda si le asusta la muerte. Ella contesta: «No creo. Pienso mucho en ello. No creo que tenga miedo. Pero no sé lo que será en el último momento. Tengo deseos de estar allí». JR le replica: «Ah, sí, ¿por qué?». Y Agnès responde: «Porque todo habrá terminado».

## FONDO: CARTOGRAFÍAS SOBRE LO COTIDIANO

El escritor Robert Walser le dice a Carl Seelig que «Las cosas cotidianas son lo bastante bellas y ricas como para poder sacar de ellas chispazos poéticos»[89]. Quizá sea esta idea la que mejor se aproxime al espíritu de Agnès Varda cuando filma a la gente corriente y su entorno. En *Las playas de Agnès,* confiesa que, frente a los grandes documentales «rodados en la otra punta del mundo», a ella le gusta filmar lo cercano, «lo que conozco», que es su entorno, las gentes que pertenecen a su cotidianeidad, sean sus vecinos o sus conocidos o amigos del ámbito de la cultura, a los que se aproxima durante sus viajes. Y no deja una mera constancia de ello, sino que, en su condición de *espigadora* de imágenes, busca la imagen. A veces es la propia idiosincrasia de la situación o los personajes retratados, que potencia en ocasiones al articularlos con metáforas visuales y juegos fonéticos con el objetivo de incitar la experiencia subjetiva del espectador. Es lo que Walter Benjamin trata de definir con la noción de *shock* cuando habla del plano sensorial y perceptivo al comparar la visión de un cuadro —que «invita al espectador a la contemplación; ante él este puede abandonarse al libre curso de sus asociaciones»— con la de una toma cinematográfica, en la que, por el contrario, «tan pronto como su vista la ha captado, ha cambiado aquella»[90]. Y es esa recepción interrumpida de asociaciones generada por la sucesión de imágenes la que hace que juegue la memoria del espectador con el tiempo presente y se sienta

---

[89] Carl Seelig, *Paseos con Robert Walser,* traducción de Carlos Fortea, Madrid, Siruela, 2000, pág. 17.

[90] Walter Benjamin, «La obra de arte en la época de su reproductibilidad técnica», en *Obras. Libro I, vol. 2, op. cit.,* pág. 42.

«tocado». Es ahí donde reside, según el filósofo, el efecto del *shock* en el cine, lo que, en cierta manera y salvando las distancias, se podría conectar con los dos conceptos que propone Barthes: el *studium,* lo que percibo «en función de mi saber, de mi cultura»[91], es decir, el bagaje de conocimiento cultural que posee el espectador, que le permite comprender una fotografía en su contexto y en el que conviven otros aspectos como el gusto, y el *punctum,* lo que perturba al *studium,* y que está en el inconsciente de quien contempla una imagen ya que, como señala el semiólogo francés, «sale de la escena como una flecha y viene a punzarme»[92]. No es solo lo que atañe al objeto artístico, sino cómo actúa este sobre el espectador.

En esta tesitura, Georges Perec escribe en 1973 que son los grandes acontecimientos, los conflictos bélicos, los escándalos políticos o las catástrofes naturales los que ocupan los grandes titulares de los diarios, y sin embargo reivindica

> lo que realmente ocurre, lo que vivimos, lo demás, todo lo demás. ¿Dónde está? Lo que ocurre cada día y vuelve cada día, lo trivial, lo cotidiano, lo evidente, lo común, lo ordinario, lo infraordinario, el ruido de fondo, lo habitual, ¿cómo dar cuenta de ello, cómo interrogarlo, cómo describirlo?[93].

De alguna manera estas palabras están en consonancia con el pensamiento de Agnès Varda, quien en su documental *Varda por Agnès* declara, al referirse a *Daguerréotypes,* que «las cosas banales dejan de serlo en cuanto las miras». *Da-*

---

[91] Roland Barthes, *La cámara lúcida, op. cit.,* pág. 45.
[92] *Ibíd.,* pág. 46.
[93] Georges Perec, «¿Acercamiento a qué?», en *Lo infraordinadio,* traducción de Mercedes Cebrián, Madrid, Impedimenta, 2017, págs. 22-23.

*Salut les cubains* (1963), © Ciné-Tamaris.

*guerréotypes,* que Bénézet define como *cinéma de quartier de Varda*[94], posee ciertas conexiones con *La vida instrucciones de uso*[95] por cuanto Perec también describe una comunidad de vecinos, aunque la novela se publicó en 1978, dos años después del estreno del documental. Pero, quizá por los juegos del azar que tanto gustan a la cineasta, en la misma época que rueda el mencionado documental, el escritor francés se instala en la Plaza Saint-Sulpice de París durante tres días y anota todo cuanto sucede ante sus ojos. El resultado fue *Tentativa de agotamiento de un lugar parisino*[96], libro que salió a la luz en 1975.

---

[94] Delphine Bénézet, *The cinema of Agnès Varda: resistance and eclecticism, op. cit.,* pág. 23.

[95] Georges Perec, *La vida instrucciones de uso,* Barcelona, Anagrama, 2023.

[96] Georges Perec, *Tentativa de agotamiento de un lugar parisino,* Barcelona, Gustavo Gili, 2012.

La vida cotidiana es el escenario de sus documentales. La rue Mouffetard y su mercado callejero en *L'Opéra-Mouffe;* la Cuba costumbrista en *Salut les cubains;* la ciudad de Oakland en *Black Panthers* (1968); las calles de los barrios populares de Los Ángeles en *Mur murs;* la ciudad de provincias en *Les demoiselles ont eu 25 ans,* cuya cotidianidad se vio alterada ante la emoción que generó la celebración del aniversario del rodaje de *Las señoritas de Rochefort* de Jacques Demy; el mundo rural en *Los espigadores y la espigadora* y su continuación, *Dos años después,* y en *Caras y lugares,* o las diferentes ciudades que visita la cineasta en *Agnès de-ci de-là Varda.* Pero esos escenarios cotidianos también forman parte de sus películas de ficción: el barrio de pescadores de Sète en *La Pointe Courte;* las calles de París en *Cleo de 5 a 7;* las localidades de provincias en *La felicidad* o *Jacquot de Nantes;* la isla de Noirmoutier en *Las criaturas;* la ciudad de Los Ángeles en *Lions Love;* la campiña en *Una canta, otra no* o *Sin techo ni ley,* o la playa de Venice en *Documenteur.*

### *Filmar la historia con minúsculas: los ciudadanos anónimos*

Agnès Varda busca lo extraordinario, el *shock,* el *punctum* en los espacios habituales, los del día a día. Siempre ha manifestado su compromiso con las gentes de clase humilde que incorpora en sus ficciones, bien haciéndoles interpretar un papel o porque los capta al azar.

En *Varda por Agnès,* Nurith Aviv[97] habla sobre *Daguerréotypes:* «En esos planos secuencia rodábamos mucho tiempo a

[97] La directora de fotografía Nurith Aviv (1945) trabajó en varios títulos de Agnès Varda como *Daguerréotypes, Placer de amor en Irán, Mur murs, Documenteur, 7 P., cuis., s. de b... (à saisir)* o *Jane B. par Agnès V.* Su página web: https://nurithaviv.com.

la gente que espera, que normalmente no sucede nada, pero por dentro ocurre algo». Varda responde que es así porque en los vídeos y los anuncios todo va muy deprisa, «pero cuando estamos en un lapso de tiempo, entramos en ese lapso». Y Aviv replica que se convierte en algo crucial: «Cuando se decide mirar algo, que podemos llamar banal, deja de serlo por el simple hecho de observarlo». Varda contesta que «nada es banal si sientes amor, empatía hacia la gente que filmas, si te parecen extraordinarios. Y para mí lo eran».

En este mismo documental la cineasta insiste en la dignidad de los olvidados, algo que ya puso de manifiesto en su debut en el cine con el largometraje *La Pointe Courte,* porque los pescadores de Sète son reales. Al igual que sucede en *Cleo de 5 a 7,* con los viandantes que se cruzan por casualidad con Cleo durante su deambular, como aquel histrión itinerante que se traga ranas o ese otro que se clava agujas en el bíceps; y también en *Documenteur,* en la que la historia de la madre separada y su hijo se entrelaza con la realidad del paisaje humano de la playa de Venice y en la que capta escenas reales de manera accidental, como la pelea doméstica de una pareja o la mujer tendida en la arena de la playa con una Biblia en el vientre flanqueda por dos hombres arrodillados. Con este film la cineasta imprime un nuevo giro conceptual que «consiste en presentar la subjetividad de un personaje principal a través de sus percepciones del entorno»[98]. Operación que hará a la inversa en *Sin techo ni ley,* en el que el testimonio de quienes se cruzan con Mona dice mucho más de estos que la información que ofrecen sobre ella. Testigos que, en su mayoría, están interpretados por gentes reales. Como ciudadanos corrientes son también muchos personajes de sus ficciones: el carpintero y

---

[98] Alison Smith, *Agnès Varda,* Manchester y Nueva York, Manchester University Press, 1998, pág. 60.

Sabine Mamou en *Documenteur* (1980-1981), © Ciné-Tamaris.

su mujer, costurera de profesión, y la amante de aquel, empleada de correos, en *La felicidad;* la cantante y activista hija de un matrimonio de clase media y su amiga, asistente social, cuyos padres son campesinos, en *Una canta, otra no;* la familia, los vecinos y amigos de Jacquot en *Jacquot de Nantes;* el escritor, su mujer y los isleños de Noirmoutier en *Las criaturas;* la madre separada a quien encarna Jane Birkin en *Kung-Fu Master,* o la vidente, su joven ayudante y el conserje de las catacumbas de París en *Le lion volatil* (2003).

Las clases populares centran su atención en sus documentales: los jardineros y celadores de *Ô saisons, ô châteaux;* los desfavorecidos, los vagabundos y los alcohólicos de *L'Opéra-Mouffe;* los veraneantes en *Du côté de la côte;* los campesinos y los trabajadores en *Saluts les cubains;* los exiliados griegos en *Nausicaa;* los pequeños comerciantes y su clientes en *Daguerréotypes;* los muralistas en *Mur murs,* muchos de ellos pertenecientes a las minorías mexicanas o afroamericanas, en cuyas pinturas vuelcan su rabia y sus reivindicaciones; los habitantes de Rochefort, algunos de los cuales participaron de niños como extras en *Las señoritas de Rochefort,* en *Les demoiselles ont eu 25 ans;* los seres marginales de *Los espigadores y la espigadora* y su continuación, *Dos años después,* que viven en caravanas desvencijadas en una situación precaria, que recogen las patatas desechadas por las cooperativas agrarias o los alimentos caducados que los supermercados arrojan a los contenedores, campesinos que espigan los campos después de la cosecha, artistas que recuperan de la basura objetos y materiales que luego reutilizan para sus creaciones o aquel biólogo que imparte clases de alfabetización a los inmigrantes y que coge los restos de comida que quedan abandonados tras el levantamiento del mercado callejero; las viudas, en su mayoría de pescadores, de *Quelques veuves de Noirmoutier;* los dueños de los puestos en los mercados, los comerciantes y ciudadanos de toda índole con los que se cruza durante sus visitas a otros países en *Agnès de-ci de-là Varda,* o los campesinos, ganaderas, obreros o trabajadoras que retrata junto al fotógrafo JR en *Caras y lugares.* Dicho con otras palabras, el cine *vardiano* trata de dar visibilidad a los invisibles.

### *El compromiso político*

Agnès Varda ha expresado su preocupación por la injusticia social o su interés por los desfavorecidos y la clase trabajadora —como se ha apuntado anteriormente—, aunque las protestas del mayo del 68 francés coincidieron con su primera estancia en California. Pero su activismo la ha llevado a firmar manifiestos, como el redactado por Simone de Beauvoir en 1971, el llamado *Manifeste des 343,* en el que precisamente 343 mujeres declaraban haberse sometido a un aborto y defendían el uso de contraceptivos, o a participar en manifestaciones en contra de la guerra de Vietnam, asuntos por otra parte presentes en su cine. Algunos malogrados, como su colaboración en el documental *Loin du Vietnam,* en el que se reunieron un grupo de cineastas liderados por Chris Marker y entre los que se hallaban Jean-Luc Godard y Alain Resnais para concebir un manifiesto fílmico en contra del conflicto en el Sudeste Asiático en el que ninguno firmaría su parte, aunque sus nombres apareciesen en los créditos iniciales sin concretar su rol. Al parecer, Jacques Demy pronto abandonó el proyecto, según las palabras de Agnès Varda, pero ella realizó su parte

> sobre una mujer que vive en París y tiene un pequeño delirio, confundiendo la demolición de los viejos barrios del vigésimo distrito *[arrondissement]* con un bombardeo estadounidense sobre Hanói y los agujeros de las trampillas de alcantarilla con los agujeros donde se esconden los vietnamitas. En un pánico mental, ella toma conciencia de que esta guerra lejana contrasta trágicamente con su entorno modesto y bien ordenado[99].

Sin embargo, según relata a continuación, al regresar a París, tras una estancia de seis semanas en Estados Unidos,

> Marker, a quien todos le habíamos dado el derecho de tomar las últimas decisiones y hacer cortes —tiene que haber una elección final—, sacrificó mi *sketch.*
>
> Ni siquiera puedo volver a ver mi copia de trabajo tal como fue montada con Jacqueline Meppiel. Segmentos de mi filmación fueron utilizados para otros *sketches,* incluido el de Godard, especialmente las tomas del falso dique y otras que yo había «encargado con detalles» a operadores que se iban a Hanói. Caras que van y vienen desde el primer plano hasta el fondo. Movimientos y presencia en movimiento de los vietnamitas que resisten[100].

---

[99] Agnès Varda, *Varda par Agnès. L'intégrale, vol. 1954-1994, op. cit.,* pág. 92.

[100] *Ibíd.,* págs. 92-93.

Su primer documental de carácter político, *Saluts les cubains*, lo concibió cuatro años antes que *Loin du Vietnam* a raíz de su viaje a Cuba, que tuvo lugar entre diciembre de 1962 y enero de 1963[101]. Salvo el comienzo del film, de apenas unos pocos minutos de duración, que muestra la inauguración de una exposición de fotografías en París, el metraje restante está compuesto por las instantáneas que realizó durante su estancia en la isla y de las cuales, según la cineasta, utilizó para la película 1.500 de las cuatro mil que efectuó en total[102]. La cineasta no oculta su devoción por la revolución. De hecho, tal como recoge Sylvain Dreyer[103], Fidel Castro fue considerado por la intelectualidad francesa una «révolution dans la révolution» [revolución dentro de la revolución], lo que motivó que muchos de sus integrantes, como Jean-Paul Sartre, Simone de Beauvoir o Marguerite Duras, viajasen hasta allí quizá tratando de buscar un ímpetu revolucionario. También favoreció el rodaje de coproducciones con el Instituto Cubano del Arte e Industria Cinematográfica (ICAIC), creado en marzo de 1959, poco más de dos meses después del triunfo de la revolución, con títulos como *Pueblo en armas* y *Carnet de Viajes,* ambos cortometrajes dirigidos por Joris Ivens en 1961, o *¡Cuba sí!* (1961) y *La bataille des dix millions* (1970), los dos conce-

---

101 En el año siguiente, Mijaíl Kalatózov rodará la celebrada *Soy Cuba* (1964).

102 Según declara la cineasta en su entrevista con Jean-André Fieschi y Claude Ollier, «La grâce laïque», art. cit., pág. 48. Cifra que pone en duda Bernard Bastide en la filmografía que elabora para el libro *Varda por Agnès. L'intégrale, vol. 1954-1994,* al añadir una nota en la que apunta que sus archivos comprenden alrededor de 2.500 negativos (pág. 237). Sin embargo, en *Las playas de Agnès,* la cineasta comenta que son 4.000 fotos.

103 Sylvain Dreyer, «Salut les cubains, une poétique du témoignage», en Antony Fiant, Roxane Hamery y Éric Thouvenel, *Agnès Varda: le cinéma et au-delà, op. cit.,* pág. 25.

bidos por Chris Marker. Dicho entusiasmo también contagió a Agnès Varda, quien, desde su particular visión lúdica del *socialisme et cha-cha-cha*[104], retrató la diversidad de sus habitantes, desde campesinos hasta escritores, artistas, cineastas o músicos. Pero sobre aquel entusiasmo, Agnès Varda comentará en una entrevista décadas después, en 2008:

> La revolución cubana hizo fantasear a muchos jóvenes franceses; hubo un extraordinario entusiasmo por esa revolución de «socialismo y chachachá». Luego, la historia evolucionó, y pasaron a una represión que no correspondía a lo que querían hacer [...]. Hice esa foto de él [Fidel Castro], que está en la película, lamentablemente premonitoria: un utopista con alas de piedra[105].

En una línea similar concibe *Black Panthers* durante su primera estancia larga en Estados Unidos, cuando acompañó a Demy debido a un encargo que le surgió por parte de la Columbia para realizar *Estudio de modelos (Model Shop,* 1969). Agnès Varda vive y filma las protestas surgidas a raíz del proceso judicial a uno de sus principales líderes, Huey P. Newton, en Oakland, California. Cuenta la cineasta que se hizo pasar por corresponsal de la televisión francesa para rodar las diversas concentraciones, además de conocer y entrevistar a otros dirigentes del movimiento. Según la cineasta, este documental solo pudo verse en Estados Unidos en cineclubs y universidades. Su punto de

---

[104] «Socialisme et cha-cha-cha», así subtitula su capítulo dedicado a *Salut les cubains* en *Varda par Agnès. L'intégrale, vol. 1954-1994, op. cit.*, pág. 133. O en la sinopsis, que cierra con la frase: «Fidel Castro et les musiciens, socialisme et cha-cha-cha» (pág. 237).

[105] Stéphane Delorme, «Le pont des arts. Entretien inédit avec Agnès Varda» (entrevista realizada, según reza al final de esta, con la complicidad de Laurent Laborie el 10 de diciembre de 2008), *Cahiers du Cinéma*, núm. 755, mayo de 2009, pág. 94.

*Black Panthers* (1968), © Ciné-Tamaris.

vista queda patente en el asesinato de Robert Kennedy retransmitido por televisión, aparato que está constantemente encendido en la casa donde habita el trío protagonista de *Lions Love*. O, en su regreso a Francia, con *Nausicaa,* largometraje realizado para la televisión que muestra la situación de los exiliados griegos que residen en Francia.

### *La representación de la mujer o la exaltación de la libertad*

En un capítulo de *Modos de ver,* John Berger traza una serie de cuestiones sobre la evolución de la representación de la mujer en la historia del arte y cómo dicha representación ha contribuido a implantar una serie de convencionalismos que se han mantenido vigentes a lo largo de los siglos hasta hoy en día, principalmente en ámbitos como el de la publicidad. La presencia de la mujer siempre ha estado en un espacio secundario por el hecho de nacer como tal, lo que la ha limitado al papel de ser mantenida y al de la procreación, además del de ser vista por el hombre. Apunta Berger que son tratadas por los hombres según el aspecto que ofrezcan, desde su vestimenta hasta sus gestos. Por ello una mujer debe contemplarse a sí misma. «Tiene que examinar todo lo que ella es y hace porque como aparezca ante los demás, y en última instancia ante los hombres, tiene una importancia crucial para lo que suele considerarse su éxito en la vida. Su sentido de ser ella misma es suplantado por el de ser apreciada como tal»[106]. Algo que resume como que «los hombres actúan y las mujeres aparecen. Los hombres miran a las mujeres. Las mujeres se miran a sí mismas siendo miradas». Así son los criterios y las prácticas, según Berger, que «han llevado a ver y juzgar a las mujeres como visiones»[107], tal como se las ha personificado a lo largo de la historia de la pintura europea: desnudas y casi nunca mirando al espectador que la contempla, el hombre. Se retrata la desnudez para el propio placer de quien mira.

Precisamente son estos los convencionalismos que Agnès Varda hace saltar por los aires, como ponen de relieve sus protagonistas femeninas: Cleo, que aunque tiene un amante, es una mujer independiente; Viva, entregada al amor libre en forma de trío en *Lions Love;* Pomme, que se rebela contra el estamento tradicional de la familia y reivindica el derecho de la mujer a decidir en *Una canta, otra no;* Mona, quizá la más extrema en cuanto a su *modus vivendi* por su rechazo contra la sociedad que la impulsa a un eterno vagabundeo en *Sin techo ni ley;* o la madre separada

---

[106] John Berger, *Modos de ver,* Barcelona, Gustavo Gili, 2016, pág. 46.
[107] *Ibíd.,* pág. 47.

Mary-Jane y su amor prohibido por un adolescente. Cine sobre mujeres, pero no cine feminista. Quizá pueda ser esta una primera impresión que surja tras visionar el cine de Agnès Varda, si bien *L'Opéra-Mouffe* es la representación visual del estado emocional que atravesaba en esa época la cineasta, ya que la rueda cuando está embarazada de su primera hija, Rosalie. Según Bénézet, es un film cuya «representación realista en lugar de idealizada del embarazo subvierte muchas de las imágenes clásicas de la maternidad»[108]; a continuación, menciona las tres imágenes competidoras con las que se asociaba a la mujer hasta la década de los años cincuenta según Sandra Reineke[109]: «la mujer moderna», que representa un cambio radical con respecto a la ancestral imagen de abnegación a la que se veía relegada; «la madre», como la imagen idealizada de la continuidad y la tradición, y «la mujer soltera», que oscilaba entre las dos anteriores. De ahí que Bénézet afirme sobre *L'Opéra-Mouffe* que

> la visión de Agnès Varda no es política en el sentido de que su película no aboga por el control de la fertilidad de las mujeres, pero tampoco respalda una agenda pronatalista. Más bien, sugiere que existe una pluralidad de formas de representar a las mujeres y evocar su experiencia en la pantalla, ya sean solteras, embarazadas, casadas o no. El rechazo de Varda a una versión fija de la subjetividad femenina es en sí mismo una prueba de su postura feminista[110].

---

[108] Delphine Bénézet, *The cinema of Agnès Varda: resistance and eclecticism, op. cit.*, pág. 16.

[109] Bénézet se refiere al libro de Sandra Reineke, *Beauvoir and Her Sisters: The Politics of Women's Bodies in France,* Urbana (IL), University of Illinois Press, 2011.

[110] Delphine Bénézet, *The cinema of Agnès Varda: resistance and eclecticism, op. cit.*, pág. 16.

Y a pesar de ello, Agnès Varda no se libró de la controversia que suscitó su tercer largometraje de ficción, *La felicidad,* cuando se estrenó en 1963 y que incluso siguió cosechando opiniones críticas una década después de su estreno, como la de la británica Claire Johnston, una de las primeras teóricas feministas del cine que, en su ensayo «Women's cinema as Counter», publicado en 1973, reprocha que el film «celebra los mitos burgueses de las mujeres» para después tildar el cine de Agnès Varda de reaccionario «en su rechazo a la cultura»; «al situar a la mujer fuera de la historia, sus películas marcan un paso atrás en el cine femenino»[111]. Si bien, con el paso del tiempo, han surgido nuevas voces que reivindican su valor, como Rebecca J. DeRoo, que ve en el film una sutil crítica influenciada por *El segundo sexo* (1949) de Simone de Beauvoir y *La mística de la feminidad* (1963) de Betty Friedan[112] contra «los mitos de la armonía doméstica»[113] idealizados en aquella época por el mundo publicitario y en revistas como *Elle* o *Marie Claire.*

La cineasta parece haber eludido esta polémica a tenor de las pocas veces que la menciona en sus entrevistas, aunque tampoco ha ocultado cierta pesadumbre, como pone de manifiesto en su libro autobiográfico cuando comenta que obtuvo críticas de diversa índole, algunas insultantes, otras elogiosas, pero que «con la perspectiva, me siento desconcertada por este alboroto»[114]. Sin embargo, las escasas

---

[111] Claire Johnston, «Women's cinema as Counter», en Scott MacKenzie (ed.), *Film manifiestos and global cinema cultures. A critical anthology,* Berkeley (CA), University of California Press, 2014, pág. 355.

[112] Simone de Beauvoir, *El segundo sexo,* Madrid, Cátedra, 2017; Betty Friedan, *La mística de la feminidad,* Madrid, Cátedra, 2016.

[113] Rebecca J. DeRoo, «Unhappily ever after: visual irony and feminist strategy in Agnes Varda's *Le bonheur», Studies in French Cinema,* vol. 8, núm. 3, diciembre de 2008, pág. 191.

[114] Agnès Varda, *Varda par Agnès. L'intégrale, vol. 1954-1994, op. cit.,* pág. 71.

ocasiones en que ha hecho referencia al film han sido para explicar su origen y sus motivaciones. De hecho, en una entrevista que le concedió a Stéphane Delorme en 2008, este le dice que «hay una película de la que usted raramente habla, es *La felicidad*». Ella responde que «es un film que tiene bastante poca importancia para mí, un film que escribí con rabia»[115], y luego se centra en su origen y los avatares que le reportó. Incluso en el documental *Varda por Agnès* pone el acento en las cuestiones que se planteó sobre el concepto de felicidad para después incidir en algunas estrategias estéticas que empleó, como la influencia del impresionismo en los tonos del color.

Agnès Varda, como ya se ha apuntado, fue una de las firmantes, junto con Catherine Deneuve, Marguerite Duras, Jeanne Moreau, Françoise Sagan o Delphine Seyrig, del Manifiesto de las 343 *(Manifeste des 343),* redactado por Simone de Beauvoir y publicado el 5 de abril de 1971 en *Le Nouvel Observateur* y en el que declaraban haberse practicado un aborto y reclamaban el libre uso de métodos anticonceptivos. También participó en el Mouvement pour la Légalisation de l'Avortement et de la Contraception (MLAC), como deja constancia en su libro autobiográfico[116], que organizaba viajes a Ámsterdam para abortar y que muestra en *Una canta, otra no*. En el documental *Varda por Agnès,* la cineasta dice que

> los problemas relativos a la libertad de la mujer, y sobre todo el que atañe a su propio cuerpo, me interpelaban mucho. Durante aquellos años hubo luchas, luchas realizadas tanto por mujeres como por hombres, que desem-

---

[115] Stéphane Delorme, «Le pont des arts. Entretien inédit avec Agnès Varda», art. cit., pág. 95.

[116] Agnès Varda, *Varda par Agnès. L'intégrale, vol. 1954-1994, op. cit.,* págs. 106-109.

bocaron, en el 72, en el derecho a la contracepción y en el 75 en el derecho al aborto. Lo que les cuento es muy antiguo, pero formó parte de mi vida, yo lo viví. Y quise dar testimonio de ello. Y, por ello, se me ocurrió la idea de hacerlo a través de dos jóvenes, una con niños y otra una rebelde nata.

Las dos jóvenes a las que se refiere son las protagonistas de *Una canta, otra no*. Pero siguiendo en esta línea, Agnès Varda señala que, para la revista *F. comme Femmes,* Sylvie Genevoix y Michel Honorin encargaron a varias cineastas la realización de un cortometraje de no más de siete minutos con la única premisa de contestar la pregunta: «¿Qué es ser mujer?»[117]. Y su respuesta fue *Réponse de femmes* (1975), un manifiesto fílmico que lleva como subtítulo «Notre corps, notre sexe» [nuestro cuerpo, nuestro sexo] y en el que aparecen mujeres de diversas edades que cuestionan los estereotipos de la figura femenina, además de reclamar sus derechos. Incluso en determinados instantes aparecen desnudas, mensaje que cobra fuerza porque, como afirma Berger, «estar desnudo es ser uno mismo»[118]. En cierto modo este film podría tener su continuación en *Una canta, otra no* (1977), principalmente en el personaje de Pauline/Pomme, la joven rebelde que con su grupo interpreta por la Francia rural canciones que reivindican la liberación de la mujer, y conformar con *L'Opéra-Mouffe* una suerte de trilogía sobre la maternidad, lo que confirma la propia cineasta en su autobiografía[119]. «El hecho de que ella viajara con las cantantes era una forma de darse cuenta con sabiduría de que todos esos mensajes feministas dirigidos a mujerci-

---

[117] *Ibíd.,* pág. 113.

[118] John Berger, *Modos de ver, op. cit.,* pág. 54.

[119] Agnès Varda, *Varda par Agnès. L'intégrale, vol. 1954-1994, op. cit.,* pág. 106.

*Una canta, otra no* (1976), © Ciné-Tamaris.

tas en pueblos o campesinas caían completamente en saco roto»[120].

En su texto sobre *Quelques veuves de Noirmoutier,* Nathalie Mauffrey cita al filósofo Gaston Bachelard, cuyas ideas tanto influyeron en Agnès Varda, y a Jung cuando establece que existe una parte masculina llamada *animus* que reside en la parte inconsciente de la mujer del mismo modo que hay una femenina, *anima,* que reside en la del hombre. La investigadora sostiene que Agnès Varda busca una equidad entre ambos sexos, aunque ello no quita que en su condición de mujer participe en las reivindicaciones o que las muestre en pantalla. «El feminismo de Varda se basa en la búsqueda de un justo equilibrio entre hombres y mujeres que deconstruye la jerarquía entre los sexos al tiempo que cultiva su diferencia

[120] Louis Séguin, «*Le bonheur.* Entretien avec Agnès Varda», en Agnès Varda, *Varda par Agnès. L'intégrale, vol. 1944-2019, op. cit.,* páginas 279-280.

mutua»[121], algo que parece demostrar con el *tableau vivant* que concibe del ya mencionado cuadro de Magritte *Les amants* (1928) en *Las playas de Agnès* en el que aparece una pareja desnuda besándose y cuyas cabezas están cubiertas con capuchas. Un igualitarismo que está presente en las parejas protagonistas de *La Pointe Courte, Las criaturas, Elsa la rose* (1965), el cortometraje documental sobre Louis Aragon y su mujer, la también escritora Elsa Triolet, el triángulo de amantes de *Lions Love* o las relaciones de Suzanne con el médico en *Una canta, otra no*.

Las mujeres que representa Agnès Varda en su cine se alejan completamente de los estereotipos tradicionales porque no centran sus intenciones en la búsqueda del amor ni poseen preocupaciones vinculadas a un hombre. En *La Pointe Courte* ella, simplemente, atraviesa un período de dudas sobre su pareja. Cleo tiene un amante, que es un *bon vivant* más interesado por sus asuntos, por el que no muestra demasiada pasión porque su verdadera preocupación reside en el resultado de sus pruebas médicas. La joven muda a la que pone rostro Catherine Deneuve en *Las criaturas* es, simplemente, una mujer enamorada de su marido. Viva mantiene una relación abierta en forma de trío con Jim y Jerry en *Lions Love*. Pomme y Thérèse, en *Una canta, otra no,* son dos amigas muy contrapuestas en cuanto a sus ideas pero al mismo tiempo complementarias en sus objetivos: el activismo de la primera, que, con su grupo musical, recorre la Francia rural reivindicando la independencia de la mujer, el uso de métodos anticonceptivos y la legalización del aborto, frente a la segunda, quien, después del suicidio de su pareja y con dos hijos menores, rehace su

---

121 Nathalie Mauffrey, «Un imaginaire collectif au féminin/masculin: Les veuves de Noirmoutier d'Agnès Varda», *Studies in French Cinema*, vol. 19, núm. 2, mayo de 2019, pág. 142.

Elsa Triolet en *Elsa la rose* (1965), © Ciné-Tamaris.

vida como asistente social y crea una oficina de planificación familiar para ayudar a las mujeres que tienen un embarazo no deseado. En *Documenteur,* Émilie es una madre separada que trata de sobrevivir junto con su hijo en un país que no es el suyo. En *Sin techo ni ley,* Mona es una vagabunda que rechaza el sistema y vive en la marginalidad, aunque ello no le impide tener algunas relaciones esporádicas.

# La cineasta: orquestar las imágenes espigadas

Porque me gusta más el ensueño que la psicología, me gusta pasar de un tema a otro. Divertirme con el azar, con momentos de emoción, de sentimientos furtivos, cosas que pasan rápido.

Agnès Varda
en *Jane B. par Agnès Varda*

En la secuencia inicial de *Las playas de Agnès,* con los espejos colocados en la playa, Agnès Varda cuenta que el único disco de música clásica que su madre ponía era la

*Sinfonía inacabada* de Franz Schubert[122], título que confiesa que le gusta mucho. Lo inacabado, concepto que viene implícito en un *work in progress,* la obra en proceso, también en progreso. Porque ¿cuándo está acabada una obra artística? Es, asimismo, la metodología de trabajo de la cineasta. En *Dos años después,* la continuación de *Los espigadores y la espigadora,* reutiliza imágenes de esta última, como hace en posteriores films, caso de *Las playas de Agnès* o *Varda por Agnès*. Pero este *modus operandi* se extiende a los numerosos extras, que denomina *boni*[123] y que añade como complementos adicionales en las ediciones de sus películas en DVD: algunos son antiguas filmaciones que rescata de sus archivos, otros son materiales rodados especialmente para la ocasión; a veces son breves presentaciones sobre el film en cuestión que realiza ella misma ante la cámara o cortometrajes documentales en forma de complemento, como, por poner un ejemplo, *Rue Daguerre en 2005,* pieza de apenas veintiún minutos de duración y en el que ofrece una visión sobre los vestigios que quedan de los comercios que filmó treinta años antes en *Daguerréotypes*. O rescata trabajos anteriores y les proporciona un nuevo significado

[122] *Sinfonía núm. 8 en si menor*, D.759, llamada también *Incompleta* (en alemán *Unvollendete),* fue compuesta en 1822. Al parecer, al año siguiente, Schubert entregó los dos primeros movimientos junto con algunos compases esbozados a la Sociedad Musical de Graz como agradecimiento tras ser nombrado miembro de honor de la institución. Sin embargo, aún perdura el misterio sobre las razones por las que la dejó inconclusa.

[123] A este respecto, Agnès Varda escribe: «Digo *"boni"* porque "bonus", en plural, es *"boni"*. Suena más a latín y es más bonito. Los *boni* son varios pequeños extras. Cuando se compra un DVD, no creo que sea solo para ver la película tal cual. Veo estos *boni* como *antipasti* que preceden o siguen la visión de la película [...]. Para mí se asemeja a un cuaderno de notas, impresiones, ideas diversas que alimentan la propia película, permitiendo verla o reinterpretarla de otra manera»; en Agnès Varda, *Varda par Agnès. L'intégrale, vol. 1994-2019, op. cit.,* pág. 226.

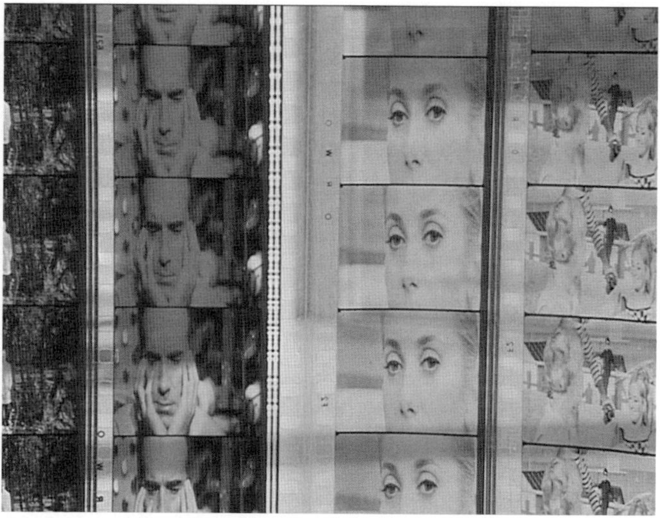

*Varda por Agnès* (2019), *La cabane de l'échec* (2006), rebautizada más tarde como *La cabane de cinéma,* © Ciné-Tamaris.

en su faceta como artista visual: en 1965 rueda *Las criaturas,* cuyo naufragio comercial lo condenó a convertirse en uno de sus títulos menos vistos; cuarenta años después, rescata las bobinas de una copia y con ellas concibe la instalación *La cabane de l'échec* [La cabaña del fracaso] (2006), que más tarde rebautizó como *La cabane de cinéma,* una suerte de ejercicio de purga nostálgica contra la tristeza que le produce el recuerdo de la película. Una operación similar la llevaría a cabo en posteriores cabañas, como *My shack of cinema* (2013), con los celuloides de *Lions Love,* o *La serre du bonheur* (2018), con los de *La felicidad,* y en cuyo interior instaló unos girasoles. La obra en proceso, el *work in progress:* reutilizar una pieza y dotarla de un nuevo significado, estrategia que Agnès Varda parece enfatizar con la ausencia de la palabra «fin» en sus films.

Pero esa constante transformación que experimenta su obra con el paso del tiempo gira en torno a tres claves de la creación cinematográfica que la realizadora expone como una declaración de intenciones al principio del documental *Varda por Agnès* y de las que asimismo deja constancia en su libro autobiográfico:

> Inspiración: ¿qué deseos, qué ideas, qué observaciones me hacen escribir y preparar una película? Creación: según los medios posibles, encontrar una forma y una estructura que correspondan al tema. Compartir: por supuesto, no se hacen películas para uno mismo, se desea compartir las emociones, las ideas, los encuentros y recibir a cambio comentarios, a veces cumplidos[124].

En *Varda por Agnès,* la cineasta expresa en *voice over:* «La playa es un lugar de inspiración. Un paisaje mental. Allí están los tres elementos: el cielo, el mar y la tierra. En este caso, arena con algunas algas». Y tras mencionar los ya citados libros de Bachelard, *El agua y los sueños, El aire y los sueños, La tierra y las ensoñaciones del reposo,* concluye: «Los sueños, las fantasías, las ensoñaciones, el descanso, eso es lo que me gusta». Conceptos que gravitan en su filmografía, al igual que la playa está presente en varios de sus films de ficción, como en *Las criaturas,* cuya trama se desarrolla en la isla de Noirmoutier; en la playa comienza el periplo de Mona, que sale desnuda del mar en *Sin techo ni ley;* la playa es la vista que ofrece la ventana ante la que se sienta la protagonista, pero en otras ocasiones es el escenario de los paseos con su hijo en *Documenteur,* y en la playa filma a Jacques Demy al final de su vida, imágenes que incluye en *Jacquot de Nantes.* La playa será también una constante en sus últimos documentales, desde *Quelques veuves de Noirmoutier*

---

[124] *Ibíd.,* pág. 167.

hasta *Caras y lugares,* donde con JR realiza una intervención en un búnker clavado en la arena; e incluso está la playa artificial que instala en la rue Daguerre para *Las playas de Agnès.*

## Cine-escritura *(cinécriture)*

Para mí el cine es un juego[125].

En sus notas correspondientes a la década de los cincuenta, Robert Bresson escribió que «El cinematógrafo es una escritura con imágenes en movimiento y sonidos»[126], y Agnès Varda acuña el concepto de *cinécriture.* En su libro autobiográfico *Varda par Agnès,* lo incluye en el abecedario personal con el que abre la obra:

> Estoy harta de escuchar: «es una película bien escrita», sabiendo que el cumplido es para el guion y los diálogos. Un film bien escrito también está bien filmado, los actores están bien elegidos, los lugares también. El montaje, los movimientos, el punto de vista, el ritmo del rodaje y del montaje han sido sentidos y pensados como las elecciones de un escritor, frases densas o no, tipos de palabras, frecuencia de adverbios, párrafos, paréntesis, capítulos que continúan el sentido de la historia o la contradicen, etc. En la escritura eso es el estilo. En el cine, el estilo es la cine-escritura[127].

En esta idea se sigue reafirmando veinticinco años después, tal como vuelve a expresar en su documental *Varda por Agnès:*

---

[125] Agnès Varda en *Las playas de Agnès,* 2008.
[126] Robert Bresson, *Notas sobre el cinematógrafo,* Madrid, Ardora, 1997, pág. 17.
[127] Agnès Varda, *Varda par Agnès. L'intégrale, vol. 1954-1994, op. cit.,* pág. 14.

En literatura se usa la palabra «estilo». En cine yo uso la palabra «cinescritura». Se trata de un conjunto de elecciones a lo largo de la creación de la película. Respecto a las imágenes: un plano fluido o brusco, imágenes claras, aisladas o un espacio abarrotado. Movimiento o no, música o no. Es en la sala de montaje donde se concreta el trabajo. A veces, añado comentarios para permanecer en la película y estar con el espectador. Pero es al montar y al mezclar cuando termina la «cinescritura».

Sin embargo, solo en dos de sus películas utiliza el término en los títulos de crédito. En *Sin techo ni ley:* «Cinécrit et réalisé par Agnès Varda», y en *Ulysse:* «Cinécrit et composé par Agnès Varda».

En la *cinécriture* caben más elementos. Agnès Varda confiesa que

por trabajo entiendo otra cosa. Es cuando la imaginación atraviesa los clichés y estereotipos y los reinventa. Es cuando el espíritu se suelta, cuando las asociaciones se liberan. Es cuando las ideas de escritura cinematográfica me pasan por la cabeza. ¿Se puede llamar a esto cine-escritura? Nuevas relaciones imagen-sonido que permiten desenmascarar imágenes y sonidos que antes estaban apagados u ocultos en uno mismo... Así es: hacer cine con todo eso y con emociones, eso es lo que yo llamo trabajo[128].

De hecho, Bénézet sostiene que Varda parece entregada a la búsqueda de «un espacio evocador que pueda desencadenar y generar asociaciones y nuevas imágenes en la mente del espectador»[129]. En *Jane B. par Agnès V.*, la cineasta

---

[128] Françoise Audé y Jean-Pierre Jeancolas, «Entretien avec Agnès Varda», *Positif*, núm. 253, abril de 1982, pág. 41.

[129] Delphine Bénézet, *The cinema of Agnès Varda: resistance and eclecticism, op. cit.*, pág. 93.

afirma que prefiere «la *rêverie* [ensoñación] a la psicología». A este respecto, Marcel Martin, al escribir sobre este último film, apunta que la *rêverie* es

> una suerte de *mot-valise*[130] donde se puede poner la libertad del pensamiento en todas sus formas, por ejemplo, el deseo y la voluntad de rechazar la ley fundamental del cine mayoritario, la sacrosanta *impresión de realidad*, de tomar distancia de lo real y entregarse a variaciones subjetivas en torno a la representatividad fotográfica y de la narratividad[131].

Y lo aprendido en fotografía, la cineasta lo aplica a su cine. Y en esas «variaciones subjetivas» desempeña un papel importante el azar, la actitud abierta a lo inesperado. De ahí la fascinación por los rostros que empezó a retratar desde sus inicios en la fotografía, la posibilidad de captar esa mirada o ese instante que revela lo extraordinario de lo ordinario, como queda patente en obras como la fotografía *La terrase du Corbusier* (1956), a partir de la cual, sesenta años después, realiza el vídeo *Les gens de la terrase* (2016) y del que deja constancia en el primer episodio de *Agnès de-ci de-là Varda*.

En la introducción de la entrevista que realizó a la cineasta en 2018, Louis Séguin apunta que Agnès Varda: «No duda en jugar al juego (de la ficción, por ejemplo), pero sabe reconocer una urgencia, y la emoción particular de su cine tiene mucho que ver con este encuentro entre la solemnidad y la fantasía»[132].

---

130 *Mot-valise*, que se podría traducir aquí como «palabra polisémica».

131 Marcel Martin, «Profession: documenteuse», *La Revue du Cinéma*, núm. 436, marzo de 1988, pág. 53.

132 Entrevista realizada por Louis Séguin en París, el 7 de abril de 2018, en Varda, *Varda par Agnès. L'intégrale, vol. 1994-2019, op. cit.*, pág. 272.

*Las playas de Agnès* (2008), © Ciné-Tamaris.

## *La influencia del surrealismo*

Una fuente de inspiración confesa de Agnès Varda es el movimiento de los surrealistas, que «fueron una base para mí, en mi relación con la gente y con la poesía»[133]. De ello vuelve a dejar constancia en la serie *Une minute pour une image* (1982) cuando comenta la fotografía de Joan Fontcuberta y apunta que le recuerda al surrealismo, que «para mí es espacio y tiempo para soñar más allá de la extraordinaria precisión de lo real. Un espacio en torno a la realidad y sus imágenes».

Ese gusto por sorprender con giros mentales y con asociaciones visuales y de ideas con los que salpica su filmografía parece reforzarse con la teoría que sostiene la historiadora Dawn Ades en su análisis sobre el movimiento cuando apunta que «la metáfora es connatural a la imaginación humana, pero ese potencial solo puede plasmarse si se da rien-

[133] *Ibíd.*, pág. 92.

da suelta al inconsciente. Entonces aparecen espontáneamente las imágenes más asombrosas»[134]. Y añade a continuación una cita perteneciente al primer manifiesto surrealista redactado por André Breton en 1924: «El lenguaje le fue dado al hombre para que lo usara de una manera surrealista»[135]. En el abecedario con el que inicia su libro autobiográfico, en la entrada «S comme Seule Femme ou Femmes Seules» [S como Solo mujer o Mujeres Solas], cuando, tras rememorar a Gisèle Prassinos[136], en cuyos poemas André Breton y Paul Éluard vieron el modelo ideal de la escritura automática, Agnès Varda expresa que

> las fotografías de este grupo me conmueven. También cuentan la entrada, una en una, de las mujeres en los grupos culturales, aunque sea un poco como el juego del error único, la excepción, la excusa o la decoración, la mascota del regimiento, la guinda del pastel o la gota que hará prender el fuego a la pólvora.

Y añade: «Otra imagen de una mujer entre hombres me fascina»[137]. Se refiere a *Je ne vois pas la (femme) cachée dans la forêt* [No veo a la (mujer) oculta en el bosque], el fotomontaje que concibió René Magritte y que se publicó en un número de 1929 de la revista *La Révolution Surréaliste*.

---

[134] Dawn Ades, «Dadá y surrealismo», en Nikos Stangos (ed.), *Conceptos de arte moderno,* Madrid, Alianza Forma, 1986, pág. 108.

[135] *Ibíd.*

[136] Gisèle Prassinos (Estambul, 1920-París, 2015), poeta, escritora y traductora, publicó su primer poemario, *La saturelle arthritique,* en 1935 con prefacio de Paul Éluard y una fotografía de Man Ray. Una de sus novelas más destacadas es *El rostro tocado por la pena* (Colección Libros de la Ballena, Madrid, UAM Ediciones, 2023). Su hermano fue el pintor Mario Prassinos (1916-1985), a quien Agnès Varda también retrató fotográficamente.

[137] Agnès Varda, *Varda par Agnès. L'intégrale, vol. 1954-1994, op. cit.,* pág. 13.

Se compone de una pintura central del propio Magritte que representa a una mujer desnuda; de ahí el paréntesis en el título, ya que la palabra «mujer» está sustituida por dicha imagen y rodeada por dieciséis retratos fotográficos realizados en fotomatón de los miembros del grupo surrealista y en los que aparecen con los ojos cerrados[138]. Al respecto, Imma Merino apunta dos posibles interpretaciones: si bien una hace referencia a la «visión interior» que trasciende las apariencias para ver más profundamente, la otra considera que «estos hombres estaban más fascinados por las mujeres soñadas que interesados por las reales»[139]. Un fotomontaje que no solo aparece en *Las cien y una noches,* cuando Simon Cinéma le habla a la joven Camille de Luis Buñuel y el surrealismo, sino que la cineasta lo incluye en *Las playas de Agnès,* aunque realiza su propia reinterpretación cuando la voz de Guillaume-en-Égypte, el avatar de Chris Marker, le dice «cuéntanos mejor el nacimiento de la *Nouvelle Vague*». La variación que introduce Agnès Varda es una fotografía de su propia imagen, con los ojos cerrados y el dedo índice sobre sus labios, como instando al silencio, enmarcada por catorce directores entre los que se hallan François Truffaut, Jean-Luc Godard, Alain Resnais, Claude Chabrol, Jacques Rivette, Éric Rohmer, Jean-Pierre Melville o el propio Jacques Demy.

---

[138] Los dieciséis miembros retratados son: Maxime Alexandre, Louis Aragon, André Breton, Luis Buñuel, Caupenne, Paul Éluard, Marcel Fourrier, René Magritte, Albert Valentin André Thirion, Yves Tanguy, Georges Sadoul, Paul Nougé, Camille Goemans, Max Ernst y Salvador Dalí.

[139] Imma Merino, *Agnès Varda. Espigadora de realidades y ensueños, op. cit.,* págs. 15-16.

## *El* atlas vardiano: *el juego de la representación (o de espigar imágenes al* collage *visual)*

El historiador del arte alemán Aby Warburg propuso en 1905 un método de investigación heurística que tituló *Atlas de la Memoria (Atlas Nmemosyne)*, una cartografía visual que no iniciará hasta 1924 y que quedará inconclusa a causa de su fallecimiento en 1929. Un método que supondría un antecedente de los estudios de iconología y que consistía en seleccionar y disponer las imágenes sobre unos paneles, en los que quizá se encuentre el origen conceptual del *moodboard,* para establecer comparaciones y conexiones entre aquellas y así rastrear la preservación de símbolos y arquetipos que puedan proporcionar una mayor comprensión sobre la memoria histórica de la cultura occidental. Es decir, lo que Didi-Huberman define como *pensamiento por imágenes*[140], ya que

> una imagen, cada imagen, es el resultado de movimientos que provisionalmente han sedimentado o cristalizado en ella. Estos movimientos la atraviesan de parte a parte y cada uno de ellos tiene una trayectoria —histórica, antropológica, psicológica— que viene de lejos y que continúa más allá de ella. Tales movimientos nos obligan a pensar la imagen como un momento energético o dinámico, por más específica que sea su estructura[141].

Sin embargo, esta metodología, que ofrece la libre incorporación de imágenes —fotos, reproducciones, recortes de

---

[140] Georges Didi-Huberman, *La imagen superviviente. Historia del arte y tiempo de los fantasmas según Aby Warburg,* Madrid, Abada, 2018, pág. 410.

[141] *Ibíd.*, págs. 34-35.

prensa, postales, mapas, etc.—, el descarte de otras o su reajuste siguiendo unas correlaciones visuales, implica la aparición de nuevos significados, lo que convierte dicha tarea en una suerte de *work in progress* abierto, continuo e infinito. Warburg fotografiaba cada panel resultante con las imágenes montadas que constituirían después las láminas del atlas. Pero más allá de los objetivos en sí del historiador alemán, su método posee afinidades con las prácticas que llevan a cabo los fotógrafos Eugène Atget en su intento de crear una colección sobre imágenes de París o August Sander y su citado catálogo *Hombres del siglo* XX *(Menschen des 20. Jahrhunderts);* con la compilación de citas textuales que Walter Benjamin reúne en su *Libro de los pasajes,* que inicia en 1927 y se interrumpe a causa de su muerte en 1940, o la concepción de Georges Perec de determinados textos, como *La vida instrucciones de uso* o *Tentativa de agotamiento de un lugar parisino;* con los numerosos artistas que a lo largo del siglo XX han elaborado sus propios archivos con materiales de diversa índole como base de ideas para su trabajo creativo o bien para incorporar esos materiales a su obra: desde el *Handatlas dadaísta* (1919), las *Boîtes-en-valise* (1935-1941) de Marcel Duchamp, los fotomontajes de Hannah Höch o los *assemblage* de Joseph Cornell hasta proyectos posteriores como *Les inventaires* de Christian Boltanski —de quien Varda no solo fue amiga sino que le entrevista y visita con él su exposición en el Grand Palais de París en el tercer episodio de su serie *Agnès de-ci de-là Varda*— o el monumental *Atlas* de Gerhard Richter, que comenzó en 1962 utilizando recortes de revistas, fotos encontradas o hechas por el propio artista, dibujos, etc.[142]. Esta práctica se hace extensiva al campo cinematográfico,

---

[142] Según la página web oficial del artista (www.gerhard-richter.com/en/art/atlas), en la actualidad el *Atlas* consta de 802 paneles.

más allá del hecho mismo de que el montaje es relacionar una imagen con otra, en aquellos films cuyo corpus está concebido a modo de *collage* de imágenes previamente rodadas —*Ballet Mecánique* (Fernand Léger, 1924), *Entre'act* (René Clair, 1925), etc.— o bien a través del *found footage* o metraje encontrado, con ejemplos como *Rose Hobart* (Joseph Cornell, 1936) o *A movie* (Bruce Conner, 1958) o, desde otra perspectiva, *Histoire(s) du cinéma* (1988-1998) de Jean-Luc Godard.

Por esta línea conceptual transita la obra de Agnès Varda, que confiesa que el origen de su cortometraje *7 P., cuis., s. de b... (à saisir)* (1984) fue su visita a la exposición *Le vivant et l'artificiel*[143] en el hospicio de Saint-Louis en Aviñón concebida por Louis Bec[144]. La muestra era una suerte de gabinete de curiosidades que contenía una tan diversa como heteróclita miscelánea de objetos que la cineasta utilizó como decorado. También filma el estudio de Chris Marker con materiales de la más diversa índole acumulados por el cineasta en el primer episodio de *Agnès de-ci delà Varda*. Pero ese concepto de gabinete de curiosidades, de atlas, de *moodboard,* de construir sus films a partir de fragmentos, está presente en su obra desde sus inicios, incluso en la fotográfica. En *Ô saisons, ô châteaux* combina imágenes de los castillos del Loira y fragmentos de poemas de diferentes autores, como Pierre de Ronsard, François Villon o Charles d'Orléans, con las gentes que retrata —jardineros, celadores— y anécdotas históricas. Las diversas villas de la Costa Azul, sus veraneantes, sus habitantes, postales, señales de tráfico o carteles de calles en *Du côté de la*

[143] La exposición tuvo lugar del 11 de julio al 4 de agosto de 1984.

[144] Louis Bec (1936-2018), biólogo, zoosistemático, artista y científico en el ámbito de la vida artificial. Para más información, Vilém Flusser y Louis Bec, *Vampyrotheutis Infernalis,* Barcelona, Herder, 2023, y la página: https://www.flusserstudies.net/person/louis-bec.

*côte*. La galería humana de la rue Mouffetard mezclada con imágenes oníricas cercanas a la estética de vanguardia en *L'Opéra-Mouffe*. Por no hablar de las citas literarias, entrevistas, fotografías, secuencias de películas, reproducciones de cuadros, imágenes familiares o de sus rodajes, objetos que compra en mercadillos o que halla abandonados en la calle, postales y libros que adquiere durante sus viajes y todo tipo de materiales con los que están articulados documentales como *Los espigadores y la espigadora, Dos años después, Las playas de Agnès, Agnès de-ci de-là Varda* o *Varda por Agnès*.

Pero ese carácter de gabinete de curiosidades está presente en los decorados de sus largometrajes de ficción. Las estancias abigarradas de objetos de toda índole en la casa del trío protagonista de *Lions Love,* las habitaciones de la anciana tía Lydie en *Sin techo ni ley,* el propio hogar de Jane Birkin en *Jane B. par Agnès V.,* también presente en *Kung-Fu Master,* donde hay hasta animales disecados, o la mansión de Monsieur Simon Cinéma en *Las cien y una noches,* saturada con infinidad de bártulos relacionados con el mundo del cine.

Agnès Varda, «amante de los caleidoscopios», como la califica Delorme[145], espigadora de imágenes, recopiladora o recolectora, también filma las colecciones de los otros. Es el caso de la artista y comisaria Ydessa Hendeles, hija de supervivientes del Holocausto, y su exposición *Partners (The teddy bear Project)* [Compañeros: proyecto Osito de Peluche], que tuvo lugar en el Haus der Kunst de Múnich y sobre la que deja constancia en su mediometraje *Ydessa, les ours et etc*. (2004). Dicho proyecto reúne una infinidad de fotografías fechadas en la primera mitad del siglo xx, en su mayoría anónimas y procedentes de Estados Unidos y Alemania, que poseen un

---

[145] Stéphane Delorme, «Une vie bien remplie», *Cahiers du Cinéma,* núm. 640, diciembre de 2008, pág. 35.

elemento en común: la presencia de un osito de peluche. Desde imágenes domésticas hasta equipos deportivos o grupos de soldados que devienen en una suerte de exploración de la memoria. Las colecciones que muestra en *Las playas de Agnès,* como la del matrimonio *ferrovipathe*[146], que acumula un sinfín de trenes en miniatura y que habita en la antigua casa de su infancia en Ixelles, o la que atesoran Patricia Knop[147] y su marido, el cineasta Zalman King, con esculturas de ángeles en Los Ángeles. Las de los artistas Macha Makëieff[148], que colecciona cosas perdidas, y Michel Jeannès, alias Monsieur Bouton, y sus botones en *Dos años después*. O las de Hervé Di Rosa y Bernard Belluc sobre objetos modestos, desde los más variados envases hasta todo tipo de utensilios domésticos, y que exhiben en el MIAM (Musée International des Arts Modestes) de Sète, tal como muestra en el cuarto episodio de *Agnès de-ci de-là Varda*.

El concepto de atlas se hace extensible a los folletos de las ediciones en DVD de sus films, su libro autobiográfico, *Varda par Agnès,* y sus catálogos de exposiciones, que ella misma supervisa y en los que incluye textos propios, fotografías, bocetos, mapas, postales, las caricaturas de su efigie, que creó Christophe Vallaux[149], y diverso material de archivo.

---

[146] En España, coloquialmente, su equivalente serían los *treneros,* los amantes o forofos del mundo de los trenes.

[147] Patricia Knop (1940-2019), además de artista y coleccionista, fue una de las guionistas de *Lady Oscar* (Jacques Demy, 1979). Escribió con su marido Zalman King (1942-2012), que además fue el director, el guion de *Orquídea salvaje (Wild orchild,* 1989), protagonizada por Mickey Rourke y Jacqueline Bisset. Asimismo, el matrimonio también participó en el guion de *Nueve semanas y media (Nine ½ Weeks,* Adrian Lyne, 1986).

[148] Macha Makeïeff (1953), artista y directora, escenógrafa y diseñadora de vestuario en teatro y ópera; www.machamakeieff.com.

[149] Christophe Vallaux aparece al final de *Las playas de Agnès,* en la instalación de la playa en la rue Daguerre.

*Juegos fonéticos, asociaciones, analogías, metáforas*

Cada título de Agnès Varda está impregnado de su gusto por las asociaciones o analogías visuales, lo que Marcel Martin denomina «jeux de mots optiques»[150]. A este respecto, la cineasta apunta:

> A través de un sistema de referencias, recuerdos, asociaciones libres, cada película me hace explorar ámbitos que, me parece, se abordan muy poco en el cine. Siempre se quiere contar historias, con acción y psicología, cuando precisamente se puede ir en direcciones muy interesantes de tiempo, espacio y memoria[151].

Y a ello se suma su gusto por los juegos fonéticos. Cuenta Kelley Conway que cuando viajó a mediados de junio de 2012 a la isla de Noirmoutier para entrevistar a Agnès Varda, el día de su llegada, después de cenar, le propuso jugar al Scrabble, el popular juego de mesa de palabras cruzadas. Durante la partida, que se prolongó hasta bien entrada la noche, la cineasta, según Conway, se mostró como un «diccionario andante», y añade que «no es de extrañar, dado el prodigioso juego de palabras que despliega en toda su obra»[152]. Y como la historiadora deja entrever, ganó la partida.

El cortometraje *Ô saisons, ô châteaux*[153], cuyo título hace referencia al poema de Arthur Rimbaud, comienza con el

[150] Marcel Martin, «Profession: documenteuse», art. cit., pág. 54.

[151] Françoise Wera, «Entretien avec Agnès Varda», *Ciné-Bulles*, vol. 5, núm. 3, febrero-abril de 1986, págs. 4-5.

[152] Kelley Conway, *Agnès Varda, op. cit.*, pág. 127.

[153] En el vocabulario con el que abre su libro, Agnès Varda declara, sin ocultar su emoción, en la entrada que titula «Ô qui me plaît infiniment»

primer plano de una postal que, mediante un movimiento de *zoom,* enfoca en primer término un matasellos que reza «Los hermosos castillos del Loira» con el que Agnès Varda traza la sinopsis de su contenido. Y con la secuencia siguiente, un grupo de jardineros que, tras calentarse las manos, cogen sus útiles y se ponen manos a la obra, parece anunciar al espectador de forma metafórica que la función va a comenzar. A continuación, surge otro juego con los títulos de crédito: una serie de carteles y señales de direcciones que contienen el término «château» [castillo] y que a veces son indicaciones de carretera o nombres de comercios; o esa serie de imágenes con carteles de indicaciones de poblaciones reales, como «Hommes», en el momento en el que pasa una anciana, o la que reza «Veuves» [viudas], que se enlaza con un plano de dos octogenarias vestidas de negro que salen de un comercio. O cuando habla sobre el castillo de Chenonceaux, cuya maqueta recortable presenta en el momento en que dice «construido por piezas, este castillo de leyenda es una acumulación de caprichos». O al comentar Les folies Siffait[154], obra que mandó edificar Maximilien Siffait (1780-1861), quien compró un terreno «para construir en él... unas ruinas. Y con ellas se arruinó».

En *Du côté de la côte* [Al lado de la costa], epígrafe puramente fonético, Agnès Varda hace coincidir las fotografías, carteles e imágenes que aparecen en los títulos de crédito

---

[Oh, cómo me gusta infinitamente], que le encantan los «Ô» evocadores. Además del poema de Rimbaud, cita otros como: «Ô serments! Ô parfums! Ô baisers infinis!», de Charles Baudelaire; «Ô toi que j'eusse aimée, Ô toi qui le savais», de Paul Verlaine, y «Ô temps, suspends ton vol», de Alphonse de Lamartine; en Agnès Varda, *Varda par Agnès. L'intégrale, vol. 1954-1994, op. cit.,* pág. 26.

[154] Situado en Le Cellier, cerca de Nantes. Más información: https://www.jardins-folies-siffait.fr/.

*Du côté de la côte* (1958), © Ciné-Tamaris.

iniciales con la letra de la canción, escrita por la propia cineasta, compuesta por Georges Delerue e interpretada por Jean-Christophe Benoît, y que describe los diferentes lugares de la Costa Azul —Niza, Cannes, Antibes, St. Tropez, Menton. Incluso hay bromas visuales con efectos ópticos, como el plano en una playa de una veraneante cuyo cuerpo tendido en la arena está captado en perspectiva frontal de manera que el torso tapa su cabeza y en su lugar sobresale la cabeza de un niño, con lo que se produce un irónico impacto visual.

Cuando habla de la villa de Cannes donde recaló Lord Brougham porque una epidemia de peste le impidió entrar en Niza, la voz en *off* recalca que pasar «esa *quarantaine* [cuarentena] en Cannes le encantó y se quedó *quarante* [cuarenta] años, incluso más». Tras una serie de planos con veraneantes que toman el sol en la playa o descansan en un *camping* al borde del mar, Varda, recurriendo a una analogía fonética, ofrece imágenes de un cementerio con las tumbas frente al océano y la voz del narrador subraya que el espacio no sobra, pues es «una *costa* [côte] bien *costosa* [coûteuse]». De ahí que después la voz del locutor afirme que «la Costa Azul es el más bello cementerio de Francia». Y que el muerto de la Costa Azul «es un turista de calidad cuyo paisaje lo acoge para su merecido reposo. Es discreto, como un sufriente corazón sin lágrimas», y lo ilustra con la silueta de un corazón de chapa de metal que aparece en una tumba; «modesto, como un arbusto sin rosas», y muestra un enterramiento cubierto con rastrojos; «calmo, como un campo sin honor», y la imagen ofrece tumbas sin lápida; y la cámara gira y muestra otra tumba circundada por una verja en cuya cabecera hay una pequeña bóveda de cañón construida con una plancha de hierro sobre la que el narrador apunta «infantil, como una cuna». Compara los lugares de veraneo con el edén, pero el Edén es nombre de un hotel, y el de una sala de fiesta, y enlaza esas imágenes con el plano de la placa de una calle, *Montée du rêve* —que se podría traducir como «subida» o «cuesta del sueño»— y al lado una señal de tráfico que indica «callejón sin salida»; otro plano con una placa que reza «Avenue de L'Éden» exhibe abajo una señal de prohibición.

En *L'Opéra-Mouffe,* la Mouffe del título es el nombre con el que se conoce popularmente al mercado de la rue Mouffetard. El juego fonético que sugiere Agnès Varda reside en las letras de la primera de las nueve estrofas cantadas que contiene el film, letras cuya autoría es de la propia cineasta:

> *L'opéra-Mouffe / au premier accord / au premier abord / c'est la bouffe*
>
> [L'opéra-mouffe / al primer acuerdo / a primera vista / es la comida].

Es decir, se juega con la similitud fonética de *mouffe* y *bouffe* [comida]. Y la comida posee una importante presencia en el film por el propio mercado, así como por determinadas secuencias, como la de la calabaza que es partida por la mitad y después vaciada, la de la mujer que pasea por la calle mientras se le caen al suelo las patatas de la bolsa o la de esa otra que, hacia el final del metraje, se come un ramo de flores.

En *Cleo de 5 a 7*, hay múltiples juegos fonéticos. Cleo y Angèle suben a un taxi Citroën y se entabla una breve conversación en la que se implica la conductora:

> —CLEO: *C'est une déese, j'aime ça*. [Es una diosa, me gusta].
> —LA TAXISTA: *C'es pas une DS, c'est une ID*. [No es un DS, es un ID].
> — ANGÈLE: *Une idée comme une drôle d'idée?* [¿Una idea, como una idea divertida?].
> —LA TAXISTA: *Oui, c'est ça* [Sí, eso es].

DS y ID son referencias a dos modelos de la marca Citroën. Y en estas reside el juego fonético, entre *déese* [diosa] y DS, y entre ID e *idée* [idea]. En otro momento, cuando Cleo llega a su casa en compañía de su asistenta personal, después de hacer un ejercicio de estiramiento dice:

> *Maintenant que je suis élongée, je vais m'allonger*
>
> [Ahora que estoy estirada, me voy a acostar]

Cuando su amante (José Luis de Vilallonga), durante su breve visita, le dice que debe marcharse porque tiene prisa, ella responde:

> *Tu es l'amant... du moment.*
>
> [Eres el amante... del momento].

Michel Legrand y Corinne Marchand en *Cleo de 5 a 7* (1961),
© Ciné-Tamaris.

Bob, el compositor (a quien interpreta el propio Michel Legrand), que se halla en la casa de Cleo con su letrista Marcel, a quien llama Plumitif (Serge Korber), para ensayar el nuevo repertorio, le dice a Angèle, la asistenta personal de Cleo:

> *Madame Angèle es angélique.*
>
> [Madame Angèle es angelical].

Seguidamente, el mismo Bob se refiere a su compañero:

> *Et toi, Plumitif, tu es laudatif* [y se dirige a Angèle]. *Un apéritif.*
>
> [Y tu Plumitif, eres laudatorio. Un aperitivo].

Juegos fonéticos presentes en *Oncle Yanco,* como en la secuencia en la que, dirigiéndose al espectador a través de su voz en *off,* Agnès Varda dice que a continuación se va a representar cómo el tío Yanco llegó a reconocer a su *nièce* [sobrina] *Agnès,* ambos términos con una pronunciación muy similar.

En *Nausicaa,* en uno de los *sketches* irónicos contra la dictadura de los coroneles (1967-1974), una madre recrimina y castiga a su hija, llamada Democracia, y de repente irrumpen en la estancia tres coroneles: el coronel Ass, su hermano el coronel Ass y el coronel In, cuyos apellidos al unirse forman el término *assassin* [asesino].

El gusto por el Scrabble, del que dejaba constancia Conway, lleva a Agnès Varda a crear todo tipo de estratagemas con las palabras cruzadas, como se pone de manifiesto en una secuencia de *La felicidad,* cuando François (Jean-Claude Drouot) acude a la oficina de correos donde trabaja Émilie (Marie-France Boyer), la joven empleada de la que se ha enamorado, y le redacta una nota en la que figuran las consonantes P T T en mayúscula y separadas entre sí, serie que repite en cada línea hasta formar cinco renglones. Es decir:

P T T
P T T
P T T
P T T
P T T

Después François completa esa suerte de jeroglífico que ha ideado:

**P**ostière **T**rès **T**entante *[empleada muy tentadora]*
**P**ense **T**rès **T**endrement *[pienso muy tiernamente]*
**P**assionément **T**erriblement à **T**oi *[apasionadamente, terriblemente en ti]*
**P**rès **T**e **T**oi *[cerca de ti]*
**P**our **T**oi **T**on *[para ti, tu]*
François

A veces recurre a otras variaciones en su planteamiento, como sucede con los créditos en *Daguerréotypes:* mientras la voz en *off* del mago Mystag, que antes ha aparecido en la obertura del film delante de la Torre Eiffel, enumera el elenco y el trabajo desempeñado por cada uno de ellos, sus nombres aparecen en pantalla cruzados formando el propio título del documental en sentido vertical:

AGNÈS VAR**D**A<br>
NURITH **A**VIV<br>
**G**ORDON SWIRE<br>
BERNARD CHA**U**MEIL<br>
MICH**E**L THIRIET<br>
DENIS GHERB**R**ANDT<br>
CH**R**ISTOTE SZENDRÖ<br>
J**E**FF AUGER<br>
ANTOINE B**O**NFANTI<br>
CHRIS**T**IAN BACHMANN<br>
W. LUBCHANSK**Y**<br>
LA**P**ORATOIRES ECLAIR<br>
MAURIC**E** GILBERT<br>
ANDRE**É** CHOTY<br>
AUDITORIUM **S**IS

Hay que señalar la sustitución de la B de Laboratoires por una P (letras que gráficamente poseen una cierta similitud) y que los nombres de Maurice Gilbert y André Choty, situados en una misma línea, comparten la letra E. En cierta manera, este juego de palabras cruzadas podría ser una metáfora visual de la propia estructura de la película: al fin y al cabo, en torno a la actuación del mago Mystag se reunirán todos los comerciantes de la rue Daguerre, es decir, los que en realidad conforman los *daguerrotipos* entrecruzados que componen el documental. A su vez, la cineasta asocia visualmente los distintos trucos con fragmentos de los quehaceres diarios de los comerciantes.

En *Una canta, otra no,* cuando Pomme cocina un pollo, su amante iraní introduce en él un «relleno» (que en francés es *farce)* y dice que los iraníes hablan *farsi* (se pronuncia igual en francés). En *Sin techo ni ley,* el tío Aimé (Gabriel Mariani) deletrea su apellido B.I.O.N.N.E.T. explicando cada letra:

> *Moi, c'est Bionnet, B comme bête, I comme idiot, O comme honnête, sans H, deux N comme Noël-Noël, E comme Ernest Renan, et T comme le père du Roman de la momie, Théophile Gautier.*
>
> [Soy Bionnet, B como bestia, I como idiota, O como honesto, pero sin H, dos N como Noel-Noel, E como Ernest Renan y T como el padre de *La novela de la momia*[155], Théophile Gautier].

En el mismo film, Sylvain el cabrero, en su monólogo ante la cámara, en el que resalta el nihilismo y la inutilidad de la actitud de Mona, dice: *c'est pas de l'errance, c'est l'erreur* [no es la errancia, es el error]. Y afirma que, con esa indolencia que demuestra, le hace el juego al sistema que rechaza, para concluir con la misma frase, pero con los términos invertidos: *C'est le erreur, c'est pas l'errance* [es el error, no la errancia].

El díptico que rueda en su segunda estancia larga en Los Ángeles, a comienzos de la década de los ochenta, está formado primero por *Mur murs,* cuya traducción en español sería «muro, muros» pero que, leído de seguido en francés, tiene una similitud sonora con *murmures,* es decir, «murmullos», palabra que define, en realidad, el espíritu del documental, pues esos *murmullos* son los propios murales como

---

155 Théophile Gautier, *La novela de la momia,* traducción de Susana Cantero, Madrid, Alianza Editorial, 2004.

Sandrine Bonnaire en *Sin techo ni ley* (1985), © Ciné-Tamaris.

expresión visual del sentir de los artistas que viven en la ciudad, tanto los estadounidenses como los pertenecientes a las minorías mexicanas o afroamericanas. Y *Documenteur,* en cuyos créditos iniciales realiza un juego de doble sentido: tras el título del film, añade *an emotion picture by Agnès Varda,* jugando con los vocablos anglosajones: «El título inglés, que me gusta mucho, es *An emotion picture;* al agregar una pequeña "e" a la palabra clásica *motion picture,* lo decimos todo. El film no cuenta una historia, no hay progresión psicológica o dramática. Hay momentos de emoción»[156].

Después aparece de nuevo el título *Documenteur* acompañado de otro juego de palabras: *dodo cucu maman vas-tu-te-taire*[157], frase que, minutos después, pronuncia la voz en

---

[156] Chantal de Béchade, «Entretien avec Agnès Varda», *La Revue du Cinéma / Image et Son,* núm. 369, febrero de 1982, pág. 46.

[157] Las sílabas aparecen en los créditos subrayadas; y marcadas en negrita en la página web oficial de la cineasta, que también es la de Jacques Demy: https://www.cine-tamaris.fr/.

*Jane B. par Agnès V.* (1986-1987), © Ciné-Tamaris.

*off* de Varda cuando habla sobre la pérdida del significado de las palabras pese a que cada una de ellas tiene el suyo, incluso «las tontas y mágicas como *do**do** cu**cu** ma**man** vas-tu-te-**taire*** [dodo[158], cucú, mamá ¿te vas a callar?]». Pero más allá de que al leer seguida la frase esta posee una similitud fonética con el título, este es asimismo un acrónimo de *document* y *menteur* [mentiroso]. A la pregunta sobre el uso de *menteur* en el título, la cineasta apunta que

> es lo contrario del cinéma-vérité. Es el cine sueño-mentiras, el «mentir-verdad», como dice Aragon, no soy yo... Y luego, todo lo que digo ahora de que las películas se me escapan y que otros las ven es como un discurso añadido [...]. Para *Documenteur* estaba todo ese mentir-verdad de las voces, los rostros y los cuerpos. ¿Quién habla? ¿En nombre de quién?[159].

---

[158] *Dodo:* en francés, se refiere de manera coloquial al hecho de ir a dormir. Por ejemplo, *faire dodo* equivale a decir: «ir a dormir».

[159] Françoise Audé y Jean-Pierre Jeancolas, «Entretien avec Agnès Varda», art. cit., pág. 44.

En *Jane B. par Agnès V.,* los personajes que interpreta Jane Birkin en diversas secuencias de películas imaginarias y de distintos géneros tienen la particularidad de compartir el nombre: un *sketch* con aires *godardianos* en el que interpreta a Janou la galerista, un *western* en el que encarna a Calamity Jane, un *biopic* en el que pone rostro a Juana de Arco o aquel en que aparece como Jane, la pareja de Tarzán. Pero articula estas relaciones con todo tipo de estrategias que incluso potencia visualmente, como en el *travelling* que se inicia con un gallo en la barandilla de un puente y finaliza, tras recorrerlo, con un asno. La voz en *off* de Agnès Varda apunta:

> Porque me gusta más el ensueño que la psicología, me gusta pasar de un tema a otro. Divertirme con el azar, con momentos de emoción, de sentimientos furtivos, cosas que pasan rápido. Para contar bien tu historia hace falta tiempo. Y el tiempo es oro. Hay que montar una nueva producción y asumir riesgos. Aun pasando de una cosa a otra *[passer du coq à l'âne].* No tengo un asno que cague piezas de oro.

*Passer du coq à l'âne* [literalmente: pasar del gallo al asno] es una expresión francesa equivalente a «pasar o saltar de un tema a otro». De ahí el mencionado *travelling* que comienza con un gallo y termina con un asno.

Con las gemelas Garnier, interpretadas por Catherine Deneuve y Françoise Dorléac, hermanas en la vida real, Agnès Varda establece una relación con los mellizos reales de Rochefort en *Les demoiselles ont eu 25 ans,* ya que, según se afirma en el film, es uno de los cuatro motivos por los que es conocida la villa —además de por las begonias, el escritor Pierre Loti y, desde 1966, por *Las demoiselles*. Sobre el film de Demy, Agnès Varda señala que «también parece que favorecieron la procreación de verdaderas gemelas. No fue demasiado difícil encontrar siete pares en la ciudad, desde los dos hasta hasta los veintidós años, y reunirlos para filmarlos en una sola toma»[160]. Y con esta toma acaba el documental, con un *travelling* que muestra gemelos situados en fila a lo largo de la Corderie Royale mientras se sobreimpresionan los créditos finales.

En *Las playas de Agnès* establece asociaciones, como cuando habla de *Las cien y una noches* y subraya el gran fracaso comercial que obtuvo con la secuencia en la que Robert de Niro cae al agua de la barca que comparte con Catherine Deneuve. El propio nombre del protagonista, como Agnès Varda explica en su documental *Varda por Agnès,* al ser una representación alegórica del cine, se llama Simon Cinéma: *si mon cinéma non te plaît pas, va voir un autre,* es decir, «si mi cine no te gusta, ve a ver otro». O los de ambos miembros de la pareja protagonista, la joven estudiante y su novio, interpretados por Julie Gayet y Mathieu Demy, se llaman Camille, nombre tanto masculino como femenino en francés, aunque a él se dirigen con el apelativo Mica.

En *Caras y lugares,* Agnès Varda expresa en *off:* «Tan pronto como salimos a la ruta hicimos escala», frase que se ilustra con un plano del letrero del pueblo L'Escale. Más adelante dice «hicimos una pirueta» *[pirouette* en francés] al llegar a Pirou. Y en Pirou-plage, en otra escena irónica con los lugareños que han acudido a ese pequeño poblado abandonado que se quedó a medio construir, una mujer le dice al cartero si tiene una carta para ella —carta en francés es *lettre*— y este le entrega una letra N.

Pero el gusto por los juegos de palabras se extiende a su obra como artista visual. El doble significado del título de su exposición, *L'île et elle* [La isla y ella], casi homófono en francés de *il et elle* [él y ella], hace referencia a su relación

---

160 Agnès Varda, *Varda par Agnès. L'intégrale, vol. 1954-1994, op. cit.,* pág. 198.

con Demy y a su vida en la isla de Noirmoutier, tema sobre el que giran las obras que componen dicha exhibición. Divertimentos sonoros presentes en otras, como la titulada *La mer... etsetera* que tuvo lugar en el CRAC (Centre Régional d'Art Contemporain) de Sète en 2009 y en la que el término *etsetera* del título es un juego entre «etcétera» y «Sète».

### *El azar, la espontaneidad y otras carambolas*

«Maravillosos azares aquellos que operan con precisión. Manera de alejar los malos, de atraer los buenos. Reservarles de antemano un lugar en tu composición», escribe Robert Bresson[161]. En *Las playas de Agnès* afirma, cuando se refiere a *Documenteur,* que «el azar fue su asistente». Habla a continuación de que en otro día del rodaje «la suerte nos ofreció una desagradable pelea entre amantes». Cuando visita la casa de su infancia, cuyos propietarios son coleccionistas de trenes en miniatura, acaba más interesada por ellos que por los vestigios que quedan de su antiguo hogar y sentencia, tras abandonarla, que «... como me gusta hacer documentales, no desperdicié la ocasión que el azar me ofrecía». Ocurre así en la secuencia de la instalación de una playa en la rue Daguerre con su equipo de la productora, sus mesas y ordenadores. El segundo día llueve de improviso, dificultando el rodaje. Varda, refugiada bajo un paraguas, tira de una de las cuerdas que están unidas a siluetas de gaviotas colgadas. Bénézet apunta que en esta secuencia están planteados tres elementos esenciales que definen lo que para Varda es la concepción de un

---

[161] Robert Bresson, *Notas sobre el cinematógrafo, op. cit.,* pág. 36.

film: «la determinación y el ingenio de la directora, la disposición del equipo para hacerlo realidad y el azar»[162].

En *Caras y lugares,* la cineasta le confiesa a JR al principio del metraje que lo que más le complace de dicho documental es que es una aventura espontánea. Y prosigue:

> —Agnès Varda: Lo que más me ha gustado es que por azar hemos conocido a gente increíble.
> —JR: ¿Entonces prefieres que continuemos sin un plan preciso, sin un itinerario?
> —Agnès Varda: Sí, porque el azar siempre ha sido el mejor de mis asistentes.

De hecho, hay títulos que surgen por puro azar, como *Oncle Yanco.* Según cuenta la cineasta, al asistir al Festival de Cine de San Francisco en noviembre de 1967 para presentar *Las criaturas,* le hablan de un pintor que tiene su mismo apellido, Yanco Varda, amigo del escritor Henry Miller, quien, precisamente, le dedicó un texto a su figura y obra: *Varda: the master builder*[163], y que vive en un barco en Sausalito. Rápidamente se dirige allí para conocerlo y comprueba que es un primo de su padre. Impresionada por «este viejo *hippie* de pelo blanco y pantalones rosas»[164], organiza de inmediato un equipo y rueda en tres días, ya que tiene billete de regreso. Un azar que adquiere otra dimensión con la aparición de la pequeña cámara de vídeo digital que utiliza por primera vez en *Los espigadores y la espigadora* y que le permite filmar lo que se encuentra durante el curso de sus viajes. Algo que explica en el cuarto capítulo de

---

[162] Delphine Bénézet, *The cinema of Agnès Varda: resistance and eclecticism, op. cit.,* pág. 59.

[163] Véanse notas 280 y 281.

[164] Agnès Varda, *Varda par Agnès. L'intégrale, vol. 1954-1994, op. cit.,* pág. 94.

*Agnès de-ci de-là Varda* cuando le dice al actor Jean-Louis Trintignant: «Tomo fragmentos. Intento trabajar por impresiones, por toques» *[J'en prendrai des bribes. J'essaie de travailler par impressions, par touches]*. Incluso el azar le ofrece sorpresas imprevistas, como en *Dos años después,* en que pide disculpas al psicoanalista Jean Laplanche porque cuando le entrevistó para *Los espigadores y la espigadora* no se había percatado en aquel momento de que era una eminencia en su ámbito. «Ni siquiera sabía que había escrito libros ni que había hecho el Vocabulario del psicoanálisis con Pontalis[165]. Pero hemos de aceptar que hice un documental así, espontáneo, por instinto», le confiesa la cineasta.

Un azar y una espontaneidad que impregnan también sus largometrajes de ficción. Cuando la cámara de Agnès Varda sigue el deambular de la protagonista por las calles de París en *Cleo de 5 a 7,* capta todo lo que sucede a su alrededor de manera casual: los transeúntes, los clientes de los cafés o los artistas callejeros; las gentes que presencian las actuaciones de Pomme y su grupo en *Una canta, otra no;* el periplo por Venice de la madre y su hijo en *Documenteur* durante el cual capta situaciones reales, como la mencionada disputa doméstica de una pareja que sucede de manera accidental durante el rodaje; o da rienda suelta a los diálogos improvisados del trío protagonista de *Lions Love,* algo que confirma en su documental *Varda por Agnès.*

---

[165] En su título original, *Vocabulaire de la Psychanalyse*. Redactado por Jean Laplanche (1924-2012), quien también fue profesor de la Universidad París VII, y el filósofo, psicoanalista y profesor Jean-Bertrand Pontalis (1924-2013), se publicó en 1967 y sigue siendo hoy en día una obra de referencia en el campo del psicoanálisis. La última reedición en español hasta la fecha: *Diccionario del psicoanálisis,* traducción de Fernando Gimeno Cervantes, Barcelona, Paidós, 2023.

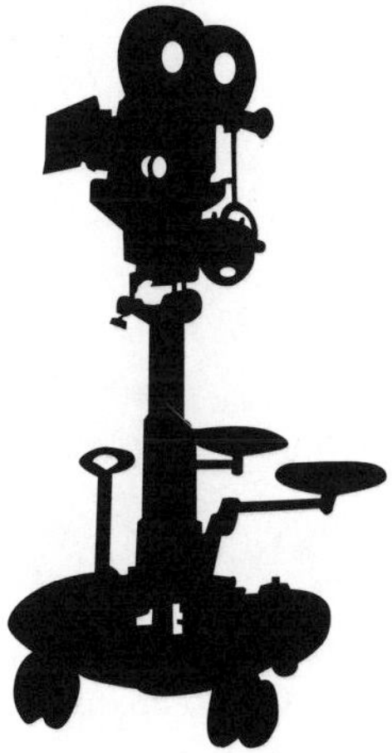

# Entre el diario fílmico, el film ensayo y la autobiografía: Agnès Varda documentalista

El inconformismo de Agnès Varda le impulsa a una búsqueda constante de nuevos planteamientos narrativos y visuales en los que ficción y realidad conviven e incluso se funden, como se pone de manifiesto en *La Pointe Courte*. *Ô saisons, ô châteaux* (1957), su segundo film pero su primer documental, rompe las convenciones del género al establecer las premisas de una composición organizativa que

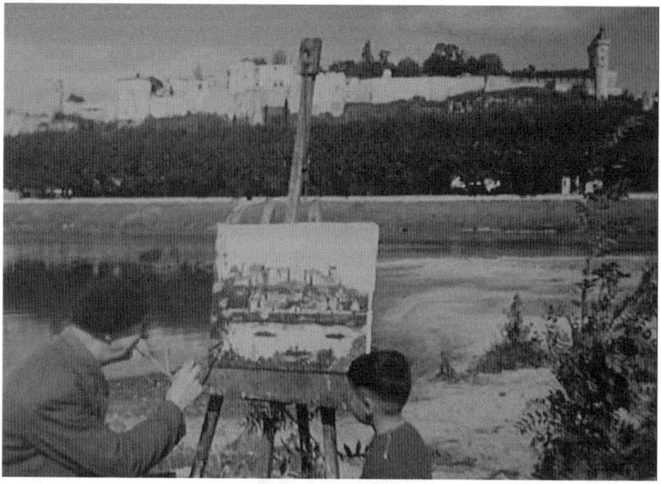

El pintor Jean Schubnel en *Ô saisons, ô châteaux* (1957), © Ciné-Tamaris.

acabará siendo uno de sus rasgos de estilo, lo que Conway sintetiza como «crear una estructura clara, ya fuera un diario de viaje, una tipología o un inventario de algún tipo, y luego complementarla con material digresivo, ingenioso o más personal»[166]. La cineasta organiza el film a partir de un recorrido por los castillos del Loira, desde las construcciones más antiguas, como la fortaleza de Langeais, próxima a Tours, del siglo x, hasta la más moderna y con la que cierra el film, la llamada Les Folies Siffait, ubicada en Le Cellier e impulsada por Maximilien Siffait entre 1816 y 1830. Pero todo ello, casi a modo de *collage,* salpicado con imágenes de los jardineros y guardeses que combina con pequeñas anécdotas históricas referidas a las edificaciones y con fragmentos de versos

[166] Kelley Conway, *Agnès Varda, op. cit.,* pág. 30.

de poetas de aquella época como Pierre de Ronsard, Clément Marot, François Villon o Charles d'Orléans.

Con planteamientos similares concibe *Du côté de la côte* (1958), que, junto con el anterior, podrían formar una suerte de díptico turístico. Rodados ambos en color, este último es un itinerario a lo largo de la Costa Azul en el que, de nuevo, además de mostrar monumentos, paisajes y lugares de interés como Cannes, Niza o Menton, introduce escenas de la vida cotidiana de los veraneantes o de los porteros de hoteles. Pero en ambos ya está latente su vocación por el divertimento. Sin embargo, hubo un tercer cortometraje que rodó al mismo tiempo que este último, *La Cocotte d'Azur,* pero debido a sus desacuerdos con el productor, Anatole Dauman, la cineasta no quedó satisfecha e hizo retirar su nombre de los créditos[167].

Entre estos dos cortometrajes, que fueron encargos de la Oficina de Turismo, concibió el que es su tercer título, *L'Opéra-Mouffe* (1958), en el que rompe la narración tradicional en su pretensión de crear un cortometraje que transitase, en palabras de la cineasta, «entre la verdad de un Cartier-Bresson y las imágenes de ensoñaciones de un cine llamado marginal»[168]. Rodada en blanco y negro, sigue unas líneas estéticas y conceptuales que traen reminiscencias del cine de la vanguardia de los años veinte como *Entreacto (Entr'acte,* René Clair, 1924), *Emak-Bakia* (Man Ray, 1926) o *Fantasmas antes del desayuno (Vormittagsspuk,* Hans Richter, 1928). Audé escribe en 1979 con respecto al film: «Las audacias de hace veinte años [...] son artificios de retórica con un humor actual»[169]. Se podría

---

[167] Agnès Varda, *Varda par Agnès. L'intégrale, vol. 1954-1994, op. cit.,* pág. 232.

[168] *Ibíd.,* pág. 115.

[169] Françoise Audé, «*Opéra Mouffe* (1958), *Oncle Yanco* (1967) et *Daguerréotypes* (1975)», *Positif,* núm. 218, mayo de 1979, pág. 75 (nota: «Opéra Mouffe», así como está escrito el título en este artículo).

decir que *L'Opéra-Mouffe* es una sinfonía poética visual, un film experimental, o, como la propia cineasta lo califica, un documental subjetivo[170]; incluso Bénézet apunta que se podría también catalogar como «documental etnográfico»[171], pues es también un testimonio sobre los habitantes de un barrio marginal del París de finales de los años cincuenta, imágenes que combina con otras de carácter onírico que hacen referencia al amor y al embarazo.

Son cuatro los títulos que giran en torno a la fotografía. *Saluts les cubains* parte de un reportaje fotográfico que Agnès Varda realizó durante su estancia en Cuba, entre diciembre de 1962 y enero de 1963, y de donde regresó con más de dos mil negativos[172]. La cineasta sigue una estrategia similar a la que empleó Chris Marker un año antes en *La jetée* (1962) por cuanto el corpus de ambos films se ha concebido con fotografías. Por otra parte, señalar que, si bien la cineasta conoce dicho film[173], tampoco, en el curso de este estudio, se han hallado evidencias de que lo haya visto antes del montaje de *Salut les cubains*. Sea como fuere, la articulación que Agnès Varda lleva a cabo con sus imágenes cubanas sigue otras líneas conceptuales diferentes de las utilizadas por Marker. Por un lado, en el film se dibuja una panorámica sobre la vida en la isla, en la que, apenas hace cuatro años, ha tomado el poder la revolución de Fidel Castro, a quien retrata sentado detrás de unas piedras con forma de alas. Pero más allá de esta circunstancia, el film es

---

170 Agnès Varda, *Varda par Agnès. L'intégrale, vol. 1954-1994, op. cit.*, pág. 143.

171 Delphine Bénézet, *The cinema of Agnès Varda: resistance and eclecticism, op. cit.*, pág. 19.

172 Véase nota 102.

173 Agnès Varda, *Varda par Agnès. L'intégrale, vol. 1954-1994, op. cit.*, pág. 22.

un retrato de la sociedad cubana de aquel momento, desde el mundo rural hasta el ambiente de La Habana, en el que hace un especial hincapié en el emergente ámbito cultural, desde el arte, con las pinturas de Wilfredo Lam, hasta la literatura, con Alejo Carpentier, o la música, en la que destaca la presencia de Benny Moré, a quien muestra bailando en forma de animación en *stop motion* a partir de las múltiples fotografías que le ha sacado.

Sin embargo, *Ulysse* (1982) es una reflexión sobre la memoria, pero también sobre la naturaleza de la fotografía y sobre las diferentes interpretaciones que puede generar una misma imagen, todas plausibles, aunque ninguna se acerque a la realidad del momento en que se hizo, en 1954, en la que aparecen al fondo, al borde del mar, la figura de un hombre joven desnudo de pie y de espaldas a la cámara junto a un niño, también desnudo, sentado en la arena y, en primer término, el cadáver de una cabra. Treinta años después, la cineasta retoma el contacto con los dos protagonistas, cuyas respuestas no son las que espera ya que apenas recuerdan aquella instantánea e incluso difieren de la versión de la propia Varda, que apunta: «La pude haber tomado el domingo pasado o ayer, yo u otra persona. Ahí está la imagen, eso es todo. Puedes ver lo que quieras en ella. Una imagen es esto y más». Según la cineasta[174], la secuencia del film en la que enseña la fotografía a varios niños que le ofrecen comentarios variados fue la inspiración de *Une minute pour une image,* serie que concibe para la televisión y que consta de 170 piezas de dos minutos de duración que se emitieron diariamente en el canal FR3 entre el 31 de enero y el 22 de julio de 1983[175]. En ella, tanto reconocidas personalidades como ciudadanos corrientes comentan de

---

[174] *Ibíd.,* pág. 137.
[175] *Ibíd.,* pág. 265.

manera espontánea una fotografía. La propia Agnès Varda presta su disertación en catorce de ellas.

Por el contrario, *Ydessa, les ours et etc.* (2004) parte de la exposición de fotografías que es, al mismo tiempo, una instalación ideada por la artista y comisaria Ydessa Hendeles y que exhibe en la Haus der Kunst de Múnich en 2003. Unas fotografías cuyo nexo común es la presencia de un oso de peluche, algo que, si en un principio puede resultar pintoresco, en realidad posee una mayor sustancia en el sentido de que deviene en una suerte de memoria colectiva sobre unos tiempos desaparecidos y marcados por la tragedia del Holocausto.

*Black Panthers* es un film concebido desde la inmediatez, ya que, por azar, la cineasta se entera de las movilizaciones de los Panteras Negras en Oakland porque uno de sus principales líderes, Huey P. Newton, se halla en prisión a la espera de juicio. Al igual que le sucedió con *Oncle Yanco,* recurre a la improvisación y consigue con rapidez una cámara de 16 mm que, según ella, le prestan dos activistas de la Universidad de Berkeley[176]. Haciéndose pasar por reportera de la televisión francesa, filma y entrevista a los participantes y a otros dirigentes de las protestas, como Kathryn Cleaver o Bobby Seale. Por el contrario, y dado que parte de un encargo, *Réponse de femmes* (1975) es un trabajo más meditado, concebido como un manifiesto fílmico que lleva como subtítulo *Notre corps, notre sexe* [nuestro cuerpo, nuestro sexo] y en el que aparecen mujeres de diversas edades, incluso desnudas, que reivindican los derechos y la identidad de la mujer frente a los estereotipos tradicionales.

Sus retratos fílmicos *Elsa la rose* (1965) y *Oncle Yanco* (1967), lejos de los habituales esquemas biográficos, transitan en-

[176] *Ibíd.*, pág. 246.

tre el ensayo fílmico y el cuaderno de apuntes. Si en el primero la figura de Elsa está construida a través de la mirada de Aragon, en el segundo domina la propia mirada de Agnès Varda hacia su tío. *Daguerréotypes,* su primer documental en formato largometraje, es un retrato colectivo del grupo de comerciantes de la calle Daguerre donde vive la cineasta. Su siguiente documental, *Mur murs,* rodado en su segunda estancia en California y cuyo título tiene su origen, según Varda, en una frase de Victor Hugo referente a la construcción del muro de los Fermiers généraux: «el muro que encierra a París hace que París murmure»[177], es un fresco, nunca mejor dicho, sobre las pinturas murales que pueblan las fachadas de la ciudad de Los Ángeles y sobre sus artistas, con los que se siente en sintonía:

> Y si filmo murales, existo filmándolos. Los muralistas no están en galerías. No forman parte del sistema del arte que cotiza en bolsa, ellos bajan a la calle, donde están las gentes. Yo no formo parte del sistema del cine que cotiza en bolsa, ni en Hollywood ni en Francia, yo bajo a la calle a filmar donde están las personas. Soy parte de su rebelión[178].

Aunque en cuanto a objetivos y planteamientos sean dos propuestas diferentes, *Daguerréotypes* y *Mur murs* poseen un rasgo en común: el paso de los años los ha convertido, más allá de sus cualidades cinematográficas, en valiosos testimonios de unos mundos que se han desvanecido. De los pequeños negocios apenas queda rastro alguno, como pone de manifiesto en *Rue Daguerre en 2005*. Algo parecido su-

---

[177] *Ibíd.,* pág. 145.
[178] *Ibíd.,* pág. 147.

*Mur murs* (1980), © Ciné-Tamaris.

cede con los murales de Los Ángeles, muchos de los cuales, gracias a la organización The Mural Conservancy of Los Angeles[179], fundada en 1987, se han podido preservar, como es el caso de *Isle of California,* pintado en 1971 por Terry Schoonhoven y Victor Henderson[180] y que es, precisamente, el que muestra el plano final de *Mur murs* y el primero de *Documenteur,* ante el cual los protagonistas, la madre y su hijo, juegan a la pelota.

Dos son las piezas que la cineasta dedica al mundo de la arquitectura, aunque hay que matizar que ambos films los focaliza en un determinado aspecto arquitectónico, si bien,

---

[179] Más información: https://www.themcla.org.

[180] Schoonhoven y Henderson fundaron el grupo de muralistas llamado The Los Angeles Fine Arts Squad. Más información: http://lafine artssquad.com.

por otra parte, son encargos. *Les dites cariatides* (1984), concebido por mediación de Terry Wehn-Damisch para una serie sobre las artes cuyo título era *Domino,* es una suerte de sinfonía visual y poética sobre las cariátides talladas en las fachadas del París del siglo XIX acompañada de los comentarios de la propia cineasta y los poemas de Charles Baudelaire. Sin embargo, en *T'as de beaux escaliers, tu sais* (1986), una pieza de apenas tres minutos de duración y que surgió con motivo de la celebración del quincuagésimo aniversario de la Cinémathèque Française, Agnès Varda combina las imágenes de las escaleras en su antigua sede en el Palais de Chaillot con las que aparecen en algunos títulos destacados del cine como *El acorazado Potemkin (Bronenosets Potyomkin,* Serguei M. Eisenstein, 1925), del que hace un pequeño guiño en las propias escaleras de la sede al dejar caer el carrito de un niño, o la célebre escalinata de la Casa Malaparte en *El desprecio (Le mépris,* Jean-Luc Godard, 1963).

Además de *Jacquot de Nantes,* film de ficción que recrea la infancia y adolescencia de Jacques Demy con su presencia y su testimonio, son dos los largometrajes documentales que dedica a su marido: *Les demoiselles ont eu 25 ans,* rodado con motivo del vigésimo quinto aniversario del film *Las señoritas de Rochefort,* combina las imágenes que la cineasta filmó durante el rodaje de aquel en el verano de 1966 con los eventos que organizó la villa de Rochefort para conmemorar la onomástica en junio de 1992. Sin embargo, *L'univers de Jacques Demy* es un homenaje a la figura y obra del director con el que cierra una etapa de duelo para dar paso al recuerdo por la ausencia del ser querido, como quedará patente en títulos posteriores como *Las playas de Agnès.*

Con el cambio del siglo, se producirá un giro conceptual en su obra con la aparición de la pequeña cámara digital que utiliza por primera vez en *Los espigadores y la espigadora.* Si en

*Jacquot de Nantes* (1990), © Ciné-Tamaris.

*L'Opéra-Mouffe* su presencia es onírica, en el sentido de que es un reflejo de su estado emocional, ya que en aquella época está embarazada de su hija Rosalie, dicha presencia será al principio por medio de su voz en *off,* como en *Saluts les cubains,* en la que sirve de réplica a la del actor Michel Piccoli, o en ficciones como *Una canta, otra no* o *Sin techo ni ley*. Y si sus primeras apariciones delante de la cámara poseen más bien un carácter testimonial, aunque en *Oncle Yanco* recree el encuentro con su tío o en *Lions Love* aparezca reflejada en un espejo detrás de la cámara para después entrar dentro del propio encuadre en una breve escena, en *Jane B. par Agnès V.* compartirá planos y diálogos con Jane Birkin.

Sin embargo, con *Los espigadores y la espigadora* la cineasta comenzará a desempeñar un papel *performativo*[181]: no solo ejerce de narradora, sino que ella misma está presente en el encuadre o, cámara en mano, se acerca a los retratados

---

[181] Siguiendo la modalidad establecida por Bill Nichols en *Blurred Boundaries: Questions of Meaning in Contemporary Culture,* Indianápolis (IN), Indiana University Press, 1994.

y conversa con ellos mientras los filma: los que recogen las patatas que las cooperativas arrojan en el campo porque no cumplen las exigencias comerciales, los que recolectan los frutos sobrantes que quedan al acabar la cosecha, los que viven en situación precaria y rebuscan en los contenedores la comida caducada que desechan los supermercados o que queda desperdigada tras levantarse los puestos de los mercadillos callejeros o los artistas que recogen materiales abandonados que utilizan después para crear sus obras artísticas. «Así que iba a filmar sola, me deslizaba entre la gente que recolectaba, sin tener siempre el aire de estar filmando. Como esta cámara no es más grande que una cámara fotográfica, la gente no tenía consciencia de que era cine»[182]. En la misma tesitura concibe *Dos años después,* en la que se reencuentra con algunos de quienes entrevistó en *Los espigadores y la espigadora,* como Alain Fonteneau, «espigador de mercados, vendedor de periódicos y alfabetizador», tal como reza en uno de los rótulos, y para quien el éxito de taquilla obtenido por el documental no ha cambiado su modo de vida; o Jean Laplanche, a quien había entrevistado por ser propietario de una finca con viñedos sin saber en aquel momento que en realidad es un eminente psicólogo. A partir de este díptico, y quizá de manera inconsciente, su vida y su cine se funden definitivamente y se convierte en una suerte de *maestra de ceremonias —Las playas de Agnès*, la miniserie *Agnès de-ci de-là Varda, Caras y lugares* o *Varda por Agnès*— cuya figura se verá potenciada por las caricaturas de Christophe Vallaux —conocida es la del cartel de *Las playas de Agnès*— que contribuyeron a enfatizar si cabe aún más sus inconfundibles señas de identidad.

---

[182] Agnès Varda, *Varda par Agnès. L'intégrale, vol. 1994-2019, op. cit.*, pág. 36.

Además, *Los espigadores y la espigadora* supone el inicio de su trayectoria como artista visual al recibir la invitación del comisario Hans Ulrich Obrist para que participe en la sección *Utopia Park,* dentro de la Bienal de Venecia de 2003, y para la que concibe la que será su primera videoinstalación, que, precisamente, gira en torno a la patata: *Patatutopia*. Esta experiencia no solo le abre nuevas posibilidades para experimentar con la imagen más allá de la proyección en una sala de cine, sino que influye también en la concepción de sus siguientes documentales. *Quelques veuves de Noirmoutier* (2006) surge precisamente de su videoinstalación *Les veuves de Noirmoutier*. Si *L'Opéra-Mouffe* reflejaba sus sensaciones como futura madre primeriza, *Les veuves de Noirmoutier* la concibe desde su condición de viuda y como propietaria en la isla de Noirmoutier de un viejo molino que, junto con su marido Jacques Demy, convirtió en su segunda residencia. Incluso planifica instalaciones y *performances* ex profeso para *Las playas de Agnès,* como la gran ballena en la arena o la playa artificial en medio de la rue Daguerre con el personal y el material de oficina de su productora Ciné-Tamaris y que constituye una de las imágenes más icónicas del documental, o la *performance* en la que Blaise y Vincent empujan un carro con un proyector y una pantalla con las imágenes de las pruebas que hizo la cineasta a sus padres antes de rodar *La Pointe Courte*. En su miniserie *Agnès de-ci de-là Varda,* concebida a modo de crónica o diario de viaje, filma con su pequeña cámara de vídeo digital los homenajes o ciclos que le dedican las cinematecas de diferentes países, las inauguraciones de sus exposiciones, sus encuentros con artistas, cineastas, galeristas, comisarios o coleccionistas, museos y lugares, como el estudio de Chris Marker —primer episodio—, el atelier de Miquel Barceló en París —segundo episodio—, la gran exposición de Christian Boltanski en el Grand Palais o el estudio de su mujer, Annette Messager —tercer episodio—, la casa-estudio del pintor Pierre Soulages —cuarto episodio—, la casa-museo de Frida Kahlo en Coyoacán —quinto episodio—, etc., además de sus visitas a comercios, mercados y mercadillos. *Caras y lugares* supone ver a la cineasta en pleno proceso creativo junto con el fotógrafo JR durante su periplo por la Francia rural a bordo de una camioneta, propiedad de este último, transformada en un fotomatón ambulante, con el objetivo de fotografiar a sus habitantes y después intervenir en las fachadas de los edificios con sus retratos fotográficos ampliados a gran tamaño.

Su último título, *Varda par Agnès* (2019), que concibe a sus 90 años a modo de testamento cinematográfico, es una reflexión personal sobre su obra con carácter de atlas que articula a partir de grabaciones de sus conferencias, secuencias de películas y fotografías e imágenes de su archivo personal.

* * *

Agnès Varda define *Nausicaa*[183] como «fiction-documentaire»[184], un encargo de la ORTF (L'Office de Radiodiffusion-Télévision Française) para una serie llamada *Écrits sur l'image* cuyo metraje ha salpicado con elementos autobiográficos. En diversas ocasiones ha manifestado sentirse en deuda con sus orígenes griegos por parte paterna que sacó a relucir por primera vez en *Oncle Yanco,* cuando este le explica su árbol genealógico, cuestión sobre la que, según la cineasta, su padre nunca le habló. El film se sostiene sobre cuatro líneas paralelas. Hay una historia de ficción cuya protagonista Agnès (France Dougnac), claro *alter ego* de Varda, es una estudiante de la École du Louvre interesada en la cultura

---

[183] Editada en el cofre de DVD titulado *Tout(e) Varda,* Ciné-Tamaris / Arte Éditions, 2012.

[184] Agnès Varda, *Varda par Agnès. L'intégrale, vol. 1954-1994, op. cit.,* pág. 249.

helénica y en cuyo apartamento, que comparte con su amiga Rosalie (Myriam Boyer), acoge a Michel, un exiliado político griego a quien pone rostro el cineasta Stavros Tornes[185], quien, como muchos compatriotas suyos, tuvo que huir del país tras el golpe de Estado el 21 de abril de 1967 que dio lugar a la llamada «dictadura de los coroneles». Una segunda línea narra el periplo de Michel para ayudar a sus compatriotas refugiados políticos. Otra se centra en las entrevistas con intelectuales, artistas, trabajadores y estudiantes exiliados, entre los que se encuentra el escritor Vassilis Vassilikos, autor de la novela *Z* (1967)[186]. La cuarta está compuesta por una serie de *sketches* burlescos muy críticos con el régimen, lo que impidió que el film se emitiese en televisión.

Con carácter de «fiction-documentaire» concibe *Documenteur,* sobre la que Agnès Varda afirma que «en realidad es una película relacionada con lo que no se puede ver y lo que no se puede decir»[187]: una madre que trata de asumir su nueva situación tras la ruptura con el padre de su hijo en un país que no es el suyo y en el que se cruzan con seres marginales y de diversas nacionalidades que también tratan de sobrevivir. La cineasta recupera una estrategia que, según sus palabras, había utilizado en *La Pointe Courte, L'Opéra-Mouffe* o *Cleo de 5 a 7* y que es «filmar a los transeúntes como en un documental, pero incluir esas imáge-

---

[185] Stavros Tornes (1932-1988), nacido en Atenas, rueda su primera película en 1968, el cortometraje documental *Thiraikos orthros*. Le seguirán una docena de títulos entre los que destacan *Balamos* (1982) y *Karkalou* (1984). Para más información: Pascal Sennequier, «Stavros Tornes, ou le cinéma comme sacerdoce», *Positif,* núm. 519, mayo de 2004, págs. 64-66.

[186] Novela basada en hechos reales, ya que se inspiró en el asesinato del diputado Grigoris Lambrakis el 22 de mayo de 1963. Fue adaptada al cine por Costa-Gavras con el mismo título en 1969 y su reparto lo encabezan Yves Montand, Jean-Louis Trintignant e Irene Papas.

[187] Agnès Varda, *Varda par Agnès. L'intégrale, vol. 1954-1994, op. cit.,* pág. 150.

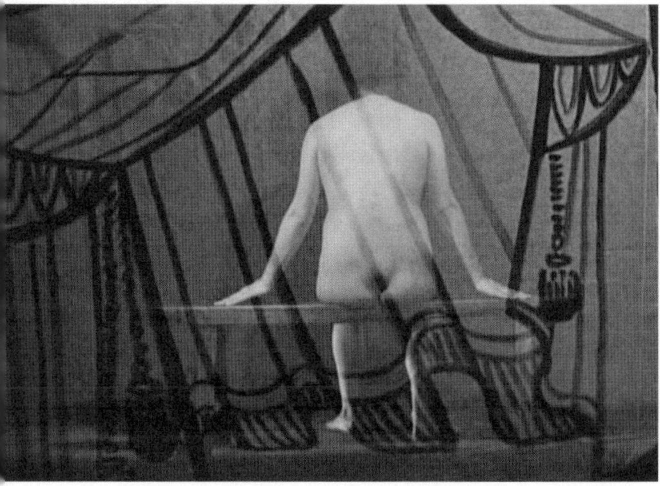

*L'Opéra-Mouffe* (1958), © Ciné-Tamaris.

nes en una ficción para hacer que los espectadores sientan —a través de los desconocidos filmados— las emociones de la heroína»[188]. Un retrato íntimo y personal sobre la soledad y el abandono que, como apunta Dubroux, plantea «cómo filmar el amor después, en ausencia del objeto del deseo, cómo filmar la falta»[189].

Y si en su tercer film, *L'Opéra-Mouffe,* Agnès Varda había experimentado con la no-narración, regresa a esta tesitura con *7 P., cuis., s. de b... (à saisir),* título que hace referencia a los anuncios inmobiliarios —«sept pieces, cuisine, sal de bain (à saisir)»[190]— y que navega entre el onirismo y el

188 *Ibíd.*

189 Danièle Dubroux, «Un auteur face à Hollywood», *Cahiers du Cinéma,* núm. 331, enero de 1982, pág. 49.

190 Se podría traducir como: «Siete piezas, cocina, baño... (a aprovechar)».

surrealismo. Este es el terreno por el que transita *Jane B. par Agnès V.*, una nueva vuelta de tuerca al concepto del retrato fílmico con respecto a *Elsa la rose* y *Oncle Yanco* porque el de Jane Birkin, que articula con la complicidad de la actriz, es un «portrait-collage en cinéma», en palabras de Jaqueline Nacache, quien además apunta que bien podría titularse «*Agnès V. par Jane B.*»[191]. Agnès Varda confiesa que

> siempre he tenido pasión por los retratos, en pintura. Quería hacer un retrato en cine. Entre los retratos pintados (y silenciosos) de antaño, con paisajes y personajes secundarios, y los retratos (parlantes) en la televisión de hoy, una gran cabeza dentro de un marco pequeño[192].

Colvile[193] señala que *Jane B.* da

> la ilusión de ser un metafilm, una obra en proceso. El espectador cree estar participando en ella, como un lector que escribe. La cineasta define el retrato polimorfo en movimiento a través de metáforas: paseo, juego, laberinto, puzle. Comprendemos que el rostro, el cuerpo y el carácter de una persona son inaprensibles hasta que la muerte los congela como la máscara mortuoria de la Desconocida del Sena[194].

---

[191] Jacqueline Nacache, «Jane B. par Agnès V. et Kung-Fu Master», *La Revue du Cinéma,* núm. 436, marzo de 1988, pág. 59.

[192] Del dosier de prensa de *Jane B. par Agnès V.,* recogido en Agnès Varda, *Varda par Agnès. L'intégrale, vol. 1954-1994, op. cit.,* pág. 185.

[193] Georgiana M. M. Colvile, «Autoportraits d'une autre: *Jane B. par Agnès V.* et *Kung-Fu Master*», en Antony Fiant, Roxane Hamery y Éric Thouvenel, *Agnès Varda: le cinéma et au-delà, op. cit.,* pág. 150.

[194] La *Desconocida del Sena*, o *L'inconnue de la Seine* en francés, fue una mujer no identificada que supuestamente se ahogó en el río Sena de París hacia 1880 y cuya máscara mortuoria se convirtió en un objeto popular para numerosos artistas a partir de 1900 y en fuente de inspiración para muchos escritores como Vladimir Nabokov o Gabriel García Márquez, y que sirvió como modelo para el rostro del maniquí de prime-

# La ficción: Agnès Varda fabuladora

Inspirada, según ha declarado la cineasta en varias ocasiones, en la estructura narrativa de la novela *Las palmeras salvajes* de William Faulkner[195], *La Pointe Courte* combina,

---

ros auxilios Resursci Anne, creado por el fabricante de juguetes noruego Asmund S. Laerdal en 1958 por encargo del médico Peter Sofar para la enseñanza y práctica de técnicas de reanimación y que se sigue utilizando en la actualidad.

[195] William Faulkner, *Las palmeras salvajes,* traducción de Jorge Luis Borges, prólogo de Juan Benet, Barcelona, Edhasa, 2004.

o más bien confronta, dos historias que se desarrollan alternativamente en paralelo. Una trama ficticia protagonizada por una pareja que trata de resolver su crisis matrimonial durante sus largos paseos por las calles de Sète y una trama real que muestra la vida cotidiana de los pescadores de esta localidad, que se interpretan a sí mismos. Dos partes que Agnès Varda diferencia a través de la puesta en escena. El ámbito de lo privado, el de la pareja, está concebido con encuadres muy cuidados, sutiles movimientos de cámara y voces que siempre mantienen el mismo volumen, aunque se alejen «como si fuera un diálogo en *off*»[196], frente al espacio público, el que concierne a los habitantes, rodado de manera espontánea y directa siguiendo las estrategias del cine documental.

*Cleo de 5 a 7* se sustenta en dos partes diferenciadas cuyo punto de inflexión es el momento en que Cleo canta «Sans toi» en su apartamento acompañada al piano por el propio Michel Legrand, que desempeña un pequeño papel en el film además de ser el compositor del tema. El deambular de Cleo por las calles de París está condicionado por su temor ante los resultados de unas pruebas médicas. El miedo a padecer cáncer marca el desarrollo emocional de la cantante. De hecho, como apunta la cineasta[197], la protagonista pasa de ser la mujer mirada por los otros en la primera parte del film a convertirse en la *flâneuse* que mira a los demás en la segunda. Algo que enfatiza el propio vestuario: del vestido claro estampado con lunares que lleva al principio a la bata blanca en el momento en que interpreta «Sans toi», para después, en la segunda mitad, ir ataviada con un conjunto negro. A su vez, la trama está segmentada en pequeños intervalos marcados por las horas que se sobreimpresionan en la imagen, porque transcurre en tiempo real,

---

[196] Agnès Varda en su documental *Varda por Agnès* (2019).
[197] *Ibíd.*

Michel Piccoli y Catherine Deneuve en *Las criaturas* (1965), © Ciné-Tamaris.

algo que enfatiza asimismo la propia presencia de relojes a lo largo del metraje. El largometraje incluye un cortometraje silente de apenas tres minutos, *Les fiancés du pont Mac Donald,* una sátira en torno a la mirada que sigue el espíritu del *slapstick* y que, según ha confesado[198], concibió como una excusa para ver los ojos de Jean-Luc Godard, siempre ocultos tras sus sempiternas gafas de sol.

En su tercer largometraje de ficción, *La felicidad,* se cuestiona el concepto que da título al film a través de un matrimonio, interpretado por Jean-Claude y Claire Drouot, cónyuges en la vida real. Él, carpintero de profesión, se enamora de una empleada de correos (Marie-France Boyer) pero al mismo tiempo ama a su mujer, por lo que «piensa que puede añadir felicidad a la felicidad»[199]. Sin embargo, en *Las criaturas,* a través de la consolidada pareja, a quien ponen rostro Michel Piccoli y Catherine Deneuve, Varda traza una reflexión sobre la creación artística en la que se producen dos nacimientos: la novela que él escribe y

[198] Agnès Varda, *Varda par Agnès. L'intégrale, vol. 1954-1994*, *op. cit.*, pág. 56.

[199] Agnès Varda en su documental *Varda por Agnès* (2019).

que le lleva a dar largos paseos por la isla en busca de inspiración y el niño que espera ella, que se ha quedado sin habla tras sufrir un accidente de tráfico. Poco a poco, la realidad cotidiana del novelista se funde con el mundo que crea sobre el papel. La cineasta vuelve a dar otro giro en sus planteamientos al concebir un film de ciencia ficción en una línea conceptual similar a *La jetée* (Chris Marker, 1962) por cuanto es también una historia de corte fantástico que se desarrolla en escenarios cotidianos. Si *La felicidad* sea quizá su film más *demyniano* por su colorido, *Las criaturas* está rodada en blanco y negro, salvo en determinadas secuencias en que la imagen se tiñe de rojo para enfatizar los momentos en los que un enigmático ingeniero manipula la voluntad de algunos personajes.

Con *Lions Love* concibe un nuevo planteamiento sobre el mundo de las relaciones amorosas, esta vez en forma de trío de amantes a quienes ponen rostro Viva, una de las musas de Andy Warhol, Jim Rado y Jerry Ragni[200]. Su argumento está estructurado en los siete días de la semana indicadas por las hojas de un calendario, en concreto la semana del 1 al 9 de junio de 1968, cuando fue asesinado el senador y candidato a la presidencia Robert Kennedy, un acontecimiento que los protagonistas siguen por televisión, que a su vez se convierte en una suerte de «personaje» omnipresente a lo largo del metraje. Asimismo, destaca la presencia de la realizadora independiente Shirley Clarke, quien se interpreta a sí misma en el papel de una directora de cine que, recién llegada de Nueva Yok, trata de buscar financiación para su nuevo proyecto y que es un *alter ego* de la propia Agnès Varda, ya que esta sufrió también los mismos con-

---

200 Los actores y dramaturgos Jim Rado (1932-2022) y Jerry Ragny (1935-1991) son conocidos principalmente por ser los creadores de *Hair* (1967), musical que Milos Forman adaptó al cine en 1979.

tratiempos con un proyecto titulado *Peace and love* que finalmente no se materializó porque, al igual que el personaje de Shirley Clarke, también se negó a ceder el montaje final a los productores[201].

Tras concluir el manifiesto fílmico *Réponse des femmes,* rueda *Una canta, otra no,* un film reivindicativo en defensa de los derechos de la mujer que refleja las protestas feministas de la época, como las del caso Bobigny, en el que, en octubre de 1972, se juzgó a una menor que había abortado tras ser violada. Esta secuencia además cuenta con la participación de la abogada defensora real de la chica, Gisèle Halimi. Planteada como un juego de espejos, la película sigue la relación de amistad de dos jóvenes de caracteres opuestos. Dividida en varios períodos temporales, la trama comienza en 1962, cuando las jóvenes Pauline, que luego se hará llamar Pomme, y Thérèse se encuentran a raíz de la visita de la primera al estudio de un fotógrafo, compañero sentimental de la segunda. A partir de ahí, la cineasta muestra las historias paralelas de ambas amigas: Thérèse es madre de dos niños y se ha quedado embarazada por tercera vez. Dada su penuria económica, y ayudada por Pauline, decidirá abortar. Por otro lado, Pauline es una chica independiente cuyo sueño de convertirse en cantante le ocasiona sus primeros enfrentamientos con sus padres. Si por un lado Thérèse recompone su vida y retoma sus estudios para después trabajar como asistente social en planificación familiar, Pauline, ya convertida en Pomme, inicia su periplo como cantante de un grupo musical que recorre la campiña francesa interpretando canciones que reivindican el papel y los derechos de la mujer. Mientras que Thérèse consigue finalmente la estabilidad familiar al contraer matrimonio

---

201 Agnès Varda, *Varda par Agnès. L'intégrale, vol. 1954-1994, op. cit.,* págs. 121-122.

Sandrine Bonnaire en *Sin techo ni ley* (1985), © Ciné-Tamaris.

con un médico, Pomme tendrá un hijo con un joven iraní, pero deberá enfrentarse a las convenciones tradicionales de aquel, lo que la lleva a decidir, finalmente, ser madre soltera. En el reencuentro que cierra la película, en 1976, ambas parecen haber encontrado su plenitud existencial.

La fuente de inspiración de *Sin techo ni ley,* que recibió el León de Oro del Festival de Venecia, se halla en un fenómeno que surgió en Francia a mediados de los ochenta y que interesó a Varda: la proliferación de jóvenes vagabundos. Mona, encarnada por Sandrine Bonnaire, lleva su existencia al extremo condicionada por su rebeldía contra el sistema, que la arrastra hacia un sempiterno vagabundeo por los paisajes de Gard. Si Cleo sentía temor por el acecho de la muerte, Mona se ha encontrado con ella, ya que el film comienza con el hallazgo de su cadáver y termina en el mismo lugar, justo en el momento de su expiración. La cineasta, como ha comentado tanto en sus escritos como en sus documentales, estructura la trama por medio de doce planos secuencia cuyo movimiento va de derecha a izquierda, al contrario que la lectura occidental, y que están subrayados por la música de la compositora polaca Joanna Bruzdowicz. A modo de retablo, se reconstruye el periplo de la joven a través de los sucesivos testimonios de quienes se han cruzado con ella, que apenas tienen datos sobre su pasado o sobre las causas que la han impulsado a su errancia. Este argumento puede traer ciertas reminiscencias de la novela *Mientras agonizo* (1930)[202], en la que William Faulkner construye la historia a través de monólogos que van sacando a la luz los entresijos y avatares de unos y otros, miembros y allegados de una familia humilde que debe trasladar el cadáver de la madre y esposa a una parcela de su propiedad.

Durante el rodaje de *Jane B. par Agnès V.,* que se realiza en los huecos libres que le dejan sus compromisos, Jane Birkin escribe una pequeña historia de amor. El interés que le suscita a Agnès Varda hace que piense en introducirla como un episodio dentro del film, pero, según relata la cineasta, al desarrollar el guion, se dio cuenta de que necesitaba contarse en forma de largometraje[203]. Sea como fuere, si en títulos anteriores la cineasta había tratado diversas modalidades que traspasaban las convenciones tradicionales de la pareja, en *Kung-Fu Master* propone un nuevo giro transgresor en cuanto al mundo de los amores ilícitos a partir de una relación entre Mary Jane, a quien pone rostro la mencionada Jane Birkin, una madre de mediana edad separada y con dos hijas, Lucy y Lou —que son sus propias hijas en la vida real: Charlotte Gainsbourg, fruto de su unión con Serge Gainsbourg, y Lou Doillon, nacida de

---

[202] William Faulkner, *Mientras agonizo,* traducción de Jesús Zulaika, Barcelona, Anagrama, 2008.

[203] Extracto de la entrevista de Claudine Delvaux para *Revue belge du cinéma*, recogido en Agnès Varda, *Varda par Agnès. L'intégrale, vol. 1954-1994, op. cit.,* pág. 186.

Jane Birkin y Mathieu Demy en *Kung-Fu Master* (1987),
© Ciné-Tamaris.

su relación con el cineasta Jacques Doillon—, y el adolescente Julien (Mathieu Demy), amigo de Lucy. El eje vertebrador de la relación es el videojuego que da título al film y con el que está obsesionado Julien en su ambición por llegar al último nivel con el rescate del personaje de una joven.

Si bien la memoria es un tema recurrente en su obra documental, esta vuelve a ser uno de los argumentos que gravitan en *Las cien y una noches,* «mi última película en sales de plata. Mi última película de ficción. Mi última película realizada en el siglo xx»[204], porque fue su mayor fracaso comercial lo que la llevó a un parón que duró casi un lustro hasta que en 2000 reinició su carrera con su pequeña cámara de vídeo digital para concebir *Los espigadores y la espigadora*. Sea como fuere, en 1992 se crea una asociación bajo el epígrafe Premier Siècle du Cinéma, presidida

[204] Agnès Varda, *Varda par Agnès. L'intégrale, vol. 1994-2019, op. cit.*, pág. 21.

por Michel Piccoli y dirigida por Serge Toubiana y Alain Crombecque, con el objetivo de preparar eventos y homenajes para conmemorar en 1995 el centenario del cine[205]. De ahí surge la propuesta para la que Agnès Varda imagina una representación alegórica del cine en la figura de un anciano a punto de cumplir cien años, Monsieur Simon Cinéma, a quien interpreta precisamente Piccoli, cuyo contrapunto encarna su amigo italiano (Marcello Mastroianni). Frente a ellos la joven estudiante Camille (Julie Gayet), a quien contrata para que le ayude a ejercitar su memoria y cuya pareja, que también se llama Camille (Mathieu Demy)[206], tiene la ambición de realizar su primer cortometraje. Si Monsieur Cinéma aporta el conocimiento, Camille tratará de organizar la delirante existencia del anciano. El film está estructurado en cuatro episodios cuyos respectivos títulos dictan un niño y una niña; 1.º *Monsieur Cinéma,* 2.º *Un millón, el Viento, el Amor y la Muerte,* 3.º *El retorno de Vincent* y 4.º *El cine y sus mitos, es decir, el campo, las estrellas, los festivales, Hollywood y el centenario del cine*.

A partir de ahí, Agnès Varda elabora su particular homenaje al cine a modo de retablo con infinidad de situaciones y *sketches* salpicados con toques oníricos, surrealistas y burlescos, para los que ha reunido una galería de intérpretes, a los que la cineasta se refiere como las cuatro «D»: Catherine Deneuve, Alain Delon, Gérard Depardieu y Robert De Niro, además de contar con otros nombres de la categoría de Hanna Schygulla, musa de Rainer Werner Fassbinder, y Jeanne Moreau, que encarnan a las dos exmujeres de

---

[205] *Ibíd.*, pág. 12. Véase también Antoine de Baecque, «Jean-Luc Godard et la critique des temps de l'histoire», *Vingtième Siècle. Revue d'histoire,* núm. 117, enero-marzo de 2013, pág. 163.

[206] Otro juego de la cineasta, porque el nombre propio Camille en francés es tanto femenino como masculino.

Monsieur Cinéma, Jean-Paul Belmondo, Gina Lollobrigida, Anouk Aimée, Fanny Ardant o Jean-Claude Brialy. Asimismo, más allá de los objetos, fotografías y carteles que inundan las estancias de la mansión, incorpora secuencias de films clásicos, guiños y recreaciones de otros, incluidos los suyos propios, porque en un momento dado aparecerá la propia Sandrine Bonnaire ataviada como Mona, la protagonista de *Sin techo ni ley*.

Agnès Varda aún volverá al terreno de la ficción con dos cortometrajes con tintes oníricos y de corte fantástico. *Le lion volatil* (2001-2003), según relata, estaba destinado a formar parte de un proyecto colectivo llamado *Paris, je t'aime* que reuniría un conjunto de piezas dedicadas a cada distrito de París. A ella se le asignó el distrito XIV, donde vivía, y escogió la plaza Denfert-Rochereau, donde se halla el León de Belfort (1879), monumento de Frédéric Bartholdi que conmemora la heroica resistencia de la ciudad durante la guerra franco-prusiana entre 1870 y 1871 y que es, precisamente, la figura sobre la que gira la trama. Sea como fuere, lo concluyó, aunque «el productor se había esfumado»[207]. El segundo, *Les 3 boutons* (2015), surgió por encargo de la marca de alta costura Miu Miu, que, desde 2011, y bajo el título *Women's tales,* cada temporada pide a una cineasta un cortometraje con la única premisa de que esté relacionado con sus diseños. Agnès Varda, a sus 87 años, da rienda suelta a su imaginario y concibe una suerte de anticuento de hadas en el que reivindica el uniforme escolar como metáfora de la educación frente a la vida idealizada que representan los vestidos de los cuentos.

---

[207] Agnès Varda, *Varda par Agnès. L'intégrale, vol. 1994-2019, op. cit.*, pág. 58. Varda no da más datos sobre el asunto. Finalmente, *Paris, je t'aime* (2006) se materializó y contó con las aportaciones de cineastas como Olivier Assayas, Joel y Ethan Coen, Isabel Coixet, Wes Craven, Alexander Payne o Gus Van Sant, entre otros.

# Elegías: trilogía Jacques Demy

A lo largo de la historia, y en las diferentes disciplinas artísticas, ha habido numerosos casos paradigmáticos en cuanto a la relación entre el artista y su musa que trascienden la mera colaboración artística. Si en el cine hubo ejemplos célebres, como Ingmar Bergman y Liv Ullmann, Michelangelo Antonioni y Monica Vitti, Jean-Luc Godard y Anna Karina, Roberto Rosellini e Ingrid Bergman, John Cassavetes y Gena Rowlands o Federico Fellini y Giulietta Masina, también hubo ejemplos de matrimonios de cineastas, como Danièle Huillet y Jean-Marie Straub, que conci-

*Jacquot de Nantes* (1990), © Ciné-Tamaris.

bieron al alimón sus películas, al contrario que Agnès Varda y Jacques Demy, que, a pesar de que compartieron espacio íntimo y de trabajo en la rue Daguerre, desarrollaron sus proyectos por separado, aunque, como ya se ha apuntado, hubo una tentativa que solo concluyó la cineasta, *Elsa la rose*.

Sea como fuere, Agnès Varda concibió tres títulos dedicados a Demy, el primero dentro del género de la ficción, aunque con elementos de documental, *Jacquot de Nantes* (1991), que finalizó diez días antes de su fallecimiento, y los dos siguientes en el terreno del documental, *Les demoiselles ont eu 25 ans,* con motivo del veinticinco aniversario del rodaje de *Las señoritas de Rochefort (Les demoiselles de Rochefort,* 1966), y *L'univers de Jacques Demy* (1995), un homenaje a su figura y su obra en el que reunió el testimonio de algunos de sus intérpretes, como Catherine Deneuve, Anouk Aimée o Jeanne Moreau, además de colaboradores habituales, como el compositor Michel Legrand o el director artístico Bernard Evein, presentes también en el anterior documental.

Michel Legrand y Jacques Demy en
*L'univers de Jacques Demy* (1992-1995), © Ciné-Tamaris.

Varda afronta la figura de Demy desde diversos puntos de vista. Como narradora de su infancia a partir de los recuerdos que escribe el cineasta ya enfermo, además de intercalar en la historia testimonios del propio cineasta en *Jacquot de Nantes.* En la segunda, como testigo del rodaje en el verano de 1966 de *Las señoritas de Rochefort* y en su condición de viuda durante los actos conmemorativos del vigésimo quinto aniversario que organiza la ciudad. Y el retrato desde su mirada y la de los demás, sus intérpretes y colaboradores más cercanos, en *L'univers de Jacques Demy*. Pero Demy estará presente en títulos posteriores como *Las playas de Agnès, Agnès de-ci de-là Varda* o *Varda por Agnès*.

En este aspecto, los títulos de crédito de *Jacquot de Nantes* son reveladores:

Ciné-Tamaris présente
Une évocation écrite et réalisée par AGNÈS VARDA

Una evocación sobre la que Kristi McKim apunta que «aunque la definición estricta de una elegía asume la muerte ya ocurrida del sujeto, *Jacquot* equipara el *tiempo de morir* con el *tiempo de crear:* una elegía en proceso que integra tanto la anticipación como la nostalgia en el proceso creativo»[208].

En *Las playas de Agnès,* filma su exposición de fotografías, que tuvo lugar en la capilla de Saint-Charles en el marco del Festival de Aviñón de 2007. Ante sus retratos de Vilar, María Casares, Philippe Noiret o Gérard Philipe, arroja rosas y begonias al pie de cada imagen, aunque «todos los muertos me llevan a Jacques». E inserta un plano con la tumba de Demy, sobre la que deposita flores. «Es el más querido de entre los muertos». A partir de ahí recuerda cuando se conocieron en 1958 en el Festival de Tours. Y que al año siguiente se fue a vivir con ella a la rue Daguerre, donde criaron a Rosalie, la hija que tuvo con el actor Antoine Boursellier —el soldado de *Cleo de 5 a 7*—, y a Mathieu, el hijo que tuvieron en común.

En *Las playas de Agnès* recuerda que el proyecto de *Jacquot de Nantes* surgió a partir de los recuerdos que escribió Demy sobre su infancia.

> Un día le dije: «esto sería una excelente película» y respondió: «Yo no tengo la fuerza. Hazla tú». Yo le pregunté: «¿Te gustaría que hiciera esta película sobre tu infancia?». Y él dijo: «Sí, hazla». Sabíamos que a Jacques no le quedaba mucho tiempo de vida. Rosalie, Mathieu y yo estuvimos a su lado. Rosalie y yo le cuidamos por turnos, especialmente cuando comenzó la producción. Ciné-Tamaris rápidamente tuvo que juntar dinero y armar el equipo.

---

208 Kristi McKim, «Time, scale and cinephilia in the cinematic elegy: Agnès Varda's *Jacquot de Nantes*», *Studies in French Cinema,* vol. 8, núm. 3, 2008, pág. 212.

Recuerdo ese equipo muy motivado por la película, tan generoso y sensible conmigo. Especialmente Marie Jo, que era muy cercana a Jacques y a mí».

Y prosigue:

Jacques todavía vivía. En esa época difícil, en ese duro camino que le tocó transitar todo lo que podía hacer era estar a su lado tan cerca de él como me fuera posible. Como directora, mi única posibilidad era filmarlo en un primer plano extremo: su piel, su ojo, su pelo como un paisaje, sus manos, sus manchas; necesitaba hacer eso, sacar esas imágenes de su misma materia. Jacques muriendo, pero Jacques todavía vivo. El rodaje terminó el 17 de octubre y Jacques murió el 27 de octubre de 1990.

Después, un plano muestra a Varda vestida de blanco, sobre la que se superponen imágenes del mar, sentada ante una vieja radio que conecta y en la que comienza a sonar una transcripción para piano de *Jesus bleibet meine Freude,* décimo movimiento de la cantata BWV 147 de Bach. Después, a la frase de que «toda película habla del deseo de detener el tiempo y negar la muerte», en la voz de Guillaume-en-Égypte, el avatar de Chris Marker, Agnès Varda responde: «No. No, yo no lo veo así. No de detener el tiempo, sino estar con el tiempo. La película acompaña a Jacques que se está muriendo. A Jacques que recuerda su infancia».

Sin embargo, DeRoo opina que:

A nivel narrativo, Varda explica que ella y Jacques compartieron hogar y cama, presenta fotografías familiares idílicas de ellos como pareja y evoca un cuadro de René Magritte de 1928. Este lienzo, *Los amantes,* retrata a una pareja con la cabeza cubierta abrazándose, con telas que bloquean su beso; Varda recrea la pintura usando modelos encapuchados en el patio de la casa donde ella y Demy vivían. Su abrazo transmite su atracción (y a diferencia de

> Magritte, que representa a amantes vestidos, Varda amplía la imagen para mostrar que estos amantes están desnudos y claramente excitados). En ambas obras, el beso impedido sugiere un deseo profundo, así como frustración y aislamiento, y la incapacidad de conocer plenamente a la pareja [...]. Al hacer referencia a *Los amantes* de Magritte, sugiere la posibilidad de una historia más compleja y dolorosa[209].

* * *

Con motivo del fallecimiento de Agnès Varda, la revista *Cahiers du Cinéma* le dedicó un homenaje en el que se incluye una entrevista inédita que le hizo Stéphane Delorme el 10 de diciembre de 2008 en su productora Ciné-Tamaris. La última pregunta que le formula el crítico de cine es si alguna vez pensó en escribir una película junto con Jacques Demy, y la cineasta respondió:

> Nunca. Rara vez íbamos al rodaje de uno y otro. Nos respetábamos mucho. Realmente sentíamos que era un trabajo solitario. Éramos dos solitarios. Muy unidos, pero dos solitarios. La única película, y fue por casualidad y desgracia, es *Jacquot de Nantes,* que hice basada en los recuerdos de Jacques. Ni siquiera colaboramos en el guion, no escribí los diálogos con él, dije: «Voy a ir por intuición, ya me dirás luego». Nunca tuve ganas de hacer una película con él, y realmente me gustan sus películas, no todas, como a todo el mundo. Él tiene talento, frescura, decisión, elecciones formidables. Por supuesto que iba al montaje de sus películas, me hacía leer sus cosas. Almorzábamos juntos, cenábamos juntos. Pero nunca me pidió consejo, y yo tampoco. Había un lado de cada uno por su cuenta. Solo

---

[209] Rebecca J. DeRoo, *Agnès Varda between film, photography, and art, op. cit.,* págs. 147-148.

teníamos cuatro metros de patio que nos separaban, y luego Jacques tuvo su oficina en el mismo lado que la mía. Hay algo de silencio y soledad en la creación. Creo mucho en la teoría de Groddeck sobre el Ello[210], creo que el Ello trabaja y que, para escuchar al Ello, para que salga, hay que estar solo, no a tres o cuatro manos en un guion que cada uno corrige un poco... Hay cosas que se hacen sin que yo sepa muy bien por qué salen y por qué las quería. No soy médium, no estoy loca, pero hay algo en mí que trabaja y que no siempre controlo. Eso me gusta bastante[211].

---

[210] Georg Groddeck, *El libro del Ello. Cartas psicoanalíticas a una amiga,* Madrid, Taurus, 1981 (2.ª ed.).

[211] Stéphane Delorme, «Le pont des arts. Entretien inédit avec Agnès Varda», art. cit., pág. 97.

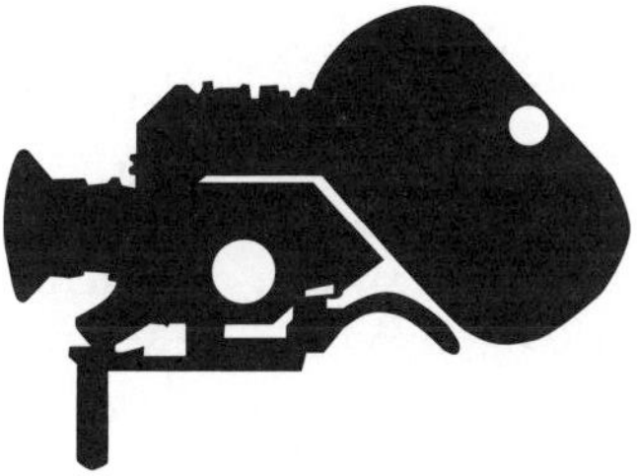

# La tercera vida de Agnès Varda: artista visual

La vieja cineasta se transforma en joven artista plástica.

AGNÈS VARDA
en *Las playas de Agnès*

Agnès Varda acepta la invitación de Hans Ulrich Obrist, que, junto con Molly Nesbit y Rirkrit Tiravanija, es comisario de la sección *Utopia Station* dentro de la Bienal de Venecia de 2003. Eso significa, a sus 75 años de edad, el comienzo de su carrera como artista visual. La obra que creó para la ocasión fue *Patatutopia* (2003), una videoinstalación que consta de tres grandes pantallas situadas en el suelo a modo de tríptico sobre las que se proyectan, de forma simultánea, tres vídeos en bucle de poco más de tres minutos de duración que muestran primeros planos de patatas durante su proceso de descomposición. «Me encantó componer una forma más compleja de mirar. Y también era un guiño a los trípticos de los siglos XV y XVI», confiesa en su documental *Varda por Agnès*. Planos impregnados de una doble metáfora: el paso del tiempo a través de la transformación orgánica y, al mismo tiempo, la belleza que surge de lo que envejece. A su vez, delante de dichas pantallas, 700 kilos de patatas reales. Además, el día de la inauguración, la cineasta interviene en su obra por medio de un acto performativo enfundada en un vestido de patata, *Le costume patate,* mientras recita las diferentes variedades del tubérculo; en los siguientes días de la muestra, el vestido se exhibe en un maniquí en cuya cabeza coloca una fotografía con su rostro, como se advierte en *Las playas de Agnès*. La experiencia significó una nueva forma de representación muy alejada tanto del montaje habitual como de la proyección tradicional en una sala de cine. Y le supone, como precisa Conway, «desarrollar una nueva faceta de su personalidad pública: una artista visual-espigadora que se desenvuelve a sus anchas en museos, ferias de arte y galerías»[212]. Realmente sus videoinstalaciones son una prolongación de las preocupaciones que había plasmado en sus films, como en el caso de *Patatutopia,* que nace de su díptico *Los espigadores y las espigadoras* y *Dos años después*.

*Le triptyque de Noirmoutier* (2005) sigue de nuevo la estructura de los trípticos medievales. La pantalla central muestra una escena cotidiana con un hombre, su anciana

---

212 Kelley Conway, *Agnès Varda, op. cit.*, pág. 90.

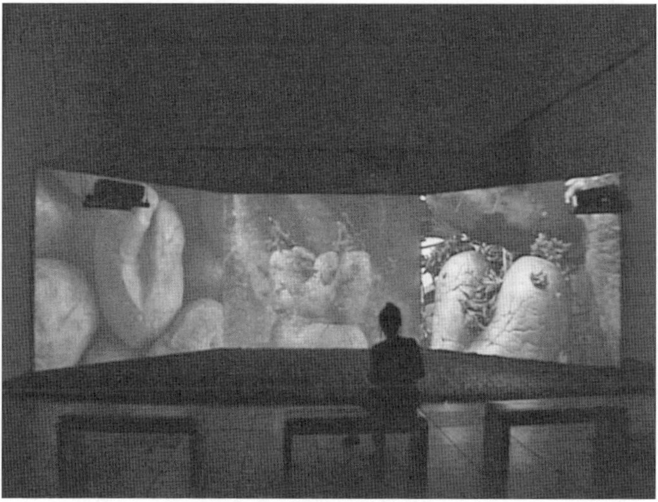

*Las playas de Agnès* (2008), videoinstalación *Patatutopia,* 2003, © Ciné-Tamaris.

madre y su esposa en una cocina y las laterales, que se despliegan si el espectador desea hacerlo, revelan otros dos espacios: en la de la izquierda uno exterior, una playa; en la otra, la de la derecha, un interior, una habitación en la que hay una alacena que contiene una vajilla de porcelana. El hombre bebe cerveza, la anciana desenreda una madeja y la mujer pela patatas. De vez en cuando, las figuras salen fuera de la pantalla central y aparecen en la pantalla contigua, de tal manera que el concepto cinematográfico del espacio fuera de campo se extiende al espacio de las pantallas adyacentes. La propia cineasta apunta que

> siempre me he hecho preguntas, por ejemplo: cuando ves una foto, ¿qué pasaba antes? ¿Y después? O en el cine: ¿qué pasa cuando sale de campo? Esta vez usé los paneles latera-

*Varda por Agnès* (2019), videoinstalación *Le triptyque de Noirmoutier*, © Ciné-Tamaris.

> les para mostrar el fuera de campo. Propuse respuestas a ese deseo de ampliar la visión. El visitante podía escoger ver o no lo que había detrás de las paredes[213].

Con una intención similar concibe *La terrasse du Corbusier / Les gens de la terrace* (2007), vídeo que parte de una instantánea que hizo en 1956 en la terraza del edificio de La Cité Radieuse construido por Le Corbusier en Marsella y en el que recrea la escena de la fotografía tratando de responder qué ha ocurrido antes y después de ese instante congelado. De esta experiencia da cuenta en el primer episodio de *Agnès de-ci de-là Varda*.

---

213 Agnès Varda en el documental *Varda por Agnès,* 2019.

Hervé Chandès, director general y creativo de la Fundación Cartier, cuenta que, tras visitar con la cineasta en la Galería Martine Aboucaya de París su primera exposición individual con el título *3+3+15 = 3 Installations*[214], en la que presentó una nueva versión de *Patatutopia*, así como *Les veuves de Noirmoutier* y *Le triptyque de Noirmoutier*[215], le propuso exponer en la fundación, cuya nueva sede, diseñada por Jean Nouvel, se inauguró en 1994 en el distrito XIV de París, cerca de la rue Daguerre. La exposición llevó el título de *L'île et elle* [La isla y ella], que posee un segundo significado por la similitud fonética con *il et elle* [él y ella], ya que hace referencia a la isla de Noirmoutier y a Jacques Demy[216].

Para entrar en la exposición había que atravesar una primera instalación que lleva por título *Le Passage du Gois* (2006), que era único medio de acceso hasta 1971, cuando se construyó el puente que conecta la isla de Noirmoutier con el continente: una carretera de tres kilómetros que queda al descubierto dos veces al día con las mareas bajas, como se muestra al inicio de *Las criaturas*. Agnès Varda recrea esta limitación espaciotemporal con la proyección de un vídeo *time lapse* del Passage du Gois sobre una cortina industrial de plástico al fondo de un pasillo. En la entrada hay un panel que indica las horas de pleamar y bajamar y una barrera que se levanta cuando baja la marea. Tras atravesar dichas cortinas, se atraviesa un pasillo en cuyas paredes laterales cuelgan dos fotografías panorámicas de una playa con la marea baja.

---

[214] La exposición tuvo lugar entre el 29 de enero y el 29 de marzo de 2005. Para más información: https://martineaboucaya.com/exhibitions/101-3-3-15-3-installations-agnes-varda-solo-show.

[215] Según cuenta el propio Hervé Chandès en el documental *Varda por Agnès,* 2019.

[216] La exposición tuvo lugar entre el 18 junio y el 8 de octubre de 2006.

*Le tombeau de Zgougou* (2006) consta de dos proyecciones de vídeo: una desde el techo sobre un montículo de arena situado en el suelo, y que simula la tumba de su gata[217], enterrada en la casa de Noimoutier, y la otra, frontal a la pared, que muestra la imagen de un muro que va progresivamente llenándose de flores trepadoras. El primer vídeo ofrece algunas imágenes de la gata, con sus cameos en los films de Varda[218], para, a continuación, por medio de una animación *stop motion,* mostrar cómo se va componiendo la decoración del enterramiento del felino con conchas y flores de colores vivos. Al finalizar esta, la cámara se eleva en el aire, toma rodada con una grúa, hasta que aparece una gran flor de papel que ha dejado en la copa de un árbol y que sirve como referencia para enlazar la siguiente toma, realizada desde un helicóptero y que prosigue el ascenso hasta dar paso después a una imagen de satélite. Gailleurd apunta que «el viaje, a imagen de la muerte, parece no tener retorno. Agnès Varda trata la muerte con alegría entre una vitalidad pura y una euforia de colores que no parecen ser alcanzadas por el musgo del tiempo»[219]. Años más tarde concebirá *La cabane du chat* (2016), en la que se exhibe el vídeo de *Le tombeau de Zgougou,* obra que pertenece a la colección de la Fundación Cartier[220].

*La grande carte postale ou Souvenir de Noirmoutier* (2006) es una recreación irónica a gran tamaño de una postal de

---

[217] La gata Zgougou fue un regalo que le hizo Sabine Mamou a la cineasta.

[218] Véase nota 13.

[219] Céline Gailleurd, «Moi, si on m'ouvre, on trouvera des plages», en Antony Fiant, Roxane Hamery y Éric Thouvenel, *Agnès Varda: le cinéma et au-delà, op. cit.*, pág. 202.

[220] Además de *La cabane du chat,* también forman parte de la colección de la Fundación Cartier (www.fondationcartier.com) las instalaciones *Le tryptique de Noirmoutier* y *Les veuves de Noirmoutier*.

los años cincuenta que representa a una joven desnuda, cuyo rostro es el de su hija Rosalie, tendida de espaldas en la arena de la playa. Sobre su superficie hay cinco pequeñas puertas que el visitante puede abrir opcionalmente al activar un botón en un panel de control y que, al abrirlas, muestran vídeos cuyo escenario es la playa, como el cuerpo ahogado de un pescador flotando en el agua, un pájaro cubierto de aceite o una mano cuyos dedos rastrillan la arena y que, en realidad, es la mano de Demy de un fragmento que pertenece a *Jacquot de Nantes*. Su instalación más lúdica, *Ping-pong Tong et Camping* (2005-2006), reúne un conjunto de objetos de playa de plástico de vivos colores —cubos, palas, chancletas, etc.— con imágenes de vídeo proyectadas sobre una colchoneta de aire con niños jugando en la playa y otras de chancletas sobre el hueco de un flotador. El título es otro juego fonético. «Es el sonido de estas palabras lo que me dio el título (como cuando se canta *Frère Jacques:* "Ding, Dang, Dong")»[221].

*La cabane aux portrait* (2006) alberga sesenta retratos fotográficos de los habitantes de la isla mirando frente a la cámara. En una pared los hombres, con una fotografía de 60 × 60 cm de un barco a sus espaldas y detrás el paisaje real donde fue sacada la instantánea. Y en la pared de enfrente, las mujeres, de la misma manera, también con una imagen fotográfica, pero de una playa. En *Ma cabane de l'échec* (2006) [Mi cabaña del fracaso], que más tarde rebautiza como *La cabane de cinéma* en la X Bienal de Lyon (2009) y cuya estructura estaba cubierta por las tiras de celuloide de una copia de *Las criaturas,* film rodado en Noirmoutier, como ya se apuntó, Agnès Varda recicla su película «fallida» y le proporciona

---

[221] Agnès Varda, *L'île et elle,* Fondation Cartier pour l'Art Contemporain (18 de junio-8 de octubre de 2006), París, Actes Sud, 2006, pág. 48.

*Las playas de Agnès* (2008), videoinstalación
*Les veuves de Noirmoutier,* 2005, © Ciné-Tamaris.

un nuevo significado. En esta misma línea conceptual concebirá dos cabañas más, *My shack of cinema* (2013), con una copia del film *Lions Love,* y *La serre du bonheur* (2018), con las tiras de celuloide de *La felicidad* y sobre la que cuenta en su documental *Varda por Agnès* que cuando la exhibió en la Galería Obadia de París «hice cajas de luz donde se ve de cerca el celuloide con las perforaciones para el proyector, y la pista óptica del sonido y de la música».

La octava videoinstalación que formaba parte de *L'île et elle* es *Les veuves de Noirmoutier* (2005). Una pantalla central de 35 mm muestra en bucle a un grupo de viudas de Noirmoutier caminando en torno a una mesa situada en la orilla de la playa hasta que después salen del encuadre. Alrededor de esta, siguiendo una estructura similar al políptico *Los cuatro continentes: Europa* (1664), de Jan van

Kessel[222], como confiesa en el documental *Varda por Agnès,* catorce monitores de vídeo, cada uno de ellos con el testimonio de una viuda. Frente al panel hay distribuidas catorce sillas con sus correspondientes auriculares, que permiten al visitante escuchar dichos testimonios. «Las pantallas múltiples ofrecen lo colectivo y lo individual al mismo tiempo»[223], afirma la cineasta. Y añade que es «una forma de unir lo íntimo con lo colectivo»[224]. Lógicamente, el espectador no solo es partícipe de la obra como observador, sino que, como señala Scheinfeigel, tiene que cambiar de sitio para poder escuchar cada historia, con lo que

> Varda se sirve de la voz humana para establecer una esfera multidimensional en la que flotan los catorce retratos videográficos. Sin embargo, el dispositivo encontrado así surge de una paradoja ingeniosa. En la sala de cine, el sonido se dispersa por todas partes. Aquí es todo lo contrario, ya que se canaliza en los auriculares personales. Pero el *espectador/oyente* devuelve al sonido la dimensión espacial que ha perdido al hacer que siga una trayectoria imaginaria, adecuadamente orientada hacia la imagen que lo acompaña[225].

La cineasta tampoco ha establecido un determinado orden para su visionado, aunque a veces dependerá del azar, es decir, de las sillas que están libres. Y al mismo tiempo, la

---

[222] Junto al políptico de Europa, Jan Van Kessel (1626-1679) pintó los correspondientes a África, América y Asia con la misma estructura. Los cuatro se conservan en la Alte Pinakothek de Múnich, perteneciente a las Colecciones de Pinturas del Estado de Baviera (Bayerische Staatsgemäldesammlungen). Más información: www.pinakothek.de.

[223] Agnès Varda, *L'île et elle, op. cit.,* pág. 73.

[224] Agnès Varda en el documental *Varda por Agnès,* 2019.

[225] Maxime Scheinfeigel, «Par-delà le cinéma, installer des images», en Antony Fiant, Roxane Hamery y Éric Thouvenel, *Agnès Varda: le cinéma et au-delà, op. cit.,* pág. 190.

contemplación de la videoinstalación implica que el espectador tome la decisión de si quiere ver todas las historias o solo unas determinadas.

Unas viudas son jóvenes, otras son ancianas, pero están unidas por el dolor y la soledad que relatan ante la cámara y por la intimidad que les proporciona la cineasta. Unas aún tienen la pérdida reciente, otras llevan décadas solas, y en la mayoría de los casos los maridos eran pescadores. Sin embargo, Varda también es una viuda de Noirmoutier y está presente en una de las pantallas, pero con un planteamiento diferente a las demás, ya que ella permanece en silencio. Su fragmento comienza con un plano largo con dos sillas en la orilla de la playa. Ella se sienta en una de ellas, la vacía marca la ausencia de Jacques Demy. Un primer plano de su rostro evidencia su tristeza. A continuación aparecen planos de algas y del propio mar. La cámara capta de nuevo la silla vacía y a Varda, que viste ropa diferente de la que aparece en la anterior toma. Pero esta vez llora. Un duelo por la muerte de Demy que hizo vestida de blanco, también sentada, en *Las playas de Agnès*. Con estas imágenes montará después el documental *Quelques veuves de Noirmoutier,* que se abre y se cierra con la imagen del grupo de viudas en la orilla de la playa y, entre ambas, los testimonios de cada una de ellas, siendo el último el de la propia cineasta. Su primera emisión en televisión fue en el canal Arte, el 16 de octubre de 2006[226].

Se suceden más exposiciones y nuevas videoinstalaciones. Entre ellas destaca *Hommage aux Justes de France,* que surge por encargo del Ministerio de Cultura como homenaje a los «Justes de France», término que hace referencia a aquellos hombres y mujeres anónimos que durante la Se-

---

[226] Agnès Varda, *Varda par Agnès. La intégrale, vol. 1994-2019, op. cit.,* pág. 193.

*Las playas de Agnès* (2008), videoinstalación
*Hommage aux Justes de France,* 2007, © Ciné-Tamaris.

gunda Guerra Mundial ayudaron a los judíos que huían de la persecución nazi. La obra, que se exhibió en el Panthéon de París entre el 17 y el 21 de enero de 2007, estaba compuesta por trescientas fotografías de archivo de los «Justes» reales colocadas en el suelo, bajo el péndulo de Foucault, y dos films que se proyectaban en bucle sobre cuatro pantallas, dos en blanco y negro, siguiendo el estilo de los noticiarios de la época, y dos en color que recreaban escenas de los desconocidos ocultando a los perseguidos. Y al fondo de la nave, la proyección de un gran árbol.

El campo de la videoinstalación permite a la cineasta experimentar con la realidad y su representación al combinar elementos reales con imágenes fijas y en movimiento y, con ello, concebir otras formas de proyección. Esto queda de manifiesto en *Bord de Mer* (2009), videoinstalación formada por una fotografía del mar proyectada en la pared, una proyección de vídeo sobre el suelo que muestra las pequeñas olas que llegan a la orilla con el acompañamiento del sonido que producen y, a continuación, arena real de la playa. Y también en las dos instalaciones *La chambre occu-*

*pée (Paroles de squatters)* (2012), en la que utiliza objetos recuperados e introduce vídeos en tres de ellos: una maleta, una estufa y un microondas, y *Le magasin de téléviseurs* (2012), que consiste en un mueble de madera con seis televisores que emiten siete vídeos. También realiza variaciones con el formato tríptico, como en el caso de la serie *Portraits à volet vidéo* (2011-2015), cada una de cuyas piezas está compuesta por tres grandes imágenes verticales, de las cuales la central es una fotografía fija, y las laterales, imágenes en movimiento.

# *Cinécritures*

## 1954. La Pointe Courte

*[La Pointe Courte]* habla del enfrentamiento de lo privado y lo social. Simplemente es la yuxtaposición de dos formas de ver el mundo. Una muy cuidada, con encuadres y diálogos. Y otra que se parece más al neorrealismo italiano, aunque entonces yo no había visto nada de neorrealismo italiano[227].

[227] Agnès Varda en el documental *Varda por Agnès,* 2019.

Agnès Varda ha comentado en numerosas ocasiones[228] que su fuente de inspiración para la estructura argumental de *La Pointe Courte* fue la novela *Las palmeras salvajes* de William Faulkner. Al igual que en el libro, la película contiene dos historias que se desarrollan en paralelo. A la pregunta de Pierre Uytterhoeven de por qué ha «separado voluntariamente los problemas», la cineasta responde:

> Si lo recuerdas, en el libro no hay ninguna relación entre esta pareja, Charlotte y Harry, y el viejo forzudo del Mississippi. No era ni alegórico ni simbólico, pero hay *una sensación* que se desprende de la lectura combinada de estas dos historias. Por lo tanto, es el lector quien debe de tener el talento de reorganizar las sensaciones. Exactamente como Resnais le pide al espectador de *Marienbad*[229].

En el caso de *La Pointe Courte,* una es la historia de ficción que protagoniza una pareja en crisis y cuyos nombres, por otra parte, se desconocen. La otra refleja la vida y los quehaceres cotidianos de los pescadores del barrio de Sète que da título al film y a la que la cineasta añade pequeñas subtramas, como la preocupación que atañe a su subsistencia a causa de las inspecciones de sanidad por la calidad de las aguas.

Agnès Varda estructura el film en ocho partes con una duración aproximada de diez minutos cada una y un breve epílogo final. Si las secuencias de la pareja están concebidas con encuadres muy planificados e impregnados a su vez de una atmósfera poética, los episodios de los pescadores están

---

[228] Por ejemplo en sus documentales *Las playas de Agnès* y *Varda por Agnès,* así como en su libro autobiográfico *Varda par Agnès. L'intégrale, vol. 1954-1994, op. cit.,* pág. 103.

[229] Pierre Uytterhoeven, «Agnès Varda de 5 à 7», *Positif,* núm. 44, marzo de 1962, pág. 1.

rodados en tono de documental y de forma más espontánea. El comienzo del film, al que la cineasta imprime ciertos toques de suspense y cuya planificación demuestra claramente su talento para la puesta en escena, se inicia con un *travelling* que recorre una de las calles de la Pointe Courte. En un momento dado, un cambio de plano enfoca a un hombre trajeado, de pie, con una mano en el bolsillo, en el centro del encuadre. Le sigue un ligero giro de cámara en torno a él hasta situarse su figura a la izquierda del plano. Del fondo surge un pescador que se acerca de frente, saluda y entra en la casa. La cámara inicia un desplazamiento hacia la derecha para seguir a este último. Se le ve a través de una primera ventana, y después en una segunda, donde le pregunta a su mujer si sabe quién es ese hombre con el que se acaba de cruzar. De ahí salta a otro plano que muestra la casa contigua, en cuyo interior una madre da de comer a sus hijos. Prosigue el avance de la cámara a través del hogar hasta salir al patio trasero, con el mar y algunas barcas al fondo, para, por medio de un paneo, mostrar los numerosos objetos que se hallan allí acumulados hasta que irrumpe el pescador del principio, que salta por una valla de su propiedad y anda a gatas por un pequeño tejado hasta asomarse y tratar de ver al hombre con el que se ha cruzado. El breve plano de un gato que duerme —hay muchos gatos a lo largo del metraje; incluso una mujer dice que «hay por todas partes»— sirve de unión para volver al mismo pescador, ya dentro de su casa, que sigue escudriñando al misterioso individuo mientras le transmite a su mujer su sospecha de que sea un inspector de sanidad. Y manda a su hijo a avisar a su tío Jules, que en esos momentos come con su familia. Tras levantarse de la mesa, con el mismo recelo, le ordena a su hija que avise al abuelo. La chica va a la casa, de este y se lo comunica. Ambos se hallan en el patio de la casa, cubierto con una celosía, y el abuelo, con la pipa en la boca, espeta que supone que su presencia es porque le han visto pescar. Y la joven ve llegar a otro hombre trajeado. La cámara le sigue a través de la celosía. Un nuevo cambio de plano: ambos hombres se reúnen y se dirigen a la casa del abuelo mientras por el lado izquierdo del encuadre aparece el tío Jules, que, una vez que aquellos han salido del plano, comienza a seguirles hasta que les cierra el paso. Entonces se presentan como inspectores de higiene. Después de un momento de tensión, estos se acaban marchando entre las recriminaciones del tío Jules. A continuación, tras una serie de escenas de la vida cotidiana, como las mujeres recogiendo la ropa tendida mecida por el aire, la cámara se detiene en el personaje de Philippe Noiret, de espaldas, caminando por el lugar en dirección a la estación para recoger a su pareja...

A partir de ahí, se alternan los diálogos de la pareja con la rutina diaria de los pescadores, sometida a la incertidumbre ante los resultados de los análisis de las aguas, pues sanidad puede prohibir la pesca si están en mal estado; a la presencia de una lancha patrulla, que acaba deteniendo y enviando cinco días a prisión al joven Raphael, precisamente el joven por el que suspira la hija adolescente del tío Jules, que no ve con buenos ojos la relación, y también a la muerte del pequeño de una familia numerosa o a la fiesta de las justas náuticas de Sète, torneos en los que se enfrentan dos barcazas con remeros, cada una con un lancero en una plataforma elevada en popa y cuyo objetivo es derribar al contrincante y que concluyen, al caer la noche, con cantos y bailes.

La pareja siempre pasea, y cuando se detiene en un lugar, sus diálogos continúan al mismo tiempo que ambos van variando sus posiciones dentro del encuadre, secuencias que Varda coreografía con la combinación de distintos planos fijos y movimientos de cámara. Todo ello captado con una mirada intimista, que a su vez refuerzan los escenarios reales, especialmente los de la orilla del mar o

Philippe Noiret y Silvia Monfort en *La Pointe Courte* (1954),
© Ciné-Tamaris.

el interior del casco desvencijado de un barco varado en la playa. Hay dos imágenes icónicas que en cierta manera son una variación la una de la otra: los dos encuadres de sus cabezas, el primero, con él situado a la izquierda y cuyo perfil oculta la mitad del rostro de ella, que musita: «Cuando te conocí, no había ninguna duda». Y el segundo, él con la mitad del rostro de frente porque la otra mitad ahora la oculta el rostro de perfil de ella mientras él dice: «Deja a "nuestro amor"». Los diálogos, construidos desde la sugerencia, dan paso a una cierta ambigüedad, pues de las conversaciones se deduce a veces un acercamiento y, de repente, un distanciamiento. Un intimismo que Varda refuerza con el hecho de que ambos apenas se comunican con los lugareños, aunque haya ocasiones en que se mezclan con ellos, como en las secuencias de las justas náuticas o cuando pasan entre el bullicio de la fiesta nocturna.

Y tras la música y el baile, un breve epílogo al anochecer: una familia se sube a un bote y, cuando este se aleja, sobre el puente que cruza el canal circula un tren. Y el plano final de cuatro músicos que terminan su actuación.

* * *

> En cuanto a los diálogos de la pareja, los escribí con voluntad de simplificar los personajes y complicar el estilo. Se trata un poco de una pareja abstracta: no se sabe muy bien quiénes son, qué hacen, adónde irán después. Eso no era lo que me interesaba[230].

---

[230] Jean-André Fieschi y Claude Ollier, «La grâce laïque», art. cit., abril de 1965, pág. 45.

## 1957. Ô SAISONS, Ô CHÂTEAUX

> Dura veintidós minutos, se ven siete minutos de castillos y quince de entretenimientos, calabazas, sombreros y otras cosas. Pero si escuchas lo que se dice durante los siete minutos de castillos, te explica muy bien cómo la arquitectura evolucionó del torreón de Loches a Chambord. No es falso ni engañoso desde el punto de vista del encargo. Es digno de una alumna del Louvre[231].

Una vez terminado su primer film, *La Pointe Courte,* Agnès Varda prosigue con su labor como fotógrafa para el Théâtre National Populaire. En el ínterin, aunque viaja a China y realiza allí un reportaje fotográfico, sus deseos de hacer cine siguen latentes. Al parecer, Alain Resnais recomienda a la cineasta que contacte con Pierre Braunberger, un veterano productor que siempre apostó por films arriesgados[232]. Y, precisamente, a través de él recibe el encargo de la Office National du Tourisme para realizar un film sobre los castillos del Loira. Aunque al principio la propuesta no le estimula demasiado, *Ô saisons, ô châteaux,*

---

[231] *Ibíd.,* pág. 47.

[232] Pierre Braunberger (1905-1990) produjo casi dos centenares de títulos entre los que destacan *Nana* (1926), *La golfa (La chienne,* 1931) y *Una partida de campo (Partie de champagne),* rodada en 1936 pero estrenada en 1946, los tres dirigidos por Jean Renoir; varios cortometrajes de Alain Resnais —*Van Gogh* (1948), *Toda la memoria del mundo (Toute la mémoire du monde,* 1956), etc.— y de Jean Rouch —*Yo, un negro (Moi, un noir,* 1958) o *La pirámide humana (La pyramide humaine,* 1961)—, y otros films como *Tirad sobre el pianista (Tirez sur le pianiste,* François Truffaut, 1960), *¡Cuba sí!* (Chris Marker, 1961), *Vivir su vida (Vivre sa vie,* Jean-Luc Godard, 1962), etc.

título que toma prestado de un poema de Arthur Rimbaud, no solo será su primer documental, sino que en él se prefiguran los rasgos de estilo que definirán su obra posterior. La cineasta, fiel a su independencia, despliega con total libertad sus ideas y concibe una original pieza de apenas veinte minutos de duración en la que rompe las convenciones tradicionales del género, como la acostumbrada narración que enumera y destaca las virtudes de los lugares de interés, para articular una película a modo de *collage* salpicada de metáforas visuales y narrativas, juegos fonéticos, breves fragmentos de poemas de autores clásicos, como Pierre de Ronsard (1524-1585), Clément Marot (1496-1544), François Villon (1431/32-1463?) y Charles d'Orléans (1394-1465), versos que recita en voz en *off* el actor Antoine Bourseiller, y breves apuntes históricos, como un suceso relacionado con el castillo de Blois que ilustra con una secuencia del film *El asesinato del duque de Guisa (L'assassinat du duc de Guise,* André Calmettes y Charles Le Bargy, 1908). Narrado por la actriz Danièle Delorme, la joven cineasta ha organizado los contenidos siguiendo el orden cronológico en que se construyeron las fortalezas, desde la más antiguas, las que mandó edificar Fulco III de Anjou en el siglo x, como la de Langeais, en las cercanías de Tours, hasta la más moderna y con la que cierra el film, Les Folies Siffait, ubicada en Le Cellier e impulsada por Maximilien Siffait entre 1816 y 1830.

Tras mostrar una postal en la que se indica la producción de Braunberger y un *zoom* para mostrar un matasellos que reza «los hermosos castillos del Loira», el film comienza con varios jardineros que, tras frotarse las manos, inician sus respectivas faenas, que Agnès Varda sincroniza con la música jazz de André Hodair y su Jazz Groupe de París. Al final de esta secuencia, con ciertos toques humorísticos, se superpone el título del film, *Ô saisons, ô châteaux,* al que siguen los restantes títulos de crédito mientras se muestran varios planos de carteles e indicaciones con la palabra *Château*. A veces son comercios (Le Château Landon), anuncios de castillos en venta o el de una sala de cine, Le Château d'Eau, en el distrito X de París (y que cerró en 1971), imagen esta última sobre la que aparece el crédito con el nombre de la cineasta. Y a partir de ahí da comienzo el itinerario en el castillo de Langeais, del que se dice que el cedro que allí se halla es el más grande de la región después del de Tours. A continuación prosigue la muestra: Montrichard; Loches y su torre cuadrada; Chinon, que «vio la llegada de Juana de Arco», y un pintor naíf, Jean Schubnel, antiguo conserje de la fortaleza y ahora propietario de un pequeño comercio de chucherías, que en sus ratos libres pinta castillos.

Pero Agnès Varda salpica el recorrido con divertimentos metafóricos, como la inclusión de imágenes de carteles que indican el nombre de poblaciones y su distancia: Hommes *[hombres,* 14 km], justo en el momento en el que una octogenaria pasa dentro del encuadre; Pruniers *[ciruelos,* 3 km], o Veuves *[viudas,* 2 km], que enlaza con el plano de dos ancianas vestidas de negro que salen de un comercio. Con el fin de las guerras, los castillos se transforman en moradas cortesanas. El castillo de Talcy, donde «Ronsard cortejó a Cassandra Salviati, quien lo inspiró a escribir la primera serie de sus amoríos: —¡Ah, quisiera, pletórico amarillo / gota a gota bajar en lluvia de oro / de mi bella Cassandra en el regazo / cuando en sus ojos se desliza el sueño!»[233]—; el cas-

[233] «Je voudrois bien, richement jaunissant, / En pluye d'or goutte à goutte descendre, / Dans le giron de ma belle Cassandre, / Lors qu'en ses yeux le somme va glissant», de la traducción de Carlos Pujol en la edición bilingüe: Pierre de Ronsard, *Poesía,* Valencia, Pre-Textos, 2000, págs. 24-25.

*Ô saisons, ô châteaux* (1957), © Ciné-Tamaris.

tillo de Amboise —«entre el ámbar y la *framboise* [la frambuesa]», subraya la voz en *off*—, construido por Carlos VIII; el de Blois, con las diversas fases de ampliación que sufre y los concursos de poesía en los que participaron poetas como François Villon; el castillo de Chenonceaux, donde la cámara enfoca primero un recortable del edificio para, con un movimiento *tilt* de giro vertical hacia arriba, mostrar después el real. Luego el de Azay-le-Rideau, el de Chambord, con sus 365 habitaciones y que, según la locución, serían tres generaciones de conserjes las que realmente lo disfrutarían: la cámara muestra a uno de ellos sosteniendo una fotografía antigua de sus predecesores que acto seguido enrolla para salir del encuadre, y un nuevo plano, con elegantes modelos de alta costura en sus balcones. Roud se pregunta: «¿Modelos de moda desfilando en Chambord o damas de la corte de Francisco I esperando el regreso de la partida de caza?»[234]. Seguidamente, el castillo de Valençay, del que muestra los pavos reales que por allí merodean, el de Villandry, en cuyo foso nadan cisnes y en donde hay un gran jardín «a la francesa», o la Pagode de Chanteloup, edificada en 1775, el único vestigio que queda de la gran finca que perteneció al duque de Choiseul. Y, por último, Les Folies Siffait, en Le Cellier, construido entre 1816 y 1830 por Maximilien Siffait en forma de ruinas artificiales... «y con ellas se arruinó», sentencia la voz en *off.* Y allí, en el último plano, una figura que pasea por el lugar desaparece tras traspasar un arco.

---

[234] Richard Roud, «The left bank: Marker, Varda, Resnais», *Sight and Sound,* vol. 32, núm. 1, invierno de 1962-1963, pág. 27.

## 1958. L'Opéra-Mouffe

> Como en ese momento estaba embarazada, la película vino a responder a la pregunta: ¿cuál puede ser la visión de una mujer embarazada en el barrio de la Mouffe? Es la contradicción entre un universo que debería ser un universo de esperanza y la verdadera desesperación[235].

«Cuaderno de apuntes filmado en la calle Mouffetard en París por una mujer encinta en 1958»[236], reza el subtítulo de *L'Opéra-Mouffe*. La mujer encinta es la propia Agnès Varda, y las sensaciones y reflexiones que le produce su nuevo estado, del que nacerá su primera hija, Rosalie, serán su fuente de inspiración, lo que conferirá al film un carácter más personal. Pero el origen del film hay que atribuírselo a Jacques Ledoux, comisario de la Cinémathèque Royale de Belgique y cuyo rostro se hará conocido pocos años después al encarnar al «inventor perverso», como dice Varda en *Las playas de Agnès*, en *La jetée* (Chris Marker, 1962), cuando invita a la cineasta a que envíe una obra para su programa de cine experimental de la Exposición Universal de Bruselas en 1958[237].

«Documental subjetivo»[238], como lo define la propia Agnès Varda, poema visual con «aspecto de película muda

---

[235] Raymond Bellour y Jean Michaud, *Cinéma 61,* núm. 60, octubre de 1961, recogido en Agnès Varda, *Varda par Agnès. L'intégrale, vol. 1954-1994, op. cit.,* pág. 230.

[236] En los créditos originales del film: «Carnet de notes filmées rue Mouffetard à Paris par une femme enceinte en 1958».

[237] Agnès Varda, *Varda par Agnès. L'intégrale, vol. 1954-1994, op. cit.,* pág. 114.

[238] *Ibíd.,* pág. 143.

que habla»[239], diario filmado, sinfonía visual o «cuaderno de apuntes», tal como su subtítulo indica. Con fotografía de Sacha Vierny[240] y música de Georges Delerue, en la que se combinan partes instrumentales con breves estrofas cantadas, el cortometraje es un conjunto de notas visuales en las que la cineasta plasma los sentimientos que le genera su embarazo, aspecto que dota al film de un hálito de *collage*. Y al mismo tiempo, su condición de cineasta independiente la impulsa a entregarse con total libertad a la experimentación durante el rodaje y después, en la sala de montaje, al articular las imágenes por medio de asociaciones visuales, relaciones subjetivas e incluso alegóricas. Y con ello consolida, aún más si cabe, las ideas conceptuales y estéticas que había planteado en sus dos trabajos anteriores, con los que se irán apuntalando sus particulares rasgos de estilo. Por otra parte, el sólido bagaje que arrastra Varda como fotógrafa se pone de manifiesto en los numerosos planos rodados a pie de calle de los variopintos rostros que transitan por la rue Mouffetard, los de vendedores, ancianas, viandantes, vagabundos o alcohólicos; al verlos, según Agnès Varda en su documental *Varda por Agnès,*

> me invadía esta contradicción fundamental que era que cuando estás llena de esperanza, piensas que vas a dar la vida a un niño, que quizá sea feliz, pero veía que la gente

---

[239] Françoise Audé, «*Opéra Mouffe* (1958), *Oncle Yanco* (1967) et *Daguerréotypes* (1975)», art. cit., pág. 75.

[240] Sacha Vierny (1919-2001) fue el director de fotografía habitual de Alain Resnais —*Hiroshima mon amour* (1959), *El año pasado en Marienbad (L'année dernière à Marienbad,* 1961), etc.—, y de Peter Greenaway —*El vientre del arquitecto (The belly of an architect,* 1987), *Conspiración de mujeres (Drowning by numbers,* 1988), *El cocinero, el ladrón, su mujer y su amante (The cook, the thief, his wife and her lover,* 1989), etc.—, además de otros títulos como *Lettre de Sibérie* (Chris Marker, 1958) o *Belle de jour* (Luis Buñuel, 1967).

> era terriblemente... muy desgraciada. Y me inspiraban eso. Eran recién nacidos y quizá, cuando eran pequeños, aunque no fuesen deseados, les cuidaron, les mimaron y acariciaron, aunque solo fuera un poco.

Combina estos planos de la calle con otros de carácter onírico e incluso surrealista que pueden traer reminiscencias estéticas del cine de vanguardia de los años veinte en la línea de *Ballet Mécanique* (Fernand Léger, 1924) o *Entre'acte* (René Clair, 1924).

Rodado en blanco y negro, el film está estructurado en un prólogo y nueve episodios cortos diferenciados por un rótulo y una breve canción, a modo de obertura, cuyas letras son de la propia cineasta. El primer plano con el que se abre la película es una mujer desnuda sentada de espaldas a la cámara. Luego la muestra de perfil, y se descubre su vientre en gestación, del que después se ofrecen varios primeros planos que Varda asocia visualmente con una calabaza de un puesto del mercado que luego es partida en dos mitades y vaciada. Y de ahí se pasa a una serie de imágenes de los productos que exponen los tenderetes y las gentes que pululan en su entorno. Comienzo del primer episodio, *Des amoreux* [De los amantes]: la felicidad del amor en el encuentro de una pareja joven que, desnuda, se entrega a los juegos amatorios. Se intercalan planos, como el de ella tendida de espaldas en un patio sobre una cama mirándose en un pequeño espejo que sostiene en una de sus manos y que puede traer ciertas reminiscencias de *La Venus del espejo* de Velázquez, o el de él, también desnudo, acariciando un gato. El segundo episodio, *Du sentiment de la nature* [Del sentimiento de la naturaleza], muestra una serie de elementos naturales que relaciona visualmente y que empieza con un recorrido de las vetas de una madera hasta dar con una rodaja de limón que asocia con el nudo de la madera.

*De la grossesse* [Del embarazo], el tercer episodio, se inicia con la imagen de una paloma metida dentro de una pecera esférica. De una muchacha corriendo por un descampado se pasa a una composición escultórica realizada con diversos objetos en cuyo vientre se representa un embarazo con un pequeño torso de un muñeco. El cuarto, *Quelques uns* [Algunos], lo compone una variopinta galería de retratos de las gentes que pasean por la calle Mouffetard y que la cineasta agrupa por su fisiología o sus gestos: desharrapados, los humildes, ancianas, señores trajeados con sombreros o boinas, señoras con capuchas para la lluvia, hombres y mujeres que cojean, personas que se limpian la nariz o el rostro con un pañuelo, se rascan la cara o los cabellos. El quinto segmento, *Les chers disparus* [Los seres queridos desaparecidos], comienza con fotografías colocadas sobre una pared: de hombres que beben o que fuman en la calle, de una mujer de luto y un hombre de mediana edad con una boina sobre los que instantes después se superpone un repujado de latón que representa dos figuras de santos pero cuyos rostros, al ser dos huecos, dejan ver los semblantes de aquellos. El sexto, *Joyeuses fêtes* [Felices fiestas], lo componen imágenes de carnaval, con niños que juegan en la calle ocultando su rostro con caretas. Y luego, el flujo de los transeúntes.

El séptimo episodio, *De l'ivresse* [De la borrachera], muestra a los alcohólicos que duermen en la calle, o están sentados en los bares; algunos miran a la cámara, fuman. El octavo, *Des angoisses* [De las angustias], muestra imágenes oníricas: bombillas rotas a martillazos. Y en uno de los fragmentos hay un huevo del que nace un polluelo que luego aparece dentro de un vaso de cristal. Después aparece una mujer que porta una malla de patatas y una bolsa en la que lleva un ladrillo y que parece fatigada, casi a punto de desmayarse. Se le cae alguna patata al suelo, pero no hace intento alguno de recogerla y prosigue su marcha.

*L'Opéra-Mouffe* (1958), © Ciné-Tamaris.

El noveno episodio, *Des envies* [De los deseos], ofrece imágenes de ojos de peces, pollos, casquería, entrañas, sesos. Pero también algunos letreros de comercios: «Aux fouillis des dames»[241] o «La tentación de San Antonio», y una floristería de la que sale una mujer con un ramo de flores que se detiene y comienza a comérselo. La cámara gira y enfoca un negocio justo en el momento en que su dueño echa el cierre, plano que pasa a un encuadre negro con un rótulo que reza «Telón».

241 Se puede traducir como «bazar».

## 1958. Du côté de la côte

> La idea era que la gente busca un cierto edén, al que tiene derecho, porque está cansada. Y no es culpa suya que el edén que se les ofrece en la costa sea falso. Pero, en cualquier caso, este falso edén remite a una idea más grande del edén, a la idea del descanso, que es una idea hermosa, una idea básica. Hay que ser indulgente y mirar a la gente como se mira la película. Primero nos reímos y luego comprendemos[242].

Dedicado a André Bazin, el cortometraje es un nuevo encargo de l'Office National du Tourisme. Agnès Varda concibe un ensayo en el que sigue la línea conceptual de sus anteriores trabajos porque elude una vez más el clásico recorrido en el que se enumeran los lugares turísticos más atractivos para trazar una visión íntima con tintes poéticos y toques de ironía en su intención por comprender «qué hacía que estos turistas, incluidos los campistas, corrieran a este falso edén»[243]. Y por ello, en ese intento de entender la naturaleza humana, la cineasta se fija en las intervenciones que ha realizado el hombre por su necesidad de crear una suerte de paraíso idílico que le proporcione la tan ansiada felicidad en unos parajes que, de por sí, poseen una gran belleza natural. Algo que pone de manifiesto, tras los títulos de crédito, en los que aparecen postales y carteles turísticos de algunas localidades de moda —Niza, Cannes, An-

---

[242] Jean-André Fieschi y Claude Ollier, «La grâce laïque», art. cit., pág. 48.

[243] Agnès Varda, *Varda par Agnès. L'intégrale, vol. 1954-1994, op. cit.*, pág. 76.

tibes, Saint-Tropez, etc.— y una sucesión de planos con lugareños, al mostrar imágenes de playas abarrotadas mientras la voz del narrador da una serie de datos sobre el aumento de población que ha experimentado la costa en los últimos tiempos.

A continuación ofrece unos breves apuntes de historia por medio de una escultura romana de Cornelia Salonina, de la que conjetura que quizá fuese la primera visitante que por motivos de salud acudiese a las termas de Cimiez en Niza; o que el primer turista tal vez fuese el cardenal Mauricio de Saboya, quien, con más de 50 años, dejó los hábitos para casarse con su sobrina de 14 años, con la que pasó su noche de bodas en la rue Jules Gilly de Niza. Habla del turismo «golondrina», el que acude los fines de semana, porque los días de sol están garantizados. Pero antes hubo otros viajeros. En el siglo XVIII, el viaje de Calais a Niza duraba dieciséis días en diligencia y una de sus 107 paradas era Cannes, donde se estableció Lord Brougham, que fue quien popularizó la villa. A partir de ahí vinieron otros ingleses, como la reina Victoria y otros aristócratas.

Y aunque Dante nunca estuvo, su nombre está presente en la Société Dante Alighieri, creada en 1889 por el poeta Giosue Carducci para la difusión de la lengua y cultura italianas. Émile Zola pasó su luna de miel en L'Hôtel de París en Mónaco; Friedrich Nietzche, «el tercer Zarathustra en torno a la villa de Èze», también estuvo allí; Guillaume Apollinaire pasó parte de su infancia y adolescencia en Mónaco; la novelista Colette, en Saint-Tropez, y el escritor Jean Giraudoux, en Porquerolles. Luego están los pintores: un paisaje de Joseph Vernet de Antibes sirve de introducción a Picasso, quien «solo conoce en la costa un competidor serio: el sol». Después una tienda de antigüedades que se llama Au Roy Soleil.

Y otros visitantes: los turistas tendidos en la playa, los colores de los bañadores y los bikinis, de las toallas y las colchonetas, las pieles quemadas por el sol. O los sombreros de colores que dan paso a varias elegantes turistas que pasean, y algunas hasta parecen que desfilan ante la cámara.

Agnès Varda imprime un giro temático para adentrarse en los edificios exóticos al mostrar una serie de réplicas que enumera el narrador apoyado por una voz femenina que cita la localidad donde se hallan: una pagoda (Hông-Hiên) y una mezquita (Missiri) en Fréjus, el Orient Palace en Menton, una casa persa (Villa Ispahan) en Mónaco o la iglesia rusa (Saint-Nicolas) en Niza. Y del exotismo de la arquitectura a los jardines exóticos, en los que los turistas, «a pesar de las explicaciones, no intentan acordarse del nombre de las plantas. Prefieren que las plantas recuerden el suyo», mientras se suceden varios planos con nombres grabados en las hojas de aloe. A unas imágenes de archivo de Brigitte Bardot las acompaña el jocoso comentario de que, puesto que los turistas no pueden «ver a la Bardot, hablar con ella, tocarla, vienen a tomar algo a Saint-Tropez», como también vienen a comer a Cannes «porque no pueden conocer a Sophia Loren en el Festival», momento en que aparecen unas imágenes de la actriz italiana en uno de los certámenes. Y como no tienen a Matisse, vienen a ver su tumba, al igual que van a ver al hombre de Cromañón, la primera celebridad y el muerto más antiguo, que se ilustra con una escena humorística: el esqueleto conservado en un museo y un perro que trata de coger uno de sus huesos. Luego el Trofeo de Augusto en La Turbie, el acueducto romano de Fréjus y los restos del templo de Augusto en Narbona en Saint-Tropez.

De los vestigios de la antigüedad a los árboles seculares, con la presencia de un gato en el olmo en Ramatuelle, el olivo milenario en Beaulieu, el ciprés plantado en 1797 en Toulon, el roble centenario de Saint-Cassien y almeces en Cogolin. Y el luminoso color de los mercados, secuencia en la que el narrador apunta que los turistas prefieren los colores de moda: el amarillo y el azul. Las bañistas visten esos colores, y son los colores con los que se pintan los hoteles. Pero es el azul el tono preferido de las mujeres. A excepción de «las inglesas, las nadadoras novatas y las alemanas, fieles al verde».

Y el *camping,* con el mar de fondo, que «prefigura el campo de buenos difuntos que en la misma costa descansan», y entonces se muestran cementerios, también enfrente del mar. «Es una costa bien costosa». Varda dice que «la Costa Azul es el más bello cementerio de Francia, con maravillosa vista y mar siempre renovado. El muerto de la Costa es un turista de calidad». Y detrás de un muro de uno de los cementerios, la estatua de la virgen gigante en Saint-Jean-Cap-Ferrat y de un gallo que, según se apunta, cayó del campanario. El narrador habla de la muerte que sorprendió a la bailarina Isadora Duncan en Niza. Y el pintor Jean-Gabriel Domerge posa, apoyado en una escultura, ante la tumba que mandó construir en su villa Domergue en Cannes, al igual que otros se construyen moradas menos eternas, pero «con encanto de la existencia», y que ilustra con varios planos de letreros de casas: *La charmeuse* [La encantadora], *La tendresse* [La ternura], *Frénésie* [Frenesí], *Enfin* [Por fin]. Sigue un recorrido por casas con decoraciones de ensueño. Y por las villas olvidadas, y se muestra un antiguo proyector de cine en una de ellas. Fontana Rosa en Menton, la casa donde vivió y murió Vicente Blasco Ibáñez. Aunque otros prefieren la vida del hotel, y se dice que la razón para elegir uno u otro es el saludo del portero, al que se muestra inclinándose ante los que llegan. «El barómetro de su familiaridad marca si eres alguien o no».

Y la búsqueda del edén. Un cartel que reza: «Éden Roc», otro sobre el tejado de un hotel llamado «Edén» y aun otro: «Villa Éden Hôtel». Una playa, «Eden Plage», y un escrito

*Du côté de la côte* (1958), © Ciné-Tamaris.

en una pizarra: «Bote a pedal, al otro lado del EDÉN», el cartel de una sala de cine llamada Éden, el de una calle, «Éden 99 bis»; el de otra, Montée du Rêve [Subida del sueño], al lado de una señal con la inscripción «Callejón sin salida» [Voie sans issue] a la que sigue otra de entrada prohibida y encima de ella una indicación: Avenue de l'Éden. «El prohibido edén genera agitación. Y de la nostalgia nace el carnaval», apunta el narrador. Y al igual que en *L'Opéra-Mouffe,* la cineasta vuelve a incluir imágenes de la celebración de un carnaval. Y de ahí pasa al plano de un islote rocoso. «El edén existe. Es una sombra. El edén existe. Es una isla». Luego la cámara recorre una serie de paisajes naturales, con un caballo tirando de un tílburi que atraviesa el encuadre de izquierda a derecha, y otros a la orilla de la playa. Hay varios movimientos de cámara con el punto en común de que comienzan enfocando raíces de árboles. Uno se detiene ante dos toallas, una roja y una azul. El siguiente, ante un par de alpargatas violetas, y el último acaba ante los cuerpos desnudos de una mujer y un hombre tendidos en la arena a lo lejos. La voz de la narradora dice: «El Paraíso era una playa y un cono de conífera. Pero la nostalgia del Edén es un jardín». A continuación, imágenes de un jardín y la misma voz femenina subraya en tono de lamento que es «un jardín trasplantado» donde todo es falso y engañoso. Y tras varios planos con verjas que se cierran, dos muestran sombrillas abiertas de varios colores en playas vacías, y cada uno de ellos tiene su respectiva réplica, porque se repite pero con las sombrillas plegadas. Y la imagen de la terraza de un hotel vacía y con los restos de una fiesta que puede traer ciertas reminiscencias *fellinianas:* es el último plano.

* * *

> *Du côté de la côte* me había hecho tomar conciencia de una atracción por los juegos de imágenes y palabras, y por los comentarios acrobáticos que facilitan el montaje. También había experimentado con movimientos y ritmos[244].

[244] *Ibíd.*, pág. 77.

## 1961. Cleo de 5 a 7
## *(Cléo de 5 à 7)*

Pensé en una película minimalista inscrita en un tiempo continuo. Le añadí un recorrido real que podía inscribirse en un verdadero mapa del centro de París (eso era el juego... la apuesta sobre París). Imaginé un personaje caminando por la ciudad. Pensé en el amo de Jacques el Fatalista[245]. Se convirtió en una cantante, deambulando por París, aterrorizada por el miedo al cáncer, a menudo acompañada por su asistenta fatalista. El miedo a estar mortalmente enferma. La belleza no protege[246].

El segundo largometraje de Agnès Varda, para el que contó con el gran director de fotografía Jean Rabier[247], es un diario filmado que transcurre en tiempo real, durante las dos horas que indica el título, en las que la joven cantante Cleo (Corinne Marchand) recorre las calles de París mientras espera con angustia el resultado de unas pruebas médicas que pueden confirmar que padece cáncer. La cineasta divide la trama en un prólogo y trece capítulos, o más bien segmentos, en los que se sobreimpresionan las

---

[245] Se refiere al personaje que da título a la novela de Denis Diderot *Jacques el Fatalista* (edición de Juan Bravo Castillo, Madrid, Cátedra, 2017). El criado Jacques viaja con su amo y, durante el trayecto, le cuenta la historia de sus amores, que se ve interrumpida continuamente por numerosos contratiempos.

[246] Agnès Varda, *Varda par Agnès. L'intégrale, vol. 1954-1994, op. cit.*, pág. 48.

[247] Jean Rabier (1927-2016) volverá a trabajar con Agnès Varda en *La felicidad*. Con Demy firmó la fotografía de *La bahía de los ángeles* y *Los paraguas de Cherburgo*. Y fue director de fotografía de Claude Chabrol en más de sesenta títulos.

horas y los minutos que delimitan cada intervalo de tiempo. Asimismo, el paso de las horas está marcado por los numerosos relojes que aparecen a lo largo del metraje. El itinerario que emprende la protagonista se combina con sus pensamientos en *voice over*. Si bien Cleo deambula sola, en determinados momentos de su recorrido estará acompañada. Primero por su asistenta personal, Angèle (Dominique Davray), después por su amiga Dorothée (Dorothée Blank), que trabaja como modelo en una escuela de arte, y, al final, por un soldado, Antoine (Antoine Boursellier), a quien conoce en el parque de Montsouris y que en unas horas parte a la guerra de Argelia. El resto de los personajes tendrá una menor presencia, como los músicos Bob, a quien pone rostro el propio Michel Legrand, y su letrista Maurice, a quien llama Plumitif[248] (Serge Korber), secuencia con tintes humorísticos en la que con ellos la protagonista interpreta la célebre canción «Sans toi». Hay una aparición, casi testimonial, del amante de Cleo (José Luis de Vilallonga), un médico *bon vivant* que parece no mostrar demasiada pasión por ella. Asimismo, y como ha comentado en varias ocasiones la cineasta, la película está dividida en dos partes cuyo punto de inflexión coincide con la interpretación de la mencionada canción. Del vestido claro con lunares negros con el que ha aparecido hasta ese momento pasa a llevar ropa blanca en su casa, durante la sesión con los músicos, para después, tras una discusión con ellos, quitarse la peluca y ponerse un vestido negro. En palabras de Flitterman-Lewis, «deja de ser un objeto, cons-

[248] Según el *Dictionnaire de L'Académie Française*, *plumitif* es una «alteración, probablemente por influencia de *primitif*, en el sentido de "original de un escrito", de *plumetis*, "borrador de un acto", derivado, a su vez, por medio de *plumeter*, "escribir en borrador", de *pluma*». El término *plumitif* lo define dicho diccionario como familiarmente «oficinista, chupatintas, hombre de letras o periodista mediocre y prolífico».

truido por las miradas de los hombres, y asume el poder de la visión, una visión subjetiva propia»[249].

El prólogo del film está compuesto por planos cenitales de las cartas del tarot que le echa una vidente (Loye Payen) a Cleo. Con esta secuencia, Agnès Varda pone en antecedentes sobre su pasado y ofrece algunos avances al espectador sobre su presente y le revela que tiene una enfermedad. Son las únicas imágenes en color de la película, pero cuando la cámara encuadra los rostros de ambas mujeres, los muestra en blanco y negro. A propósito de esta elección, Agnès Varda responde a Pierre Uytterhoeven:

> Tuve una idea, y es que la vida que está en las cartas, en los tarots, es una vida imaginaria, es una representación de la vida, y la vida real en esta película era en blanco y negro. Quería separar la ilustración de la vida de la vida misma. Es muy arbitrario, ya que la vida real es en colores. Pero en la perspectiva de la película, dado que lo que ella realmente hace está en blanco y negro y que en los créditos se cuenta su vida, la vidente le cuenta esa vida como si Cleo asistiera a la proyección de su propia película. Aunque las cartas digan que ella muere, solo son cartas[250].

Cuando Cleo sale de casa de la vidente, esta se dirige a un hombre que lee el periódico en otra habitación y le comenta que las cartas hablan de muerte y que ha visto cáncer.

*Capítulo I. Cléo de 17:05 à 17:08*. Cleo sale de casa de la echadora de cartas y desciende por la escalera, momentos que Agnès Varda combina con planos subjetivos de la protagonista, es decir, las clientas que aguardan en la consulta.

---

[249] Sandy Flitterman-Lewis, *To desire differently. Feminism and the French cinema, op. cit.*, pág. 269.

[250] Pierre Uytterhoeven, «Agnès Varda de 5 à 7», art. cit., pág. 10.

Dominique Davray y Corinne Marchand en *Cleo de 5 a 7* (1961),
© Ciné-Tamaris.

Se detiene ante un espejo situado en el portal. Antes de salir, se mira en él y surge su primer pensamiento en voz en *off*: «Espera, hermosa mariposa... Ser fea, eso es la muerte... Mientras sea hermosa, estoy viva y diez veces más que los demás». Sale a la calle y se dirige a un bar donde se encuentra con Angèle, su asistenta personal, que le pregunta cómo le ha ido con la pitonisa. En ese momento se inicia el *capítulo II. Angèle de 17:08 à 17:13,* en el que Angèle comenta en *off* que Cleo tiene lo necesario para ser feliz pero necesita que la cuiden como a una niña. Cleo comienza a llorar mientras Angèle trata de tranquilizarla. Se acerca el dueño del local, con el que Angèle comienza a hablar sin parar mientras la protagonista toma un café y escucha a su lado la discusión de una pareja. Ambas salen de la cafetería. Se detienen ante el escaparate de una tienda de sombreros, entran y, mientras Cleo se prueba algunos, se inicia el *capítulo III. Cléo de 17:13 à 17:18*. Adquiere uno. La vendedora la reconoce. Angèle es supersticiosa: un martes no se debe poner un sombrero nuevo. Al salir de la tienda cogen un taxi que conduce una mujer (Lucienne Marchand). Esta enciende la radio y suena una canción de Cleo. Ella le comenta a Angèle que es mala, que hay que rehacer el disco porque el prensado es malo, y le pide a la conductora que la quite. El *capítulo IV. Angèle de 17:18 à 17:25* se inicia en el momento en que el vehículo se cruza con un grupo de estudiantes de bellas artes que colapsan la calle. La conductora vuelve a poner la radio, con las noticias, una de ellas relacionada con el conflicto en Argelia. El fin del trayecto es el apartamento de Cleo, en el que predomina el color blanco. Al poco tiempo, suena el timbre de su puerta. *Capítulo V. Cléo de 17:25 à 17:31.* Entra su amante, que, a pesar de sus buenas palabras, no parece demostrar excesiva pasión por ella ya que se queja del excesivo trabajo que tiene. Tras unos pocos minutos de buenas palabras, este se despide y se marcha. Cleo se desahoga con Angèle al manifestarle que tiene sus dudas sobre su pareja, que nunca tiene tiempo para ella. De nuevo suena el timbre: son los dos músicos, Bob y Maurice, alias Plumitif. En el inicio del *capítulo VI. Bob de 17:31 à 17:38,* ambos se disfrazan de médicos antes de pasar a ver a la cantante. Es un momento burlesco. Después hablan de las nuevas canciones que preparan. *Capítulo VII. Cleo de 17:38 à 17:45.* Cleo canta «Sans toi». Durante su interpretación, la cámara gira en torno a la protagonista hasta que detrás de su figura aparece una cortina negra. Se enfada con los músicos por el carácter sombrío de las canciones. Se viste de negro y se quita la peluca. Quiere estar sola y se marcha, dejando a Angèle y a los dos músicos, que la ven salir.

Pasea por las calles. Mira el cartel de una tienda, Bonne santé [Buena salud]. Cosas del azar. Ve a un artista ambulante que se traga ranas y luego escupe el agua, imagen con la que Agnès Varda parece enfatizar la angustia de la protagonista. El *capítulo VIII. Quelques autres de 17:45 à 17:52,* según especifica el guion, «es como un pequeño documental sobre las gentes que frecuentan el café du Dôme y del barrio»[251]. Cleo entra en dicho café, pone una canción en una máquina y, después de recorrerlo, se sienta en una mesa que encuentra vacía y pide un coñac. Ahora es ella la que mira a la gente y escucha sus conversaciones. En el local hay una exposición de cuadros y unos en una mesa hablan de Picasso y Miró: «¿Ves? El cuadro se llama "mujer" y yo veo a un toro. Demuestra que Miró es español». Otro replica: «Y cuando Picasso pinta un búho, parece una mujer». Otros hablan sobre modelos que posan para artistas. Y uno de ellos menciona a Dorothée. Cleo esboza por un momento una sonrisa, se levanta y sale del lugar. Continúa su errar por las calles. Las imágenes de los transeúntes se mezclan con planos que muestran sus pensamientos, en los que aparecen el tragador de ranas, la pitonisa, algunos de los clientes de este último bar, Bob el compositor, un reloj antiguo sobre el que hay un mono de peluche, su amante, Angèle o su peluca colgada en un espejo. Se cruza con un artista callejero que atraviesa con un alfiler su bíceps. Nueva imagen con la que Varda acentúa la ansiedad de Cleo, que se dirige a un taller de escultura. La modelo desnuda es Dorothée, que posa para varios jóvenes que la modelan. Y comienza el *capítulo IX. Dorothée de 17:52 à 18:00* con el término de la clase y la salida de ambas amigas. Cleo le pregunta si no le importa posar porque a ella le

[251] Agnès Varda, *Cléo de 5 à 7. Scénario,* París, Gallimard, 1962, pág. 63. En el prefacio de esta edición del guion, Agnès Varda escribe: «Este texto es una continuidad dialogada, no contiene las indicaciones técnicas ni el desglose de los planos, ni su duración, ni su "valor", ni su diseño, etc. Y, sin embargo, la película no fue escrita como un guion para ser traducida después en el cine. Intento trabajar en desorden, porque me gusta que el enfoque de un objetivo preceda a veces en mi pensamiento a una figura. Me gusta ir del sitio a la "situación", del *travelling* al tormento, del tempo de un desglose a una idea» (pág. 7).

Anna Karina y Jean-Luc Godard en *Les fiancés du pont Mac Donald,* cortometraje incluido dentro de *Cleo de 5 a 7* (1961), © Ciné-Tamaris.

daría miedo que le pudieran encontrar un defecto. Dorothée le replica que «está feliz con su cuerpo, pero no orgullosa», porque ven en él algo más, «una forma, una idea». Se suben al coche que, según la modelo, le ha prestado su novio Raoul. Durante el trayecto, Cleo dice que le gustaría que las calles llevasen nombres de gente viva (Piaf, Zizi, Aznavour) que habría que cambiar cuando estas muriesen. Le confiesa que está enferma. Dorothée detiene el coche y sale a buscar unas bobinas de película que deben llevarle a Raoul, que trabaja como proyeccionista en un cine. Después aparcan ante una sala de cine cuya fachada anuncia *El fuego y la palabra (Elmer Gantry,* Richard Brooks, 1960). Suben a la cabina de proyección, donde se halla Raoul. *Capítulo X. Raoul de 18:00 à 18:04:* Raoul les invita a ver un cortometraje. «Ninguna enfermedad se resiste a la risa», dice cuando Dorothée le comenta que Cleo está enferma. Comienza la proyección:

—Interludio—

*Les fiancés du pont Mac Donald*

> Un día habíamos decidido pintar, fuimos a Niza a buscar el material, y estábamos pintarrajeando alegremente. Y Jean-Luc se había quitado las gafas y limpió los cristales. Así que vi fugazmente sus grandes ojos y quería verlos de nuevo. De ahí mi estratagema de hacerle interpretar ese *sketch* en el que se quitaría las gafas. Ahora que lleva cristales ligeramente tintados, mi historia parece exagerada[252].

Según Agnès Varda, el cortometraje[253] surgió porque sintió la necesidad de incluir algo humorístico en la película que crease un poco de distensión ante la angustia de Cleo[254]. De apenas tres minutos de duración, es una sátira que gira en torno a la mirada, es decir, ver el mundo con gafas de sol y verlo sin ellas. Imma Merino lo define como «una ilustración simpática e ingenua del subjetivismo que podría resumirse con un conocido dicho: "todo depende del color del cristal con que se mira"»[255]. Rodado siguiendo

---

252 Agnès Varda, *Varda par Agnès. L'intégrale, vol. 1954-1994, op. cit.*, pág. 56.

253 Como recoge Imma Merino, en la edición en DVD del largometraje, Agnès Varda incluyó el corto al que añadió el subtítulo *méfiez-vous des lunettes noires* [desconfía de las gafas de sol], en *Agnès Varda. Espigadora de realidades y de ensueños, op. cit.*, pág. 164.

254 Agnès Varda, *Varda par Agnès. L'intégrale, vol. 1954-1994, op. cit.*, pág. 56.

255 Imma Merino, *Agnès Varda. Espigadora de realidades y de ensueños, op. cit.*, pág. 164.

el espíritu del cine cómico mudo, con rótulos incluidos, comienza con una joven pareja que se besa antes de despedirse en el pont Mac Donald. Él (Jean-Luc Godard) viste traje, canotier y lleva «los ojos rodeados de negro como Harry Langdon»[256], y ella, Anna (Anna Karina), «con el pelo rubio de muñeca, recogido con una gran cinta, ojos de muñeca, pómulos rosados de muñeca, boca de corazón»[257], tras separarse, le envía besos con las manos mientras desciende las escaleras de la derecha que llevan al muelle. El joven, deslumbrado por la luz, se pone sus gafas de sol, pero mira las escaleras que están en el lado izquierdo, por donde baja una mujer negra (Émilienne Mouche), «el negativo exacto de Anna»[258]. Esta tropieza con una manguera y cae al suelo sentada. El regador (Eddie Constantine) se inclina hacia ella sin darse cuenta de la potencia del chorro del agua de su manguera, le apunta a ella y la mata. Aparece un coche fúnebre y su conductor (Samy Frey) coge el cuerpo y lo introduce en el vehículo. El joven, que ha presenciado la escena, baja a la carrera las escaleras tras el coche, que se aleja del lugar, y después vuelve a subirlas, viendo que aquel ha girado, y prosigue su marcha en sentido contrario por la parte de arriba del muelle. Desolado, compra una corona de flores a una vendedora de flores (Danièle Delorme) que tiene un puesto en el puente. A su lado hay otro vendedor ambulante (Yves Robert) que le ofrece un pañuelo. El joven se quita las gafas para secarse las lágrimas y ve, de repente, a Anna. Un rótulo indica: «¡Ah! Lo veía todo en negro por culpa de mis gafas». Pero Anna, tras bajar las escaleras, tropieza con una cuerda que en esos momentos enrolla un marinero (Allan Scott). Este se acerca a

---

256 Agnès Varda, *Cléo de 5 à 7. Scénario, op. cit.*, pág. 77.
257 *Ibíd.*
258 *Ibíd.*

ella, y en esos momentos llega una ambulancia. El camillero (Jean-Claude Brialy) sale de detrás del vehículo para ocuparse de ella. Entonces el joven desciende rápidamente las escaleras, empuja al camillero, que cae al suelo, le pone la corona de flores y coge de la mano a Anna. Suben hacia el puente y, una vez arriba, él tira sus gafas del sol al río y se besan.

—Fin del interludio—

Tras la proyección, ambas amigas abandonan la cabina. Al bajar las escaleras, a Dorothée se le cae el monedero. *Capítulo XI. Cléo de 18:04 à 18:12.* Al ver el pequeño espejo roto en el suelo, Cleo exclama: «Es símbolo de muerte. Es horroroso». Su amiga le responde que no debe creer en esas cosas. «Romper un espejo es como romper un plato», le dice. Andando por la calle, se produce un tumulto. Alguien dice que han matado a un hombre. Hay un escaparate roto y mucha gente que mira con curiosidad. Se alejan del lugar y cogen un taxi. Dorothée se baja a medio camino y Cleo prosigue el trayecto hasta el parque Montsouris. Tras bajarse del vehículo, inicia su paseo por el lugar, canta y se detiene ante un estanque. Se le acerca un joven soldado (Antoine Bourseiller) que comienza a hablar con ella. *Capítulo XII. Antoine de 18:12 à 18:15.* Él prosigue la conversación. Se le acaba el permiso ese día y tiene que regresar esa misma noche a Argelia. Ella le comenta que espera unas pruebas médicas. Tiene miedo y él se ofrece a acompañarla. *Capítulo XIII. Cléo y Antoine de 18:15 à 18:30.* Ambos parten para el hospital. Con Antoine parece tener una conexión que ni siquiera posee con su amante. Cleo le confiesa que es supersticiosa y se produce la revelación de su verdadero nombre: Florence, pero la llaman Cleo, como Cleopatra.

Se dirigen al hospital en un autobús desde el cual ven salir a dos médicos con un bebé prematuro metido en una incubadora que introducen después en una ambulancia. Él le pide una foto y ella se la da al instante. Antoine afirmará poco después que debería estar contenta si él puede presumir de tener su foto. «Incluso los grandes sentimientos están llenos de pequeñas vanidades. Y los grandes espíritus, de tonterías», concluye. Llegan al hospital. Pero el médico no está. Poco después, sentados ambos en un banco en el jardín del recinto, aparece el facultativo, que detiene su vehículo ante ellos. Antoine se dirige al doctor haciéndose pasar por el hermano de Cleo. Este comenta que no se preocupe, que tendrá un tratamiento fuerte pero que piensa que en dos meses estará bien. Cleo parece sentirse aliviada por primera vez. Continúan andando. Se miran. Continúan andando. Y se vuelven a mirar.

Agnès Varda apunta sobre el final:

> El soldado vuelve a Argelia y no tendrá permiso antes de que ella muera. Así que ya está todo acabado, eso es todo lo tangible que tendrán. Pero ese tangible no lo es todo. Tienen un sentimiento tan intenso de su soledad [...] que precipitan el movimiento, saltan etapas para reunirse. Es como una gracia; no tengo el sentimiento cristiano, pero a veces tengo su vocabulario. La gracia es algo que me parece esencial. No solo hay estado de gracia hacia Dios, también hay estado de gracia hacia las personas: la comunicación nos pone en un estado de gracia que dura más o menos. Eso es lo terrible, ese «más o menos»[259].

---

[259] Entrevista de Jean Collet, *Télérama,* núm. 641, 29 de abril de 1962, recogida en Agnès Varda, *Varda par Agnès. L'intégrale, vol. 1954-1994, op. cit.,* pág. 235.

## 1963. Salut les cubains

> Un pequeño trípode tambaleante era mi único soporte, y la Leica requería ser armada dos veces, lo que significa que pasaban algunos segundos entre cada clic. En lugar de reconstruir un movimiento continuo filmando imágenes muy cercanas en el tiempo, solo pude reconstruir una continuidad tambaleante que le da al film el ritmo de chachachá, del bolero, del danzón y del guaguancó[260].

Agnès Varda fue invitada por el ICAIC, el Instituto Cubano del Arte e Industria Cinematográfica. Hacía apenas cuatro años que la revolución había triunfado. La cineasta se lleva una cámara Leica, con la que obtiene más de dos mil fotografías durante su estancia, entre diciembre de 1962 y enero de 1963. Salvo el comienzo del film, que muestra la inauguración de una exposición de fotografías sobre Cuba en una galería de Saint-Germain-des-Prés en París y a un grupo musical cubano que toca al lado de dicha galería, en la calle, mientras entre el gentío que presencia el evento se distingue a Alain Resnais, Joris Ivens y, en un breve instante, a la propia Varda, quienes, con sus cámaras, tratan de captar el ambiente, el resto del metraje está compuesto por las instantáneas que realizó la cineasta durante su periplo por la isla. Ella no oculta su devoción, como tampoco lo hicieron en aquel momento muchos otros intelectuales y cineastas que también viajaron hasta allí quizá motivados por los ideales y el carácter romántico que impregna un acontecimiento de esta índole. Y dicha devoción queda patente en su tono y en algunos comentarios en el film:

---

260 Agnès Varda, *Varda par Agnès. L'intégrale, vol. 1954-1994, op. cit.*, pág. 133.

Benny Moré en *Salut les cubains* (1963), © Ciné-Tamaris.

> En todo caso, existe una gran curiosidad por Cuba. Se empieza a saber que los cubanos hicieron su revolución con lirismo, que su avance es también un baile, la conga, que dicen sinceramente «patria o muerte», que algunos murieron y que esta patria existe.

Sea como fuere, Agnès Varda retrató a sus habitantes, desde los campesinos y obreros hasta los jóvenes cineastas, como la prematuramente desaparecida Sara Gómez[261], los músicos, los artistas, los escritores o al propio Fidel Castro, con unas «alas» de piedra a sus espaldas. A su vez, hay pequeños barridos que recorren algunas fotografías, *zooms* que focalizan detalles y secuencias a las que se les imprime una animación en *stop motion,* como la dedicada a Benny Moré, que sincroniza con la banda sonora.

---

[261] Un estudio sobre Sara Gómez: Susan Lord y María Caridad Cumaná con Víctor Fowler Calzada (eds.), *The cinema of Sara Gómez. Reframing Revolution,* Bloomington (IN), Indiana University Press, 2021.

Narrado por Michel Piccoli y la propia Varda, a modo de contrarréplica, aunque no aparece su nombre en los créditos, el film comienza, tras la introducción de la exposición en París —y que son las únicas imágenes en movimiento del film—, con la imagen de un puro flotando en el agua. «Cuba era una isla en forma de puro según los caballeros, una isla en forma de cocodrilo según las damas», expresa la voz de Piccoli. «Después de la revolución cubana, todos los cubanos son barbudos por culpa de Fidel Castro». Interviene la voz de Agnès Varda: «Me traje estas imágenes desordenadas. Para clasificarlas hice esta película homenaje, titulada *Saludos, cubanos*». Y los juegos de palabras. Varda apunta que «sí, hay cigarros puros en Cuba. Sí, hay barbas. Barbas al estilo rebelde, barbas tipo artista o barbas tipo funcionario, pero la barba más común en Cuba es la de algodón de azúcar [en francés *barbe à papa]*. Es el país del azúcar».

El film hace un recorrido por la sociedad cubana. Se habla de la conmemoración del 26 de julio, fecha de la primera batalla de la liberación en el cuartel de Moncada, organizada por Fidel Castro. Y de Benny Moré, al que en La Habana se lo conoce como «el rey del ritmo», fallecido, como puntualiza la voz de Varda, «entre estas imágenes y la película». Se habla de la mujer cubana, que «es el orgullo africano más el sentimiento español, es la libertad más la sonrisa. La cubana, cuando no está en un congreso de mujeres, cuando no es un cuerpo diplomático, es un cuerpo melódico, es una S ondulante». Se habla de la música, de las canciones que se transmitieron en una tradición campesina con forma de guajiras y que pasaron a ser el son y la guaracha. Se habla de la reforma agraria. De la caña de azúcar. Se habla de los campesinos que saben leer y escribir gracias a las brigadas de estudiantes voluntarios, a los que, «cuando volvieron, Fidel les dijo que habían ganado una batalla, y todos recibieron becas para seguir sus estudios».

Se habla de la peripecia del barco de recreo Granma, en el que embarcaron ochenta y dos hombres para desembarcar después en Cuba y liberar al país, y de los doce que llegaron, entre ellos Raúl Castro, Calixto García, Fidel Castro, el Che Guevara y Camilo Cienfuegos. Se habla del segundo origen de la música cubana procedente de los esclavos venidos de África y «cuyo ritmo en estado puro se escucha en sus fiestas religiosas». Se habla de los poetas nacionales, Nicolás Guillén y Roberto Retamar, del escritor Alejo Carpentier, del pintor Wilfredo Lam, de Raúl Milián y de René Portocarrero, a quien le aplica una animación *stop motion* porque se lo ve sentado mientras aparecen sucesivamente sus cuadros detrás de él. Se habla de nuevo de los bailes, del danzón. Se habla de los mejores vestidos del domingo, «blanco si eres una mujer negra, negro si eres una mujer blanca. Paseando su muñequita blanca si es una chiquilla negra, o con su muñeca negra si se trata de una niña blanca». Se habla de la limpiadora del museo que ha impresionado a Varda, como «el ángel guardián», el celador de la casa de Hemingway. Se habla del ICAIC, el Instituto Cubano del Arte e Industria Cinematográfica, de algunas de las películas que se han realizado, de Tomás Gutiérrez Alea o de Sarita Gómez, que dirige películas didácticas y que baila ante la cámara, en compañía de técnicos de cine y de una actriz, el chachachá final, imágenes animadas en *stop motion* y sincronizadas con la música. El film se cierra con una recopilación rápida de las fotografías que aparecieron a lo largo del metraje.

## 1964. La felicidad
## *(Le bonheur)*

> Lo que busco entender en esta película es: ¿qué es la noción misma de la felicidad?[262].

Desde su estreno, y a pesar de que recibió varios galardones, como el Oso de Plata en el Festival de Berlín, la película levantó opiniones encontradas que se han mantenido a lo largo del tiempo, aunque con el nuevo siglo han surgido nuevos estudios dentro del campo académico que reivindican su valor, como los trabajos de Rebecca J. DeRoo. De hecho, la investigadora afirma que «ha sido la película más incomprendida de Varda, a menudo criticada por sus temas aparentemente antifeministas y su opacidad»[263]. Por otro lado, cuando la cineasta habla sobre la película en entrevistas, en sus documentales o en su libro autobiográfico, solo se refiere al origen del proyecto, a cuestiones del concepto de felicidad cuando escribió el guion, al manejo del color o al desconcierto que le produjo la polémica que suscitó en su día[264]. Y es que recibió reproches no solo por parte de la crítica cinematográfica, que tildó la película de insípida y superficial, sino también desde el ámbito del feminismo, que la tacharon de reaccionaria y convencional por la representación que plantea sobre la figura de la mujer y su papel dentro de

---

262 Jean-André Fieschi y Claude Ollier, «La grâce laïque», art. cit., pág. 49.

263 Rebecca J. DeRoo, *Agnès Varda between film, photography, and art, op. cit.*, pág. 49.

264 Agnès Varda, *Varda par Agnès. L'intégrale, vol. 1954-1994, op. cit.*, págs. 62, 66, 70-71.

la estructura familiar[265]. En realidad, a pesar de su aparente sencillez, el film despliega una sutil crítica contra las costumbres tradicionales de la época. Pero hay que tener en cuenta el contexto en que se estrenó el film, en febrero de 1965, época en la que todavía el papel de la mujer se reducía a la vida doméstica, un papel que, además, era ensalzado por el mundo de la publicidad y por revistas femeninas como *Elle* o *Marie Claire*. DeRoo sostiene que en realidad hay un trasfondo en el que pone en cuestión dicho imaginario: «La innovadora retórica visual de Varda desafía silenciosamente la narrativa dominante y construye las ironías de la película, incitando a los espectadores a cuestionar activamente los ideales femeninos»[266].

Pero antes, unos apuntes sobre el argumento. El film está protagonizado por una familia real, la del actor Jean-Claude Drouot, que encarna a François, su mujer Claire Drouot, que pone rostro a Thérèse, y sus dos hijos, lo que confiere a la historia de estos personajes, si acaso, una veracidad mayor. Con imágenes de girasoles y las notas de Mo-

---

[265] DeRoo apunta: «Los críticos han condenado la estética de la película: la "insipidez" de su color, el diálogo "banal" y los personajes "empalagosos y sentimentales". En las últimas décadas, incluso cuando los historiadores del cine feminista han reconocido a Varda como una cineasta feminista pionera, la trama de *La felicidad* ha presentado un problema con su tratamiento "imperdonablemente" cruel del personaje femenino principal, que continúa "ofendiendo por su retrato acrítico" de una estructura familiar patriarcal y una aventura amorosa, y ha conferido a Varda una reputación de "idealismo y convencionalidad... una incapacidad para ser críticamente social". Los críticos y los historiadores del cine se han centrado principalmente en la trama de *La felicidad,* ya sea elogiando la película por su hermosa celebración trágico-romántica del amor extramatrimonial o condenándola por su desprecio de la moralidad convencional». En Rebecca J. DeRoo, *Agnès Varda between film, photography, and art, op. cit.,* págs. 49-51.

[266] *Ibíd.,* pág. 51.

zart, se superponen los títulos de crédito hasta que, al principio desenfocadas, aparecen las siluetas de la familia. François es un hombre feliz. Ama a su mujer y a sus hijos. Carpintero de profesión, no muestra ambición alguna, ni siquiera por el dinero. De hecho, siempre utiliza la pequeña furgoneta de la carpintería para ir con su familia a pasar los domingos en el campo. Viven a las afueras de París en una casa humilde, sin lujo alguno, donde Thérese ejerce su trabajo de costurera realizando encargos de trajes de novia. Pero un día, cuando tiene que ir a la cercana Vincennes para realizar un trabajo, al acudir a la oficina de correos para hacer una llamada, François conoce a una de sus empleadas, Émilie (Marie-France Boyer), cuyo físico es parecido al de su mujer, y se queda prendado de ella desde el primer instante. Y aquí surge el conflicto, que en realidad no lo es para François, porque el amor por su mujer sigue intacto, solo que también ama a Émilie. Es decir, que siente que a su felicidad matrimonial y familiar le ha añadido una nueva felicidad. De hecho, compagina con total naturalidad sus encuentros con Émilie y su vida en el hogar. «Es felicidad acumulada», le responde a Thérèse un domingo que pasan en el campo cuando esta, que ha notado el estado de dicha de su marido, le pide que le cuente qué es lo que le hace tan feliz. Y él le confiesa su idilio. Ella parece comprenderlo y se quedan dormidos en la hierba tras realizar el acto amoroso. Al despertar, el protagonista se percata de que su mujer ha desaparecido. Inicia la búsqueda con sus hijos por el bosque hasta que en una laguna observa un alboroto. Thérèse se ha ahogado. Pero Agnès Varda deja latente la duda de si ha sido un accidente o un suicidio. El controvertido final se sitúa pasado un tiempo, cuando François propone a Émilie que asuma el papel de su fallecida esposa. El film se cierra con ambos y los hijos de él durante un paseo por un bosque sobre el que ha caído el otoño.

Marie-France Boyer y Jean-Claude Drouot en *La felicidad* (1964), © Ciné-Tamaris.

Agnès Varda no da pistas concluyentes en la película, tan solo plantea una situación recurriendo a la sugerencia. Tampoco adopta una postura concreta ni emite juicio alguno con respecto a la conducta y los actos de los personajes. Simplemente, narra una situación en su intención de explorar el concepto de felicidad, guiada, quizá de manera inconsciente, por ese inconformismo que ha sido una de sus señas personales pero en cuyas imágenes gravita la crítica sutil a las convenciones familiares y sociales. Un ejemplo de ello son dos secuencias que muestran primeros planos de manos que realizan distintas labores del hogar: una al inicio del film, con las de Thérèse, y otra al final, con las de Émilie, en las que la cineasta pone de relieve la repetición de las tareas domésticas que desempeñaba la primera, una rutina a la que está destinada la segunda al aceptar el rol de aquella, pues Émilie, que pertenece también a la clase trabajadora, era hasta ese momento una mujer independiente.

Sin embargo, el film contiene numerosos detalles, metáforas y asociaciones que pueden pasar desapercibidos pero que denotan una puesta en escena muy calculada dentro de esa supuesta simplicidad que impregna la película; por ejemplo, la secuencia en la que François y Émilie se reúnen por primera vez, fuera del lugar de trabajo de ella, sentados en la terraza de una cafetería. Hay plano medio de ambos, cuando él le pregunta si le gusta el campo y ella responde que sí: una ligera variación de la profundidad de campo enfoca un pequeño cartel que tienen a sus espaldas y que reza «Bouche d'incendie» [boca de incendios]. Poco después, el siguiente plano muestra a François. Detrás de él se produce el encuentro de una joven pareja mientras François mira de frente a Émilie y gira su mirada. Y la cámara ofrece lo que este ve: carteles con el nombre de helados en el local «La tentation» [La tentación], que estará presente en planos posteriores detrás de Émilie, o «Le mystère» [El misterio]. La secuencia del baile durante la fiesta del 14 de julio es resuelta por Agnès Varda a través de un plano secuencia en el que mueve la cámara de izquierda a derecha y viceversa, es decir, en zigzag, aunque el punto central del recorrido es el tronco de un árbol que marca una suerte de división de la imagen. Se inicia con François y Thérèse cogidos de los brazos al ritmo de la música junto con otras parejas. La cámara les sigue en su desplazamiento hacia la izquierda para después cambiar el sentido hacia la derecha, hasta que atraviesa el encuadre el tronco del árbol, para seguir mostrando a los demás participantes, entre los que se halla Émilie, que baila con un hombre. La cámara, en un nuevo desplazamiento hacia la izquierda y tras una nueva aparición del árbol, enfoca ahora a François, que danza con otra joven. Y así sucesivamente, porque en cada movimiento se produce un nuevo intercambio de parejas hasta que llega el momento en que François y Émilie bailan juntos. Esta situación alcanza un *crescendo* particular porque ambas mujeres no se conocen ni se conocerán. Varda recurre a la repetición, en la muerte de Thérèse, con la reacción de François ante la visión de su cadáver para potenciar su impacto. Repite el mismo plano varias veces en dos acciones, cuando él se agacha ante el cuerpo y cuando lo eleva para abrazarse a ella. Hay brevísimos planos que sirven de elipsis, como aquel en el que utiliza una foto familiar para indicar que François y los suyos han pasado un mes de vacaciones. Y están los propios juegos de palabras, como el telegrama[267] que François escribe para Émilie o cuando en uno de sus encuentros en el apartamento de ella, después de que él acabe su pequeño discurso y le pregunte si lo comprende, ella responde: *Je comprend, le français et le François*.

Otra de las grandes bazas de la película está en el uso del color, un color saturado, con abundancia, principalmente, de los tonos primarios y secundarios, que puede traer reminiscencias tal vez del cine de Jacques Demy. Pero es un color que Agnès Varda, que confiesa su influencia del impresionismo, articula con sutileza, tanto en el vestuario como en los decorados. Por ejemplo, en cuanto a los vestidos de Thérèse, en el del principio predominan los naranjas, y más tarde aparece ataviada con uno azul, pero todos tienen estampados florales, en claro contraste con los de cachemira que viste Émilie, aunque acabarán siendo similares a los de Thérèse cuando adquiere el papel de la fallecida. Sin embargo, en su puesto de trabajo en la oficina de correos, su uniforme es azul, como azul es la bata de François en la carpintería. En la secuencia final, la del paseo por el bosque de François, Émilie y los dos hijos, todos van vestidos de ocre, que se funden con los propios de los árboles en otoño. Y si bien son azules las paredes de la vivienda

---

267 Véase el epígrafe «Juegos fonéticos, asociaciones, analogías, metáforas», págs. 102-115.

del matrimonio, blancas son las del apartamento de la empleada de correos, potenciadas por las sábanas blancas de la cama en uno sus encuentros carnales, al que le sigue un fundido en blanco. Pero en ambos hogares hay un elemento común, los ramos de flores. Sin embargo, esos juegos de color salpican muchos planos; por poner un ejemplo, una fachada amarilla con un portón verde ante la que se detiene la furgoneta azul de François para acceder al interior. Y aún hay una articulación más, con los fundidos. Uno de ellos, que la cineasta siempre ha citado, es aquel tricolor en el que el azul se funde a blanco y este después a rojo, los tonos de la bandera francesa, que dan paso a las secuencias de la celebración del 14 de julio. Pero los hay de diversos colores, que la cineasta utiliza para unir dos escenas, por ejemplo cuando François, encuadrado en un plano medio, enciende su mechero ante la cámara porque va a celebrar el día de San Juan con sus compañeros de trabajo. Funde a rojo. Y el siguiente muestra una hoguera en el campo que está haciendo el protagonista con sus hijos y unos sobrinos.

Un conjunto que Agnès Varda salpica con joviales composiciones de Mozart con las que enfatiza ese estado de supuesta felicidad.

* * *

> Había retratado una felicidad colorida, impresionista y familiar en torno a una idea dolorosa y simple (o un poco demasiado simple): cada uno de nosotros es único, pero reemplazable[268].

[268] Agnès Varda, *Varda par Agnès. L'intégrale, vol. 1954-1994, op. cit.*, pág. 71.

## 1965. Elsa la rose

> Nos habían invitado a Jacques [Demy] y a mí para proponernos un proyecto curioso e interesante: Aragon quería contar la infancia y juventud de Elsa hasta su encuentro, y me correspondía hacer un cortometraje sobre ello. A Demy filmar el equivalente: Elsa contando la infancia y juventud de Aragon hasta su encuentro[269].

Y al final Demy no realizó su cortometraje porque, según Agnès Varda, al parecer le intimidaba la presencia de Louis Aragon y Elsa Triolet, quienes en aquellos momentos eran casi septuagenarios, y prefirió dedicarse a otros proyectos que tenía en mente. Sea como fuere, la cineasta aceptó el encargo y contó con la complicidad de la pareja, que se entregó al rodaje. La estructura del cortometraje, que en realidad es una declaración de amor de Aragon hacia Elsa, posee ese carácter de *collage* visual y sonoro que seguirá impregnando la obra posterior de la directora y en el que se combinan imágenes de archivo, fotografías familiares y objetos del matrimonio con la presencia de los propios literatos, que se mueven con soltura ante la cámara. A veces es el propio Aragon quien aparece en el encuadre, escribiendo sus versos, como el que abre el film: «Estoy lleno del silencio ensordecedor del amor», que la voz en *off* de Michel Piccoli declama repetidas veces. Al principio del film la propia Agnès Varda pregunta al poeta si conoce a Elsa, a lo que este responde: «No lo creo. Estuve pensando mucho tiempo que la conocía bien, pero la misma Elsa cambia la idea que me hago de ella, así que pienso que Elsa

---

[269] *Ibíd.*, pág. 84.

Louis Aragon en *Elsa la rose* (1965), © Ciné-Tamaris.

siempre me esquiva. Aunque llevo pensando esto desde hace treinta y siete o treinta y ocho años». Más tarde dirá sobre ella que «solo puedo imaginarte». El matrimonio recrea ante la cámara de Agnès Varda cómo fue su primer encuentro, en el café parisino La Coupoule, que tuvo lugar el 5 de noviembre de 1928. Elsa entra tres veces por la puerta batiente, escena con la que la cineasta remarca el impacto que ejerció en el poeta la primera vez que la vio. A continuación, Aragon se contempla reflejado en tres espejos, escena que acentúa la canción de Jean Ferrat «¿Que serais-je sans toi?», cuya letra es del propio Aragon y pertenece a su autobiografía poética *La novela inacabada (Le roman inachevé),* publicada por Gallimard en 1956.

Aragon dedicó a Elsa «varios poemarios», algunos de cuyos versos recita Michel Piccoli a lo largo del metraje y que se combinan con la narración del propio Aragon sobre la infancia y juventud de Elsa, nacida Elza Yúrievna Kagán en Moscú. Cuando cumple 16 años, el poeta dice que «tiene los ojos de Elsa», y a continuación se recita uno de sus poemas más conocidos, «Los ojos de Elsa»[270]. Aragon prosigue su relato con la relación que tuvo Elsa con el poeta Vladimir Maiakovski. Algo que Aragon comenta de espaldas a la cámara, mientras mira por la ventana: «Por aquel entonces presentaste a tus padres a un tipo raro a quien nadie había prestado especial atención y que decidió engalanarse con un abrigo azul». Y entonces se gira y señala una fotografía del poeta que tienen colgada en la pared de su salón. Elsa responde, mientras la cámara la enfoca, que «no, ese no, el de la foto no, sino un hombre joven que se parecía a Belmondo». En ese instante se inserta otra foto de Maiakovski de joven luciendo una gran mata de pelo. «Un Belmondo de 1,95 cm», recalca Elsa, una mujer de pocas palabras y largos silencios. De hecho, tras este momento, Aragon se acerca a ella y le pregunta qué está pensando, «nunca sé lo que piensas». Más tarde el poeta repetirá: «Imaginarte, solo puedo imaginarte». De hecho, uno de los títulos que barajó la cineasta fue *Le silence d'Elsa*. Elsa adquiere el apellido Triolet, por su primer matrimonio con un militar francés, André Triolet, de quien se separa más tarde, tras pasar una temporada en Tahití. La escritora viaja a Berlín, según sigue relatando el poeta, donde iban al mismo café, aunque nunca coincidieron. En la capital alemana vivían algunos escritores rusos, como Gorki, Remizov o Shklovski, que estaba enamorado de ella. Y luego, en Moscú, publica su primera novela, *En Tahití* (1925), y escribe la segunda, *Fresa silvestre* (1926), para después marcharse a Francia, donde, al poco tiempo, conoció a Aragon. Agnès Varda enfatiza este momento con un plano de las puertas batientes del

[270] Louis Aragon, *Los ojos de Elsa,* Madrid, Visor Libros, 2015.

café al que le sigue la salida del matrimonio del establecimiento. A partir de aquí el poeta prosigue la historia de su vida en común, con unos comienzos marcados por las dificultades económicas que la cineasta refuerza con el recitado de algunos poemas que hacen referencia a aquel período. Elsa fabrica collares y él los vende a comerciantes. Hasta que ella dijo basta y él se convierte en periodista: el ascenso de Hitler al poder, la Guerra Civil española, la invasión de Polonia, acontecimientos que Varda ilustra con imágenes de archivo. Y Elsa escribe, para sorpresa de su marido, su primera novela en francés, *Bonsoir Thérèse*.

En una secuencia, Aragon entra al despacho donde está Elsa corrigiendo las pruebas de su próximo libro. El poeta pregunta: «¿Te molesto?». Elsa responde: «En absoluto, ven aquí. Me puedes echar una mano. Estoy totalmente confusa con estas pruebas. Por supuesto que si yo te hubiera preguntado "¿te molesto?", tú habrías dicho "sí, estoy escribiendo un poema sobre Elsa"».

Sobre un papel, la mano del poeta escribe una frase mientras expresa en *off* que «durante treinta años he sido esta sombra a tus pies, durante treinta años mi pensamiento ha sido la sombra de tu pensamiento», locución que se enlaza con dicha frase cuando la ha concluido: «Crees que todo esto es una alegoría. No me entiendes en absoluto...».

Agnès Varda se dirige a Elsa: «todos esos poemas son para ti. ¿Te hacen sentir amada?», y ella responde: «oh, no. No son lo que me hace sentir amada. No es la poesía. Es lo demás. Es la vida». Con una imagen del matrimonio en el campo la voz del poeta dice:

> Aquí empieza la segunda vida de Elsa en la que es Elsa Triolet. La Elsa Triolet que ha escrito casi diecisiete libros. No la mujer que imagino, sino la mujer que imagina, que ha dado vida a los sueños y a personajes entre los que he

vivido durante un cuarto de siglo, viéndolos nacer, siendo uno de ellos.

El último plano es la boca de Aragon repitiendo un verso suyo: «mi universo, Elsa, mi vida».

* * *

Me parecía llegar al corazón del asunto: cómo Aragon, artista, escritor y poeta, transformó a Elsa en un personaje legendario que inspira todas sus obras[271].

---

[271] Agnès Varda, *Varda par Agnès. L'intégrale, vol. 1954-1994, op. cit.*, pág. 84.

## 1965. Las criaturas
## *(Les créatures)*

> También hay que tomar el film como un film de imaginación. No es solo «ciencia ficción», pero tiene ese tono de ciencia ficción que simplemente viene del hecho de que el tipo lee revistas y trata de hacer una novela de ciencia ficción [...]. Es la tentación de intervenir en la vida de las personas, de adivinar y ejercer un poder sobre ellas; es, evidentemente, un juego[272].

Un elemento visual que enfatiza el carácter de juego que apunta Agnès Varda en la cita reproducida arriba es la presencia a lo largo del metraje de los escaques o casillas blancas y negras en que se divide el tablero de ajedrez en diferentes objetos, como el reverso de la pequeña pizarra en la que escribe Mylène (Catherine Deneuve), que se ha quedado sin habla a causa de un accidente de tráfico, para comunicarse con su marido Edgar (Michel Piccoli), que conducía el vehículo, así como telas de cortinas, partes del vestuario con estampados cuadriculados y otros elementos. Pero el propio ajedrez estará presente en la partida final que juegan el enigmático ingeniero retirado Ducasse (Lucien Bodard)[273] y Edgar, una partida cuyas piezas son los pro-

---

[272] Comentarios a Hubert Arnault en *Image et Son*, núm. 201, enero de 1967, recogidos en Agnès Varda, *Varda par Agnès. L'integrale, vol. 1954-1994, op. cit.*, pág. 243

[273] Lucien Bodard (1914-1998), escritor, periodista y corresponsal de guerra, ganó el premio Goncourt en 1981 por su novela *Anne Marie*. Además de en *Las criaturas,* interpretó algún que otro papel más en la pantalla, como el del cardenal Bertrand en *El nombre de la rosa* (Jean-Jacques Annaud, 1986).

Lucien Bodard y Michel Piccoli en *Las criaturas* (1965),
© Ciné-Tamaris.

pios personajes del film. Es decir, las criaturas que dan título al film y que sirven a la cineasta para construir un juego metafórico sobre la creación literaria con tintes de ciencia ficción y que sigue, en cierto modo, la estela estética y conceptual de títulos como *La jetée* (Chris Marker, 1962) o *Lemmy contra Alphaville (Alphaville, une étrange aventure de Lemmy Caution,* Jean-Luc Godard, 1965) en el sentido de que Varda también concibe una historia de corte fantástico ambientada en la cotidianeidad actual, ya que el juego que propone gira en torno a la imaginación de un escritor que se halla preparando su próximo libro. Imaginación que se entremezcla con su vida diaria de tal manera que los límites entre realidad y ficción se diluyen, lo que crea un clima de ambigüedad que en ocasiones dificulta la distinción de lo real frente a lo fantástico.

Al mismo tiempo, Mylène se queda embarazada, por lo que el film entrelaza dos procesos paralelos, dos nacimientos, el de una novela y el de un hijo. Asimismo se produce otro juego que gira en torno al lenguaje. Si Edgar parece buscar la inspiración en el grupo humano que habita en la isla para la creación de su nueva obra, Mylène, por el contrario, encuentra siempre las palabras, que escribe en su pequeña pizarra, para comunicarse con su marido. Agnès

Varda habla de manera alegórica sobre el proceso de creación, sobre cómo el escritor manipula a su antojo a sus propios personajes cuando en realidad él no puede manejar las situaciones en la vida real.

*Las criaturas* transcurre en la isla de Noirmoutier. Y es allí donde la cineasta redacta el guion que se rueda en el Centre Nautique Fort St. Pierre en la Plage des Dames. La Tour Plantier[274], donde vive Ducasse, está situada en la playa l'Anse Rouge, propiedad privada que simula un faro y que fue construida en 1861 para Frédéric Plantier, médico de Nourmutier, por su hermano, el ingeniero Louis-Joseph Plantier.

Mylène y Edgar sufren un accidente de tráfico. Tiempo después, Edgar se entretiene encaramado a una plataforma viendo subir la marea que sumerge el camino que comunica la costa con la isla de Noirmoutier. Durante sus paseos, Edgar camina ante una casa con un torreón. Desde allí un hombre le observa a través de unos prismáticos. Edgar es escritor y comienza lo que parece ser su nueva novela. Entra a comprar en un colmado. Suzon (Joëlle Gozzi), la hija de la dueña, se le queda mirando y justo en ese momento se le cae una botella al suelo. Tras pagar, el escritor sale del establecimiento. Unas clientas comentan que vive en la isla desde hace tres meses y que nadie sabe nada de él. La niña apunta que siempre está caminando. Mientras Edgar conduce a casa, Max (Pierre Danny) y Pierre (Louis Falavigna), unos vendedores ambulantes que previamente le han visto pasear por el mercadillo, han bloqueado el camino mientras fingen una pelea. Cuando Edgar interviene, lo cubren con una sábana y lo noquean. Al despertar este

274 Hay un libro dedicado a la Tour Plantier escrito por el hermano del ex primer ministro Dominique de Villepin: Patrick de Villepin, *Ceci n'est pas un phare. La tour Plantier. L'étonnant belvédère de l'île de Noirmoutier,* Col. Patrimoine insulaire, L'Armentier, 2011.

en un bar, Max y Pierre le reclaman que pague 50 francos por la tela. Edgar sale del local todavía en *shock*. Unos primeros planos muestran una mano que introduce unos pequeños discos metálicos en los bolsillos de las chaquetas de Max y Pierre. Edgar llega su casa, donde le recibe Mylène, escena en la que se descubre que se ha quedado muda a raíz del accidente.

Max y Pierre se acercan a la casa de Edgar para tratar de venderle unas sábanas que arrojan al suelo, pero este acaba finalmente ahuyentándoles. Cuando sale de nuevo, las ve junto a un gato muerto, que envuelve en una de ellas antes de comenzar a buscar a su dueño. Al llegar al hotel local, se le acusa de matar al felino. La imagen vira en rojo y muestra el estallido de furia de Edgar, que acusa al cocinero de ser el autor y trata de golpearle con el cadáver del animal, lo mismo que hace con un camarero en presencia de Suzon y una amiga. Irrumpe la gerente del hotel, Michelle Quellec (Eva Dahlbeck), que asegura a Edgar, cuando se ha tranquilizado, que no es suyo porque su gato está vivo. Cuando el protagonista lo entierra, descubre un extraño disco metálico adherido al cuerpo del felino.

En la siguiente secuencia, durante la conversación entre Michelle y su amante, el doctor Desteau (Bernard Lajarrige), en la que ella le manifiesta su cansancio por su papel secundario en la vida del médico, se inserta un plano de Edgar paseando al borde del mar, para después volver con la pareja, que prosigue su diálogo; diálogo que se superpone en el siguiente plano, con Edgar, que lo continúa en voz alta mientras lo escribe sobre un papel. Primer momento que sugiere que todo lo extraño y fuera de lo común que ha sucedido hasta estos momentos es en realidad producto de la imaginación de Edgar para la novela que escribe, aunque Agnès Varda, como ya se ha apuntado, no especifica dónde termina lo real y dónde comienza lo ficticio.

Edgar habla con un caballo y le cuenta que el relato que está escribiendo trata sobre un hombre que sabe cómo manipular a la gente por control remoto. En la siguiente escena, cuando Mylène se acerca a Edgar, que está escribiendo, este le habla de unas pilas de duración limitada. Son los extraños pequeños discos que se han visto de soslayo siendo introducidos en bolsillos. Edgar acude al restaurante del hotel. Ahí están los dos vendedores ambulantes, y uno de ellos, Max, intenta darle uno de esos discos. Pero Michelle lo coge. La imagen vuelve a virar a rojo. El influjo de dicho disco hace que ella se insinúe a Max. El doctor Desteau es testigo de la situación. Y Edgar se lo quita a la mujer de las manos. El efecto desaparece y Michelle, como si hubiera despertado de un sueño, rechaza al vendedor. Edgar sale detrás del doctor y trata de explicarle que el extraño comportamiento de Michelle se debe al disco, y le pregunta si sabe quién podría ser su propietario.

Mylène y Edgar juegan a las damas. Al terminar la partida, Edgar le explica la continuación del relato que está escribiendo: hay un hombre que usa a unas niñas para que estas distribuyan esos discos, con los que obliga a quienes los poseen a realizar acciones que arruinan sus relaciones personales; el héroe conoce estas siniestras intenciones, pero su siguiente paso es desenmascarar a quien anda detrás de esta conspiración. A continuación Mylène le comunica que está embarazada. En la siguiente secuencia, Suzon y su amiga están disfrazadas de princesas en una estancia repleta de muñecas. Una voz las reclama —es el autor del plan, a quien se ve de espaldas— y les dice que van a tener que hacer nuevas entregas del disco. Más tarde, Edgar ve a ese enigmático hombre descargar unas cajas con la ayuda de unos operarios de una lancha sobre cuya cubierta de popa hay una colchoneta con el dibujo de un tablero de ajedrez. Llevan las cajas al torreón donde aquel vive, según observa Edgar escondido detrás de un árbol. Y después, a través de una de las ventanas, el protagonista ve al hombre abrir las cajas y sacar algunos instrumentos, como un sextante. El siguiente plano muestra a Edgar trabajando en su escritorio. La realidad y la ficción que idea el escritor se confunden.

Tras un encuentro con Michelle en el colmado, Edgar descubre que el hombre del torreón es un ingeniero retirado y viudo llamado Ducasse. Edgar, con la ayuda de Max y Pierre, se introduce en el torreón. Una vez dentro, se enfrenta a Ducasse y le pide explicaciones sobre los extraños comportamientos que sufren algunos lugareños. Ducasse le revela que puede controlar la voluntad de las personas de forma remota y se lo demuestra obligando a uno de los vendedores, Pierre, a saltar por una ventana cercana, aunque Edgar lo impide.

Cuando ambos se quedan solos, Ducasse le dice a Edgar que le proporcionará todas las respuestas si antes consigue ganarle en un juego que se asemeja al ajedrez. El escritor acepta. Las piezas son miniaturas de los propios habitantes de la isla. «Cuando por casualidad los dados pongan mi trampa encima de uno de sus personajes, yo usaré mi poder para hacerlos actuar como yo quiero. El azar le mostrará que no le gustan los creadores», explica el ingeniero. Un monitor de televisión irá mostrando a los personajes reales sometidos a la partida de ambos jugadores. Edgar debe mantener sanas las relaciones entre ellos mientras Ducasse tratará de separarlos controlando sus mentes durante un minuto, durante el cual la pantalla se vuelve roja. El juego continúa con algunas relaciones que sobreviven y otras que se rompen. Edgar ha visto suficiente cuando Ducasse hace que el anciano dueño del hotel local trate de abusar de Suzon. El escritor destroza todo el equipo y comienza una pelea contra su contrincante hasta que, entre forcejeos, ambos llegan a lo alto del torreón y Ducasse cae al vacío.

Así es como termina la historia de ficción que ha escrito Edgar. Sin embargo, cuando acude al hotel para llamar al médico, ya que Mylène está a punto de dar a luz, se entera por Michelle de que el verdadero Ducasse se suicidó hace tres días saltando desde el balcón de su torreón, igual que en el relato de Edgar. Este le confiesa a la mujer que apenas le conocía, instante que vuelve a reforzar que parte de los sucesos narrados son producto de la fantasía del protagonista. Momentos más tarde, cuando el doctor Desteau se presenta para atender a Mylène, en un cruce de frases, Edgar comenta que ya ha terminado la novela. Y el film se cierra con el nacimiento del hijo.

En el abecedario que abre su libro autobiográfico, Agnès Varda introduce una entrada titulada *Incertitude* [Incertidumbre][275] en la que trascribe únicamente un poema de Guillaume Apollinaire perteneciente a *El bestiario o cortejo de Orfeo,* publicado en 1911 y formado por treinta poemas que siguen, en palabras de Juan Barja, la forma del *quatrain* (cuarteta)[276] y están dedicados a animales. El que reproduce la cineasta es el dedicado a «L'écrevisse» [El cangrejo], uno de los animales presentes a lo largo del metraje; incluso el matrimonio protagonista posee uno enmarcado en el comedor de su casa:

> Incertidumbre, ¡oh delicia!
> que tú y yo así nos vamos
> tal como van los cangrejos,
> a reculones andando[277].

---

[275] Agnès Varda, *Varda par Agnès. L'intégrale, vol. 1954-1994, op. cit.*, pág. 21. Poema que vuelve a citar en el segundo tomo, *Varda par Agnès. L'intégrale, vol. 1994-2019,* pág. 97.

[276] Guillaume Apollinaire, *El bestiario o cortejo de Orfeo,* edición bilingüe de Juan Barja, con xilografías de Raoul Dufy, Madrid, Abada, 2023, pág. 7.

[277] «Incertitude, ô mes délices / Vous et moi nous nous en allons / Comme s'en vont les écrevisses, / À reculons, à reculons», de la traducción en Guillaume Apollinaire, *El bestiario o cortejo de Orfeo, op. cit.,* págs. 54-55.

## 1967. Loin du Vietnam

Aunque la parte que rodó Agnès Varda se eliminó del montaje final, por lo que no se puede valorar, curiosamente es un título que incluye en la filmografía de su libro autobiográfico y en el que comenta algunos aspectos que se han apuntado en el epígrafe «El compromiso político» (págs. 73-77).

## 1967. Oncle Yanco

> Un jueves fui con Tom y caí en los brazos de este Yanco, que era un primo de mi padre: un tipo extravagante, divertido, pintor, y me enamoré de él en el mismo instante —para mí era como un padre ideal—, así que tenía que filmarlo[278].

Cuando Agnès Varda se halla en el Festival de San Francisco para presentar *Las criaturas* en noviembre de 1967, Tom Luddy, «un cinéfilo radical de izquierda», según las palabras de la cineasta[279], le habla de un pintor que se apellida igual que ella, que se llama Jean y que vive en una embarcación en la bahía de Sausalito. En el propio film, Agnès Varda apunta que ya conocía su existencia porque había leído el texto de veinticuatro páginas de Henry Miller *Varda: the master builder*[280], texto que está incluido en el libro de ensayos *Souvenir souvenirs*[281] con el título de «Varda: le maître architecte», publicaciones ambas que se muestran en el film.

Jean Varda (1893-1971)[282], al que todos llaman Yanco, nació en Esmirna. En 1913 partió a París para estudiar en

[278] Declaraciones a René Prédal, en *Jeune Cinéma,* núm. 214, abril-mayo de 1992, recogidas en Agnès Varda, *Varda par Agnès. L'intégrale, vol. 1954-1994, op. cit.,* pág. 245.

[279] Agnès Varda, *Varda par Agnès. L'intégrale, vol. 1954-1994, op. cit.,* pág. 94.

[280] Edición que se muestra en el film es la editada por George Leite, Berkeley (CA), Circle Editions, 1947.

[281] De la edición de *Souvenir souvenirs,* traducción de André Michel, París, Gallimard, 1953, existe una traducción al español: *Recordar para recordar,* Buenos Aires, Losada, 1966.

[282] Para más información, la página web dedicada a su figura: www.jeanyankovarda.com.

*Oncle Yanco* (1967), © Ciné-Tamaris.

L'École des Beaux Arts. Y allí, al parecer, compartió estudio con Georges Braque. Tras vivir a caballo entre la capital francesa y Londres, donde también realiza exposiciones, viaja en 1939 a Nueva York. Compagina sus exposiciones con la enseñanza. Y en 1950 se instala definitivamente en un viejo barco en Sausalito en el que vivirá hasta el final de sus días.

Según la cineasta[283], el cortometraje, de apenas veinte minutos de duración, se rodó en tiempo récord durante un fin de semana, ya que comenzó un viernes y concluyó el domingo por la mañana. El sonido se grabó el lunes por la mañana porque esa misma tarde la directora tenía que regresar a Francia.

---

[283] Agnès Varda, *Varda par Agnès. L'intégrale, vol. 1954-1994, op. cit.*, pág. 94.

Yanco habla sobre Grecia y critica a la junta militar que en ese momento gobierna el país. Dice que le desagrada la política, pero le gusta estar con la juventud. Sobre Sausalito señala que le llaman «el suburbio acuático». La cámara de Agnès Varda recorre la bahía mostrando el sinfín de embarcaciones amarradas mientras Yanco habla de sus habitantes, la mayoría intelectuales que están en contra del sistema y «contra la obsesión americana por el dinero». Habla de sus vecinos, desde el que viene para escapar del ruido hasta un granjero del Medio Oeste que tiene un cerdo, varios patos, gallinas y una cabra a bordo. Habla de la importancia de estar junto al mar porque «es el ingrediente para el amor», frase que recalca al apuntar que para los griegos «Afrodita sale del agua». La voz en *off* de Agnès Varda se refiere a la casa flotante donde vive su tío como «en esta arca digna de Noé, en esta isla apta para un griego». Y añade después que es su «ancestro, mi raíz flotante».

Tras su fugaz aparición en *Saluts les cubains,* la cineasta vuelve a ponerse ante la cámara para «representar para ustedes una escena» de «cómo el tío Yanco llegó a reconocer a su sobrina Agnès». El momento de su encuentro se repite varias veces y en diferentes idiomas —inglés, francés y griego—, o, dicho de otra forma, Varda monta las diversas tomas del encuentro que ha sido previamente ensayado. Unos niños sujetan un gran corazón recortado en papel celofán rojo que superponen sobre el tío y la sobrina. Jean explica que pronto perdió el contacto con la familia porque esta pensaba que los artistas «eran parias de la sociedad». Agnès comenta por primera vez que su padre nunca le habló de sus orígenes griegos. Y Yanco le detalla el árbol familiar con la ayuda de un cartón donde ha puesto chapas y ha dibujado una orla de espirales. Y no sin cierta ironía, Varda comenta en *off:* «Pensé que me había encontrado un tío rico estadounidense». Yanco precisa que no es exactamente su tío, sino que es primo carnal Eugène, el padre de la cineasta, que no es exactamente americano, ya que obtuvo la nacionalidad a la edad de 50 años, y que tampoco es rico porque nunca ha ahorrado dinero. Pero también afirma que todos le llaman Jean y que ella le puede llamar tío Yanco. La cineasta confiesa en su locución que le fascinó su personalidad: «La llamada del corazón ahogó la llamada de la sangre», explica, unas palabras que subraya con un primer plano de su pecho, que luce un jersey con tres chapas que rezan: *He is greek, He is great* y, con un diámetro mayor, *I like uncle Yanco*.

Yanco le explica que su apellido en realidad es Vardas, terminado en «ese». Habla de un general que vivió en el siglo XII llamado Basilio II que tuvo el sobrenombre de «el asesino de los búlgaros» y que sería el primer Vardas, pero que no es un dato seguro. Todos los domingos los vecinos *hippies* le visitan, según relata la cineasta en *off*, porque los lleva de paseo en un barco de vela. A continuación, Yanco habla de su obra ante varios cuadros suyos: «Cuando te embarcas en una pintura, realmente no sabes adónde te llevará. Es una aventura de exploración, de autodescubrimiento». De su forma de trabajo: «Para mí el objetivo de la pintura es hacer que la luz penetre en el material para desmaterializarla. El material es literalmente redimido». Yanco expresa sus ideas, siempre con un cuadro suyo a sus espaldas que cambia en cada plano. «Hay una diferencia trágica entre lo que imaginas y lo que pintas. Es como la del sabor amargo que deja la taza de la que bebes». Sus cuadros representan ciudades imaginarias con influencias estéticas del arte bizantino. En un momento dado, el pintor pide que le concedan media hora para echarse una siesta. Después dan uno de esos paseos en barco, cuya vela es una pintura del propio Yanco que expresa en voz en *off*: «Creo que la única manera de no tener que sucumbir a la humillación final en la vida, que es el psicoanálisis, es salir al agua al menos una vez a la semana sin motor y navegar». Después hay imágenes de su casa flotante con los amigos *hippies* que presenta ante la cámara. La cineasta dice que es «como un mentor, él define las cosas», y Yanco, como si fuera un juego, a través de una ventana circular que se abre y se cierra, expresa una serie de ideas: «El paraíso es la esencia misma del deseo del hombre». Entre cada una de ellas la cineasta inserta planos de algunos de los visitantes que portan chapas con el lema *Viva Varda*. Agnès le formula varias preguntas, como qué es el infierno: «Es tener que hacer lo que no quieres hacer».

Y Agnès Varda lee los créditos finales, cuyos nombres están escritos sobre claquetas, tiras de celuloide y latas de película.

## 1968. Black Panthers

En 1966, Agnès Varda viaja a Hollywood con Jacques Demy cuando este acepta el contrato de Columbia para rodar *Estudio de modelos*. Allí la cineasta se encuentra con una sociedad que vive tiempos convulsos por las protestas contra la guerra de Vietnam, los conflictos raciales y los movimientos a favor de la liberación de la mujer. Precisamente, en octubre de 1966, y bajo la influencia ideológica de Martin Luther King y Malcolm X, dos estudiantes, Huey P. Newton y Bobby Seale, fundaron el partido de los Black Panthers en Oakland, California. En sus inicios, una de sus actividades era la organización de patrullas urbanas para vigilar el comportamiento de los agentes de policía, que en aquella ciudad tenían fama por su brutalidad, asunto del que se hace eco la cineasta en *Black Panthers,* además de poner en práctica otros programas de carácter social.

El detonante de las revueltas que estallaron en Oakland un año después fue la detención de Newton, acusado, a pesar de la imprecisión de las pruebas, de ser el autor de unos disparos que causaron la muerte de un agente de policía y heridas en otro. Ello provocó una gran movilización al considerar que el cofundador era víctima de las autoridades policiales por sus ideas políticas, lo que, al mismo tiempo, significaba un ataque contra los derechos de la comunidad negra. Durante el proceso, la población afroamericana se asentó en la explanada del Palacio de Justicia, donde se organizaron mítines, desfiles y protestas, entre septiembre y octubre de 1968, que causaron un gran impacto en la sociedad de aquella época.

Estos hechos llamaron rápidamente la atención de Agnès Varda, que acudió al lugar haciéndose pasar por reportera

*Black Panthers* (1968), © Ciné-Tamaris.

de la televisión francesa, aunque carecía de acreditación como periodista. La cineasta apunta que

> se decidió que yo filmaría para la televisión francesa, lo cual resultó ser un pasaporte oral bastante conveniente. Tom [Luddy] logró entrevistar a Newton en prisión. Los Eldridge [Cleaver] y Kathryn[284] Cleaver, Bobby Seale y [Stokely] Carmichael también me aceptaron. Hablaron para la cámara que sostenían John S. [Schofill], Tom L. [Luddy] o yo. Paul Aratow estaba a cargo del sonido. Circulábamos entre los grupos reunidos cada domingo en Oakland en parques públicos[285].

[284] Aunque Agnès Varda escribe así en su texto el nombre de la activista, en realidad es Kathleen.

[285] Agnès Varda, *Varda par Agnès. L'intégrale, vol. 1954-1994, op. cit.*, pág. 95.

Sea como fuere, Agnès Varda se introduce en el meollo de las protestas y filma de manera instintiva un ambiente impregnado de proclamas, discursos y desfiles en el que hay espacio para lo festivo. De hecho, el comienzo del cortometraje muestra un concierto en directo y a los numerosos asistentes a la concentración, entre los que hay familias y niños y niñas que bailan y juegan. La cineasta, que siempre ha manifestado su interés por las minorías, capta con primeros planos los rostros, así como los complementos que lucen en sus cuerpos, desde chapas con mensajes reivindicativos hasta collares, piezas de bisutería y pancartas. Tras esta introducción, Agnès Varda aporta el dato de que el 32 por ciento de la población de Oakland es de raza negra y pasa después a relatar el origen de los hechos que condujeron a la detención de Newton y a su juicio posterior nueve meses más tarde, al mismo tiempo que muestra la vida diaria de las calles y sus gentes. Y por primera vez aparece Newton, entrevistado en la prisión, que declara el acoso constante que sufre, su aislamiento en la cárcel y la permanente confiscación de su correo y sus libros, libros de Mao o Malcom X. Los siguientes planos muestran las manos de los miembros de los Black Panthers con el libro rojo del primero. Newton también confiesa las influencias que la revolución cubana ha ejercido en su pensamiento.

Stokely Carmichael, durante un mitin, reclama la libertad de Newton, al que califica de prisionero de guerra; actos que la cineasta combina con algunas entrevistas de los manifestantes, que ofrecen sus impresiones sobre la situación. Bill Brent, otro de los líderes del partido, enumera los diez puntos de un programa en el que reivindican los derechos para su comunidad. Durante la enunciación, Varda intercala en determinados momentos las respuestas de otros asistentes a la concentración, como codas a alguno de los puntos descritos. Las demandas: primero, libertad; segundo, «pleno empleo para nuestra gente»; tercero, «el fin de los robos a nuestras comunidades por parte del blanco»; cuarto, vivienda digna; quinto, educación; sexto, que los negros estén exentos del servicio militar; séptimo, «final inmediato de la brutalidad policial»; octavo, «que los numerosos negros presos en cárceles sean liberados», e inserta una imagen de Newton, que afirma que el 80 por ciento de los reclusos son negros; noveno, que los negros que acudan a un tribunal sean juzgados por sus semejantes, y décimo,

> tierra, justicia, vivienda, educación, derecho a voto y paz. Y como principal objetivo político, un plebiscito con la supervisión de las Naciones Unidas que tenga lugar en las colonias negras de América en el que solo participarán negros para decidir y determinar la voluntad del pueblo negro y su destino nacional.

Tras observar el estilo de los Black Panthers, «cuero negro, boinas negras, gafas negras», Agnès Varda fija su atención en el papel de la mujer afroamericana, y en concreto en la figura de la activista Kathleen Cleaver. Pero antes filma a una joven interviniendo en un mitin y da paso a Newton, que declara que el papel de la mujer en el partido es igual al que desempeña el hombre y que ocupan puestos importantes. La cineasta vuelve a Kathleen Cleaver, que, junto con su marido Eldridge Cleaver, desempeña cargos importantes en la organización. Ella habla ante la cámara sobre su trabajo como secretaria de comunicación y sobre los medios que emplean para la divulgación de sus actividades. Después reivindica su melena afro como una de las señas de identidad de su raza, declaraciones que alterna con las opiniones de otras jóvenes que participan en las movilizaciones y que sienten el mismo orgullo, porque el pelo rizado es algo natural tanto en mujeres como en hombres.

Se muestran ahora cánticos y proclamas de los Black Panthers ante la fachada del tribunal. La voz en *off* de

Varda informa de que el 8 de septiembre de 1968 Newton es declarado culpable de homicidio, lo que le acarreará una pena de entre dos y quince años de cárcel. Luego muestra el escaparate de la sede del partido, que exhibe dos pósteres de Newton y Cleaver y cuyo cristal presenta varios impactos de bala. La cineasta añade que fue obra de dos agentes de policía que dispararon contra el local, y que esta acción evoca «el recuerdo inconfundible del acto mágico de matar, una imagen tradicionalmente atribuida a los pueblos llamados *primitivos* y no a los blancos». Agnès Varda concluye el film con un plano que se inicia en uno de los agujeros del cristal para después, por medio de un *zoom,* abrir el encuadre hasta mostrar el citado cartel con la imagen de Newton sentado en una silla de mimbre mientras su voz en *off* apunta que «la historia de los Black Panthers aún no ha terminado».

Agnès Varda concibe una exploración de manera espontánea sobre los valores culturales e ideológicos de la comunidad afroamericana con la finalidad de adentrarse y comprender más a fondo su realidad. Tampoco los retrata como un grupo violento ni oculta la afinidad que siente por sus ideas. Tan solo trata de dejar constancia de unos hechos y del sentir de una minoría. Sin embargo, el documental no tuvo la difusión esperada, tal como declara la cineasta:

> Lo envié [el film] a la ORTF, que me lo había pedido, y debía emitirse en un programa llamado *De nos envoyés spéciaux,* que era la continuación de *5 colonnes à la une*. Estaban muy contentos de haber recibido la película, era octubre de 1968 [...]. Llamaron diciendo: «Su comentario es quizás un poco violento. ¿Podemos, en parte, cambiarlo?». Me pidieron una «banda internacional», es decir, todos los sonidos originales y ruidos, sin mi comentario. Respondí: «Si dejan hablar a los negros y decir lo que dicen, están absolutamente autorizados a cambiar mis comentarios» [...].

> La noche de la emisión, no se retransmitió. Nunca se me dio una explicación oficial[286].

Aunque en otra entrevista Agnès Varda afirma que cuando fue censurada en el último momento, «era octubre del 68 y se suponía que no debíamos "despertar la ira de los estudiantes"» [287].

[286] Declaraciones a Claude Gérard, en *Cinéma 9,* núm. 12, enero de 1971, recogidas en Agnès Varda, *Varda par Agnès. L'intégrale, vol. 1954-1994, op. cit.,* pág. 246.

[287] Philippe Carcasonne y Jacques Fieschi, «Agnès Varda», *Cinématographe,* núm. 66, marzo/abril de 1981, entrevista recogida en Jefferson Kline (ed.), *Agnès Varda: Interviews, op. cit.,* pág. 102.

## 1969. Lions Love

> La película responde finalmente a una sola pregunta: ¿Qué significa hacer una película en Hollywood?; y me pareció que, en este marco mentiroso, la única respuesta posible era el cine-mentira. Pero como esta comedia trata del desfase entre la imaginación de los personajes y la vida real, consigue recubrir su realidad, y este cine-mentira se convierte en psicodrama en la medida en que revela una verdad, o crea artificialmente una realidad[288].

Agnès Varda concibe un film en el que de nuevo rompe con los tradicionales cánones narrativos y que define como «un reportaje imaginario, una ficción utópica. Es lo que se desprende de mi paso por Hollywood. Es un *collage* a mi manera»[289]. Pero un *collage* que en realidad es una mirada irónica a un mundo de apariencias en el que se da más importancia a la celebridad que a la calidad del contenido.

Tras rodar *Black Panthers,* Agnès Varda intentó que la Columbia financiase su siguiente proyecto, que llevaba por título:

> *Peace and Love,* escrito en el 68, habría mostrado cierto pintoresquismo californiano, moralidad liberada, flores y chapas, etc., pero también algunas contradicciones. La historia reunía a una aspirante a estrella que hacía anuncios y a un abogado francés de paso en Los Ángeles antes de ir a

---

[288] Entrevista realizada por Guy Braucourt en *Les Nouvelles littéraires,* núm. 2253, 26 de noviembre de 1970, recogido en Agnès Varda, *Varda par Agnès. L'intégrale, vol. 1954-1994, op. cit.,* pág. 248.
[289] En el documental *Varda por Agnès,* 2019.

Jim Rado, Viva y Jerry Ragni en *Lions Love* (1969),
© Ciné-Tamaris.

Bolivia para ocuparse del caso de un francés encarcelado por motivos políticos[290].

Pero este se frustró porque la cineasta se negó a que el estudio tuviese la última palabra con el *final cut,* o montaje final[291]. Incluso el asunto lo menciona en *Las playas de Agnès* cuando conversa con Gerry Ayres[292], productor que trajo a Jacques Demy a Columbia en 1967 para realizar *Estudio de modelos.* Ayres comenta que pudo haber realizado un film con el estudio, «pero le dio una palmada en la mano al tipo que le pellizcó la mejilla y perdió la financiación», a lo que

---

290 Agnès Varda, *Varda par Agnès. L'intégrale, vol. 1954-1994, op. cit.*, pág. 121.

291 *Ibíd.*, págs. 121-122.

292 Gerry Ayres (1936-2018). Entre sus trabajos como productor destaca *El último deber (The last detail,* Hal Ashby, 1973), protagonizada por Jack Nicholson. Como guionista escribió, junto con John Van Druten, *Ricas y famosas (Rich and famous,* 1981), de George Cukor.

ella responde: «Yo no era un bebé para que me hiciese eso». Él replica: «sí, pero no hiciste la película *Peace and Love,* que era maravillosa». La cineasta matiza que «la razón principal fue que él no quiso darme el corte final», y él asiente: «lo sé».

Sea como fuere, un fabricante de ropa *prêt-à-porter,* Max L. Raab, al parecer entusiasta de la obra de la cineasta[293], se ofreció a producirle otro proyecto titulado *Lions love and lies,* que se reducirá a *Lions Love*[294], ya que, desde el principio del rodaje, a los actores protagonistas les pareció demasiado largo y explícito. El título, por otra parte, y según Agnès Varda[295], define al trío protagonista: *lions* por sus largas cabelleras, *love* porque forman un triángulo amoroso y *lies* por la mentira que les rodea, algo que ponen de manifiesto en diversas ocasiones a lo largo del metraje, como cuando se refieren a los objetos decorativos de su casa, imitaciones de plástico muchos de ellos, o al hablar del imaginario hollywoodiense durante las diversas representaciones que escenifican ante la cámara. Este aspecto ya está presente en las preguntas que lanza el trío protagonista en voz en *off* mientras aparecen los títulos de crédito: «¿Podemos ser actores y reales? ¿Podemos ser reales y estar enamorados? ¿Podemos estar enamorados y ser actores? ¿Podemos estar enamorados y ser reales? ¿Podemos ser vida real, verdaderos actores en vivo?». Sea como fuere, a dicho trío le ponen rostro Viva[296], una de las musas de Andy Warhol y a quien

---

[293] Según le cuenta la cineasta a Patrick Harlez, *Cinéma 9,* núm. 12, enero de 1971, recogido en Agnès Varda, *Varda par Agnès. L'intégrale, vol. 1954-1994, op. cit.,* pág. 247.

[294] Más tarde la cineasta lo modificará a *Lions love (...and lies)* para sus ediciones en DVD. Véase nota 47.

[295] Agnès Varda, *Varda par Agnès. L'intégrale, vol. 1954-1994, op. cit.,* pág. 95.

[296] La antigua modelo, actriz y escritora Viva, que en realidad se llama Janet Susan Mary Hoffmann (1938), participó en varias películas de Andy Warhol: *The nude restaurant* (1967), *Bike boy* (1967), *Lomesome*

la cineasta conoce personalmente gracias al crítico e historiador Carlos Clarens[297], también presente en el film interpretándose a sí mismo, y los dos actores y creadores del musical *Hair,* Jim Rado y Jerry Ragni. A ellos se sumará la cineasta independiente neoyorquina Shirley Clarke[298].

Agnès Varda concibe un fresco metafórico sobre la mitología y el artificio de Hollywood de la mano de Viva, Rado y Regni, que sueñan con ser estrellas y quienes, a modo de maestros de ceremonias, dan rienda suelta a sus ideas y sueños sobre el imaginario *hollywoodiense* lanzando monólogos sobre el *star system* en la mansión con piscina que alquilan, situada en una colina de Los Ángeles. El film posee un carácter de *performance* filmada en el sentido de que el trío improvisa situaciones o diálogos ante la cámara, aunque, según confesión de la propia cineasta, había un guion previo; no obstante, antes de rodar, les dejaba que inventasen todo lo que se les ocurriese con la ayuda de un magnetófono para después escoger aquellos diálogos que le parecían válidos y hacérselos leer de nuevo antes de rodar la escena[299]. Una *performance* donde tienen cabida los juegos fonéticos y lúdicos, rasgos habituales en el cine de Varda, que se inicia con una secuencia en una sala de teatro, la repre-

---

*cowboys* (1968) o *Blue movie* (1969) y apareció en pequeños papeles en otros films como *Cowboy de medianoche (Midnight cowboy,* John Schlesinger, 1969), *Sueños de un seductor (Play it again, Sam,* Herbert Ross, 1972) o *El estado de las cosas (Der stand der dinge,* Wim Wenders, 1982).

297 Nacido en La Habana, Carlos Clarens (1930-1987) es autor de los libros *An illustrated history of the horror films* (Putnam, 1967) —reeditado al año siguiente por Secker & Warburg con el título: *Horror Movies an Illustrated Survey*—, *Cukor* (Secker & Warburg, 1976) y *Crime Movies* (W. W. Norton, 1980).

298 Véase nota 46.

299 Entrevista a Louis Marcorelles para *Le Monde,* 10 de diciembre de 1970, recogida en Agnès Varda, *Varda par Agnès. L'intégrale, vol. 1954-1994, op. cit.*, pág. 248.

sentación de un fragmento de *The beard*[300], obra polémica en su momento escrita por Michael McClure e interpretada por Billie Dixon y Richard Bright, que encarnan los roles de Jean Harlow y Billy el Niño rodeados de maniquís, una escena que al final del film representará el trío protagonista en la piscina de su casa, vacía de agua, ante un grupo de niños.

Sin embargo, ese carácter de representación dentro de la representación es el que impregna la mayor parte del metraje, ya que la película, concebida a medio camino entre la ficción y el documental, es el resultado de la propia película que rueda la cineasta con el trío protagonista. Esto se acentúa con la presencia de un sonidista, que marca la claqueta del sonido tras la secuencia del teatro para dar paso al primer diálogo entre Viva, Rado y Regni en su casa, y también con la de Agnès Varda, que aparece en dos ocasiones, detrás de la cámara reflejada en un espejo y, más tarde, durante una crisis que sufre Shirley Clarke cuando expresa que se ve incapaz de interpretar su papel y sale del encuadre, en el que entra la propia Varda, con la misma blusa, para interpretar su papel, y se tiende en la cama después de tomar unas pastillas. Dicha crisis ya se ha puesto de relieve antes: en la conversación durante su trayecto en coche. Carlos Clarens, tras recoger a Shirley Clarke en el aeropuerto, y camino hacia la casa del trío protagonista, le dice: «La vida de Viva no es más que una película», y ella le replica: «Pasa igual con todos nosotros. No sé si estoy en una película o haciendo una película. ¿Qué viene primero? ¿La película o la realidad?». De hecho, en otro momento, cuando han llegado a «villa Fake», como llama Clarens a la casa, Shirley Clarke se sienta en un sillón, expresa su cansancio y dirige

[300] La representación corresponde al montaje que realizó de la obra el actor Rip Torn.

su mirada a la cámara para pedir que esta se apague. En otro momento Viva le dice a Agnès Varda que va a arruinar la toma si se pone en medio. Además, Shirley Clarke no solo se interpreta a sí misma, sino que viene a ser también el *alter ego* de Varda, ya que a ambas cineastas les unía la experiencia de tener proyectos frustrados por la negativa de los estudios a financiarlos.

El otro gran personaje de la trama será la televisión, aparato que está cubierto de adornos en medio del salón y en el que no solo los protagonistas verán el film *Horizontes perdidos (Lost horizon,* Frank Capra, 1937), sino que después se convertirá en un objeto omnipresente, ya que seguirán las retransmisiones en directo sobre la campaña electoral a la presidencia del senador Robert Kennedy, su asesinato en el Hotel Ambassador el 5 de junio de 1968, el traslado de su cadáver, las exequias y el mensaje de la viuda de Martin Luther King.

A ello se une ese carácter de *collage* que emana la trama, ya de por sí marcada por las hojas de calendario, que la divide en los siete días de una semana, entre el sábado 1 y el domingo 9 de junio. Dicho carácter de *collage* es aderezado con otros elementos de diversa índole, como algunas partes cantadas por un coro de voces que recita las calles de Hollywood que aluden a actores y actrices mientras se muestran las señales de dirección con sus nombres; la que comienza con el rótulo que reza *Inventory of the rented house* [Inventario de una casa alquilada] y se enumeran los diversos objetos de plástico que contiene la mansión; cuando han adoptado tres niños y se cita a los niños y niñas prodigios de Hollywood mostrando sus retratos fotográficos; las dos reuniones de tres ejecutivos de los estudios en las que discuten la propuesta de Shirley Clarke, cuya propia voz en *off* introduce la primera de ellas diciendo que se trata de un *flashback* tras ser preguntada por los protagonistas sobre ella; las referencias literarias, a veces versos sueltos que surgen de repente en los diálogos, como cuando Viva exclama *O what a rogue and peasant slave am I* [¡Oh, qué miserable, qué abyecto esclavo soy!] de *Hamlet* o lee unos versos de *La fierecilla domada*[301]; cuando Jerry recita en otro momento un fragmento de *Mucho ruido y pocas nueces*[302], o cuando los tres leen al mismo tiempo pasajes de santa Teresa de Jesús, san Agustín y san Juan de la Cruz. Hay también ciertos *tableaux vivants* con referencias al mundo del arte, como los posados a imitación de la *suite Vollard* de Picasso, o ese otro en la que Rado y Regni, desnudos y de espaldas a la cámara, pintan una pared y entre ellos hay tres cuadros situados en vertical, guiño a *L'évidence éternelle* (1948), de René Magritte, que se conserva en el Metropolitan Museum de Nueva York: el cuadro superior muestra los pechos de Viva; el del centro, su rostro, y el inferior, su pierna derecha moviéndose como el péndulo de un reloj; o visitas a exposiciones, como la de Rick Herold, en la que aparece un plano del propio artista bailando desnudo con su nombre escrito en el pecho.

Al mismo tiempo, *Lions Love* es el retrato de una época, la de finales de los años sesenta, salpicada por las protestas contra la guerra de Vietnam, la lucha contra la segregación racial o el movimiento *hippie,* que están presentes en forma

---

[301] Del acto quinto, escena segunda: *A woman moved is like a fountain troubled, / Muddy, ill-seeming, thick, bereft of beauty, / and while it is so, none so dry or thirsty / Will deign to sip or touch one drop of it* [Una mujer agitada es como una fuente turbada, / Turbia, desagradable, espesa, desprovista de belleza, / y mientras esté así, nadie tan seco o sediento / se dignará a sorber o tocar una gota de ella].

[302] Del acto segundo, escena tercera: *One woman is fair, yet I am well; another virtuous, yet I am well; another is wise, yet I am well; but till all graces be in one woman, one woman shall not come in my grace* [Una mujer es hermosa, y yo estoy bien; otra virtuosa, y yo estoy bien; otra es sabia, y yo estoy bien; pero hasta que todas las gracias estén en una mujer, ninguna mujer tendrá mi gracia].

de recortes de prensa que aparecen en un momento dado del metraje. Y la libertad del amor, aquí formado por el triángulo de amantes que en un momento dado decide adoptar tres niños en su intención de formar una familia abierta. Hay otro episodio histórico que Agnès Varda introduce en forma de llamada telefónica, cuando le comunican a Viva que Andy Warhol ha recibido varios disparos[303], momento que coincide con la sobredosis de barbitúricos de Shirley Clarke, mientras la televisión encendida muestra las imágenes del atentado de Kennedy.

En paralelo está la peripecia de Shirley Clake: su llegada a Los Ángeles, en cuyo aeropuerto la recoge Carlos Clarens; la charla entre ambos mientras se dirigen a la casa de Viva, Jim y Jerry, en la que hablan sobre el rumor de un posible terremoto, que tendrá su contrapunto en el póster[304] que después adquiere la cineasta; sus dudas durante el trayecto en taxi cuando se dirige a la reunión con los productores; sus titubeos, ya en la casa, tras el fracaso del proyecto, lo que provoca que se pare la película que rueda Varda; su sobredosis de pastillas. Una vez recuperada, Carlos Clarens le dice que no debería haber venido a Los Ángeles, que tendría que hacer su película en Nueva York porque Hollywood es «un estado mental. Una nostalgia», y aquí comienza una breve pieza documental guiada por la voz en *off* del propio Clarens, con fotos de algunas estrellas, como Greta Garbo, Rodolfo Valentino o Marilyn Monroe, imágenes de los estudios y de los cines de la ciudad. Añade que, salvo el de cera, no hay museos o cinematecas, y que los verdaderos museos podrían ser las librerías donde se pueden encontrar todo tipo de objetos y documentos relacionados con el

---

[303] El 3 de junio de 1968, cuando Valerie Solanas disparó a Andy Warhol.

[304] El póster es del dibujante y diseñador Ron Cobb (1937-2020) y es una conocida ilustración que representa un terremoto en Los Ángeles.

cine. Y Varda muestra la librería Larry Edmunds, plagada de libros, postales, pósteres, revistas, etc. —en un plano aparece fugazmente Peter Bogdanovich, que al salir de la librería se tapa la cara con un libro sobre John Ford—, para después dar paso a más fotografías de estrellas y algunas mansiones de las viejas glorias. El film se cierra con tres secuencias: Jerry Ragni brindando con un vaso de leche, Jim Rado dejando al descubierto que su melena es en realidad una peluca y Viva confesando que esperaba recibir un guion para memorizar sus diálogos y sin embargo tuvo que inventar sus propias frases, al mismo tiempo que manifiesta su cansancio por ser otra y su hartura por dictar monólogos, por lo que le gustaría, simplemente, respirar un minuto. La cámara, entonces, continúa filmando en silencio, silencio roto en dos ocasiones por la voz de Agnès Varda: cuando le pregunta a una asistente de rodaje cuánto tiempo ha pasado y cuando anuncia «Corten».

## 1970. Nausicaa

> Hice una película en la serie *Écriture pour l'image,* una película que escribí llamada *Nausicaa*. Es un dosier muy subjetivo de Grecia. Está muy politizado porque no se puede hablar de Grecia sin pensar en los coroneles, en la opresión, en la dictadura, en la represión. Así que es una especie de diccionario de ideas preconcebidas sobre Grecia a través de los ojos del futuro, e incluye algunos recuerdos de mi juventud, personajes, entrevistas con exiliados políticos griegos que vienen a decir lo que piensan. Una vez más, es una de esas películas de bazar... Pero tenía una cuenta personal que saldar con Grecia[305].

Agnès Varda había realizado, en *Oncle Yanco,* una primera indagación sobre sus orígenes griegos familiares a través de un primo de su padre, el pintor Jean Varda, al que todos llaman Yanco, y que residía en una barcaza en la bahía de Sausalito. Tres años después del golpe de Estado del 21 de abril de 1967 en Grecia, en el que se instauró la llamada «dictadura de los coroneles», que se prolongaría hasta el 24 de julio de 1974, cuando la invasión turca de Chipre condujo al cambio de régimen y al establecimiento de la Tercera República Helénica, la cineasta concibe un largometraje por encargo de la ORTF (L'Office de Radiodiffusion-Télévision Française). Agnès Varda, además de sentirse en deuda con sus orígenes griegos, como dejó patente en el mencionado cortometraje *Oncle Yanco,* concibe un film que en

---

[305] De la entrevista realizada por Bernard Trémège en *Jeune Cinéma,* núm. 52, febrero de 1971, recogida en Agnès Varda, *Varda par Agnès. L'intégrale, vol. 1954-1994, op. cit.,* pág. 249.

realidad es una exploración particular sobre su propia identidad, como en un momento dado expresa en el film: «Sí, las noticias son diferentes, pero el tema es el mismo. La búsqueda de la identidad griega... permanece». Pero al mismo tiempo, la cineasta entremezcla una ficción inspirada en el episodio referente a Nausicaa de la *Odisea* de Homero, cuando esta encuentra a Ulises en la playa tras haber sufrido un naufragio y lo lleva junto a su padre Alcínoo, a quien le relata sus aventuras, con los testimonios de exiliados políticos en Francia, entre los que hay escritores, periodistas, filósofos, economistas y artistas.

Esta *fiction-documentaire,* como ella la califica, es una suerte de *collage* cuyo eje central gira en torno a Agnès (France Dougnac), una suerte del *alter ego* de la cineasta que, junto con su compañera de piso Rosalie (Myriam Boyer), acoge en su apartamento parisino a Michel, un periodista exiliado griego a quien encarna el también cineasta exiliado Stavros Tornes[306]. Asimismo, Agnès, entregada a la búsqueda de sus raíces griegas paternas, asiste a cursos de arte helénico en l'École du Louvre, sueña con viajar a Grecia y tiene un encuentro a orillas del Sena con un *beatnik,* a quien encarna un joven Gérard Depardieu, que le ha robado sus libros. Esta secuencia está incluida en su documental *Las playas de Agnès*. En paralelo, muestra a Michel contactando con otros compatriotas para tratar de recabar fondos y ayudar a los refugiados a encontrar trabajo.

Agnès Varda va salpicando el eje central con la inclusión de varios *sketches* irónicos en donde vierte críticas contra el régimen, como aquel en que una madre recrimina y castiga a su hija Democracia y, de súbito, entran en la estancia tres militares: el coronel Ass, su hermano el coronel Ass y el coronel In, cuyos apellidos unidos forman la palabra *assas-*

---

306 Véase nota 185.

Gérard Depardieu y France Dougnac en *Nausicaa* (1970),
© Ciné-Tamaris.

*sin* [asesino]. Y a su vez, intercala entrevistas con otros exiliados griegos, cuyos testimonios ofrecen una panorámica sobre los acontecimientos, como el del escritor Pericles Korovessis, que, según relata, fue detenido el 8 de octubre de 1967 y liberado varios meses después de estar en prisión y ser torturado. Escribió su libro *The method* después de testificar en el Tribunal de Derechos Humanos. Él no se considera un refugiado, sino un exiliado voluntario, como muchos otros; el economista Spilios Papaspiliopoulos, que narra cómo fue el comienzo del golpe de Estado; el estudiante Andreas Nicolopoulos, que, según cuenta, hizo cuatro veces el servicio militar; el periodista Iannis Angelopoulos, que habla desde el puesto de trabajo que ocupa en esos momentos como empaquetador, «porque tengo que ganarme la vida», pero que antes del golpe de Estado era redactor jefe de un periódico que, por su ideología de izquierdas, fue prohibido, lo que, según su relato, provocó la detención de muchos de sus colegas de profesión y el abandono del país de otros; el geólogo Marius Ioannidis, que trabaja como vigilante nocturno; el escritor Vassilis Vassilikos, autor de la novela *Z* (1967)[307], que denuncia la manipulación lingüística, educativa y cultural de la dictadura; el economista Phaedon Metalinos, que diserta sobre la figura del exiliado político diferenciándola del que emigra por razones económicas; el obrero Dimitrios Tolis, que cuenta que trabaja en la fábrica de Citroën, donde convive con compatriotas exiliados y trabajadores de otras nacionalidades, lo que dificulta la comunicación por la diferencia de idiomas, aunque «los jefes en Grecia o en Francia son iguales»; el filósofo Stelios Ramfos, que se pregunta por la creciente implantación de regímenes autoritarios; el escritor Aris Fakinos, que apunta que la única computadora existente en Grecia se utilizó para las detenciones; François Sommaripas, periodista que cuestiona la ausencia de organizaciones de resistencia frente al régimen militar; el artista Vlassis Caniaris (1928-2011), que explica su obra como reflejo de la situación de opresión vivida en su país; el escultor Philolaos[308], que habla sobre su escultura realizada en hierro y titulada *Le petit Georges de l'Olympe* (1954) como representación de un héroe de la revolución griega que se libró entre 1821 y 1830 contra el dominio del imperio otomano, o la escritora Gisèle Prassinos, que recuerda cuando su hermano pintor, Mario, le enseñó un poema suyo a André Breton, lo que motivó que los surrealistas comenzasen a interesarse por su trabajo.

---

[307] Véase nota 186.

[308] Philolaos Tloupas (1923-2010). Para más información: www.philolaos.fr.

Todo ello lo adereza Varda con entrevistas realizadas en la calle en las que pide a viandantes su opinión sobre la situación en Grecia y recibe todo tipo de respuestas, desde los que manifiestan su pesar por lo que ocurre hasta los que permanecen indiferentes; con hechos históricos, como el sucedido durante la invasión nazi, cuando los alemanes pusieron su bandera en la Acrópolis y dos jóvenes estudiantes, Manolis Glezos y Apostolos Santas, la derribaron en la noche del 30 de mayo de 1941, todo ello ilustrado por la cineasta con imágenes del lugar. Una voz en *off* comenta que Glezos, actualmente encarcelado en la isla de Yaros, ha contado la historia de su hazaña: «Arriar la bandera fue el pistoletazo de salida de la resistencia griega», dice. Glezos y Santas no pertenecían a ningún grupo político y su reacción fue espontánea.

Precisamente es en un pasaje, que coincide con uno de los viajes de Michel en tren por Francia, cuando la cineasta relata en voz en *off* la historia de su padre, que nació en Esmirna, ciudad que abandonó a los 20 años, al igual que la religión ortodoxa. Se trasladó a Montpellier para estudiar ingeniería. Al comienzo de la I Guerra Mundial se alistó en la Legión Extranjera, después fue cabo en Marne y resultó herido en Verdún. «Se ganó una gran cicatriz, una medalla y un pasaporte francés». Luego trabajó como delineante, más tarde como ingeniero en una fábrica de armas, luego dirigió otra fábrica y después se convirtió en un respetado hombre de negocios.

* * *

> Cuando la película estuvo casi lista para ser difundida, órdenes silenciosas ralentizaron su finalización. La desprogramaron. No obtenía ninguna respuesta precisa, y ni siquiera pude terminarla en otro lugar. La explicación llegó después de muchas preguntas. En el Ministerio de Asuntos Exteriores o en el de Industria, Comercio o Economía,

alguien detuvo esta difusión e hizo entender a la ORTF que Francia, vendiendo aviones Mirage a los coroneles griegos, no podía transmitir en una cadena estatal una película que los denigraba y los acusaba[309].

309 Agnès Varda, *Varda par Agnès. L'intégrale, vol. 1954-1994, op. cit.*, pág. 120.

> Así que mi intención no era hacer una película política. No fui por ahí preguntando a la gente: ¿Qué pasa con Hacienda? ¿Y los impuestos? ¿Y el futuro? ¿No quieres que cambien las cosas? ¿Y cómo votáis? Al contrario, busqué un enfoque completamente cotidiano. Intentando captar su forma de vivir, sus gestos. Porque hay todo tipo de gestualidad en las relaciones humanas dentro del pequeño comercio, y muchas cosas me fascinaban[310].

En 1972 nació Mathieu, el segundo hijo de Agnès Varda. Al año siguiente, Eckart Stein[311], del canal de televisión alemán ZDF, le propone realizar una película para la que, según la cineasta, tiene «carta blanca»[312]. Desde hacía tiempo los comerciantes de la rue Daguerre le suscitaban gran interés, y por la circunstancia de tener que cuidar de su vástago era un proyecto que podía afrontar sin demasiados problemas. Tan solo se puso el límite de la longitud del cable con el que conectaría el equipo a su casa, además de trabajar con un reducido grupo de colaboradores, entre los que se encontraba la directora de fotografía Nurith Aviv.

---

310 De la entrevista realizada por Mireille Amiel en *Cinéma 75*, núm. 204, diciembre de 1975, recogida en Agnès Varda, *Varda par Agnès. L'intégrale, vol. 1954-1994, op. cit.*, pág. 250.

311 Eckart Stein (1937-2021) dirigió entre 1974 y 2000 el programa independiente *Das kleine fernsehspiel* [El pequeño juego televisivo] en el canal ZDF, que produjo y emitió los primeros trabajos de incipientes cineastas en aquellos momentos como Chantal Akerman, Theo Angelopoulos, Jim Jarmusch, Rainer Werner Fassbinder o Atom Egoyan. Para más información: Mercè Ibarz, «Entrevista a Eckart Stein», *Quaderns del CAC,* núm. 13, 2002, págs. 49-58.

312 Agnès Varda, *Varda par Agnès. L'intégrale, vol. 1954-1994, op. cit.*, pág. 142.

*Daguerréotypes* se concibe en la época en que París se halla inmerso en un proceso de modernización bajo el mandato de Georges Pompidou, durante el cual se construye el Centro Pompidou de arte contemporáneo, diseñado por los arquitectos Renzo Piano y Richard Rogers y cuyas obras concluirán en 1977, y la Torre de Montparnasse, situada a dos minutos de la rue Daguerre, como Agnès Varda puntualiza en el documental, que se había inaugurado el 18 junio de 1973, un año y medio antes del comienzo del rodaje. Una transformación que generó encontrados debates entre sus defensores y sus detractores. De ahí que *Daguerréotypes* sea un retrato coral, un pequeño atlas de la calle donde vive Varda y en el que gravita un cierto hálito de melancolía quizá porque la propia cineasta, de manera inconsciente, tiene el presentimiento de que está filmando un modo de vida abocado a desaparecer. Treinta años después, la propia cineasta evoca en *Rue Daguerre en 2005, boni* que realiza para la edición del documental en DVD, aquel mundo desaparecido del que apenas quedan vestigios y del que solo dos de sus retratados siguen vivos: la adolescente patinadora de hielo y el joven empleado tunecino de la tienda de ultramarinos.

Ese mundo que filma Agnès Varda es el de sus vecinos comerciantes de la calle donde vive, en su mayoría matrimonios que regentan su negocio de un modo tradicional y tratan de mantenerlo a flote: el panadero trabaja solo, de forma artesanal, preparando la masa y horneando el pan, y su mujer atiende al público; el carnicero prepara los pedidos mientras su cónyuge se encarga de la caja; el local de los peluqueros está dividido en dos espacios, uno para los hombres y otro para las mujeres; los dueños de la ferretería, tanto al abrir la tienda y colocar el género como al recogerlo a la hora del cierre, se mueven casi como si hiciesen una coreografía de ballet, y la pareja de la sastrería prosigue su trabajo cuando los demás han bajado el cierre. También los

*Daguerréotypes* (1974-1975), © Ciné-Tamaris.

hay independientes, como el tunecino de la tienda de ultramarinos, el fontanero o el rollizo instructor de autoescuela. Y luego está el matrimonio de Le chardon bleu, la vieja perfumería recargada de frascos y objetos de diversa índole en la que el hombre atiende a los clientes y su mujer, de mirada triste, parece estar siempre ausente. Un negocio en el que «se respira un aire olvidado, un olor de inventario interrumpido», y que según confesión de la cineasta en voz en *off,* fue la fuente de inspiración del documental. De hecho, Marcelle y Léonce Debrossian son los que protagonizan la apertura del film, detrás del cristal de la puerta de su local, él mirando a la cámara y ella hacia otro lado, abstraída.

Pero antes, un mago, Mystag, la figura que convertirá por un rato la vida cotidiana de la rue Daguerre en algo sorprendente, como hará Agnès Varda con su cámara. Situado ante los pies de la Torre Eiffel, eleva sus brazos a la vez que con las manos sujeta su capa mientras su voz en *off* presenta el documental, cuyo título lo vincula con el daguerrotipo, la técnica fotográfica inventada por Louis Daguerre en 1839. A continuación, sobre una imagen que muestra tres torres de latas de películas, su voz informa de que se rodó en la calle Daguerre de París por Agnès Varda y prosigue con la enumeración de los nombres de los miembros del equipo de rodaje, el número de visa de control, los laboratorios o la producción a cargo de Ciné-Tamaris. La cineasta ha convertido a Mystag, más allá de que sea una posible representación metafórica del carácter ilusorio del cine, en una suerte de maestro de ceremonias. No solo su espectáculo en la Salle du Café será el punto de reunión de los comerciantes, a los que hará partícipes de sus trucos, sino que será el eje sobre el que se estructura la película con un uso eficaz del montaje al integrar, por medio de asociaciones visuales, los números de magia con las vivencias diarias de los minoristas. Varda adereza una amalgama de situaciones con la inclusión de tres breves bloques de entrevistas en los que los comerciantes se dirigen a la cámara para contar su procedencia, cómo conocieron a su pareja y cuáles son sus sueños.

De hecho, tras las imágenes iniciales de los propietarios de Le chardon bleu, Agnès Varda acentúa el carácter de representación que posee el film con el plano de Marie Piednoir, la panadera, en el momento en que abre su negocio y retira las telas que tapan los cristales de las puertas del local, mientras la voz de la cineasta apunta: «Cada mañana se alza el telón del teatro de lo cotidiano, cuyo repertorio conocemos de memoria, y sus estrellas son el pan, la leche, la quincalla, la carne y el lino. Pero también la puntualidad, el pelo corto y siempre el acordeón». Y se escucha el sonido de un acordeón, que estará presente a lo largo del metraje. Más tarde se sabrá que procede de las clases que se imparten en una tienda que vende dichos instrumentos.

La cámara de Agnès Varda prosigue su recorrido captando la actividad diaria de las tiendas, donde se repiten los mismos gestos, los mismos rituales, las mismas situaciones. Una repetición que provoca la sensación de que se ha detenido el tiempo en sus interiores, mientras, en el exterior, el mundo avanza. En el primer bloque de respuestas sobre su procedencia, cuando los comerciantes hablan ante la cámara, al igual que pasará en los siguientes, son parcos en palabras, muestran cierta torpeza, cierta incomodidad, y se diluye esa naturalidad con la que se los ve desempeñar sus tareas. Todos vienen de provincias. La voz en *off* de Agnès Varda apunta: «Esta es la verdad sobre el París del distrito XIV, sus aceras huelen a campo».

Un cartel en la fachada de la Salle du Café anuncia la actuación de Mystag, que ocupará la hora restante del film. Se suceden las analogías visuales entre la vida cotidiana y los trucos de magia, entre ilusionismo y realidad. Del panadero que prepara las brasas al número del fuego que escupe el mago por la boca, y de este al plano de las llamas del horno. Cuando el matrimonio de Le chardon bleu sale de la carnicería, tras realizar su compra, la cámara enfoca una pieza de carne, plano sobre el que se superpone la voz del mago: «Y ahora un experimento bastante impactante. De hecho, si hay almas sensibles en el público, les voy a rogar que cierren los ojos un momento». Y se muestra al mago, que se clava un cuchillo en el brazo, lo mueve y salen chorretones de «sangre», y enseguida aparece la imagen del carnicero en el momento en que trocea un costillar. Y de vuelta a la actuación. Mystag se limpia el brazo y las manos tras el truco y un nuevo salto muestra al carnicero haciendo lo mismo con las suyas.

El final de uno de los números del mago en el que ha colaborado la mujer del carnicero enlaza con un plano de ella en la peluquería. Y entonces llega el hijo de los propietarios, que saluda y sale del local. El siguiente plano le muestra de espaldas mirando el escaparate de la autoescuela y después la imagen se traslada a su interior, en el momento en que el instructor insiste a sus alumnos en la importancia de aprender bien la señalización, que se la «deben de meter en la cabeza». Y cambio al plano de Mystag, que, tras clavar cuchillos en una caja que contiene la cabeza de una joven, abre una tapa y aquella ha desaparecido. Y de nuevo vemos al profesor aconsejando que «no pierdan la cabeza». Y vuelta al espectáculo. El mago, tras quitar los cuchillos de la caja, abre la tapa. La cabeza de la chica está intacta. Cierra la tapa, imagen que se enlaza con las manos del ferretero cerrando una cajita, y de ahí a otro cierre, el que marcan los horarios. Y este y su mujer recogen el género, pliegan las contraventanas y echan el candado. El mismo ritual diario, pero en orden contrario con respecto a cuando se abre el negocio, como se vio al inicio del film. El plano contiguo muestra a dicho matrimonio mirando atentamente el espectáculo, que ahora ofrece un número de sugestión con el peluquero...

Llega ahora una de las escenas más enigmáticas de una ya de por sí enigmática mujer, la anciana Marcelle Debrossian de Le chardon bleu. La cámara mantiene el plano cuando ella sale de la tienda, se queda unos instantes fuera y vuelve a entrar. La voz de su marido apunta que «es la idea, el sentimiento. Pero no se marcha» porque es solo «una fuerza interior la que la induce a salir».

En el último bloque de entrevistas han de responder a la pregunta de si sueñan. Unos con su trabajo, otros no tienen tiempo o por su oficio apenas duermen, e incluso los hay que caminan dormidos. Y en medio de este bloque, la imagen del carnicero durante la siesta en su casa. Y la voz de Agnès Varda:

> Quizá todos tenemos el deseo de partir en el crepúsculo. Sin duda, todos somos prisioneros de nuestras vidas. Pero para los orgullosos de ser «normales», soñar es una enfer-

> medad. Prefieren hablar de su trabajo que de sus sueños. Reniegan de cualquier ensoñación, de cualquier pulsión interior. Es verdaderamente el silencio de un sueño profundo. Es el inmovilismo.

El inmovilismo que proporciona la rueda de los ritos diarios que se repiten un día sí y otro también y que crean la sensación de que el tiempo se ha detenido.

Y Mystag mira a cámara, que está situada en el lugar del público. Quizá se dirija al grupo de comerciantes que contemplan su espectáculo, como si confirmase las palabras que acaba de pronunciar la cineasta —«Reniegan de cualquier ensoñación, de cualquier pulsión interior. Es verdaderamente el silencio de un sueño profundo. Es el inmovilismo»—, o quizá trata de hipnotizar al propio espectador que contempla el film.

Y comienza la breve alocución del mago, que se alterna con fotografías de los comerciantes posando con la característica quietud de los antiguos daguerrotipos: «Escuchen atentamente. Concéntrense en mis palabras —imagen de los acordeonistas—. Están en un profundo sueño —imagen del tunecino tendido en el sofá de su hogar—. Están durmiendo... durmiendo...» —imagen del orondo instructor de la autoescuela junto con un hombre muy delgado con rostro triangular y rasgos asiáticos. A sus espaldas hay dos señales de tráfico: una redonda y otra precisamente triangular. Plano de Mystag, que, en silencio, sigue moviendo sus manos. A continuación, una galería de imágenes con todos mirando a la cámara, estáticos: la familia de los peluqueros, los sastres, los jóvenes alumnos de acordeón, los carniceros, el fontanero, los ferreteros, los panaderos. Y el matrimonio de Le chardon bleu, los únicos que aparecen en movimiento y con los que se inició el film: caminan por la calle, hacia la cámara, en silencio, para detenerse ante su portal, abrir la puerta y entrar. Mientras la puerta se cierra, la voz de Varda concluye:

Estos daguerrotipos en color, estas viejas imágenes, este retrato colectivo y casi estereotipado de *types* y *typesses* de la calle Daguerre, estas imágenes y sonidos que se quieren modestos y discretos, plantando cara al silencio gris que envuelve a *madame* Chardon Bleu, ¿conforman un reportaje? ¿Un homenaje? ¿Un ensayo? ¿Un arrepentimiento? ¿Un reproche? ¿Un acercamiento? En todo caso, es un film que firmo como la vecina Agnès la *daguerréotypesse*.

Hay también uno de esos azares imprevistos que tanto gustan a la cineasta, aunque en este caso lo descubrió treinta años después. En la pared del rincón del café donde actúa el mago, hay colgada una réplica de la *Gioconda* de Leonardo da Vinci. En uno de los trucos participa la joven patinadora, a la que, en un momento dado, un plano la muestra al lado del cuadro. Ambas poseen un cierto parecido. En el citado *boni, Rue Daguerre en el 2005,* Agnès Varda se reúne con ella y esta le cuenta que formó parte de una compañía de patinaje artístico durante diez años hasta que se tuvo que retirar por la edad, lo que la obligó a reconsiderar su futuro. Y, cosas del destino, ahora trabaja en el Louvre como vigilante y en muchas ocasiones le toca estar en la sala donde se conserva la *Gioconda*.

* * *

El talento, cuando eres documentalista, es lograr que te olviden. Haber anunciado las intenciones. Haber dicho a las personas: voy a iluminar, voy a estar ahí, pero después, olvídenme. Es a partir del momento en que te olvidan cuando tienes talento. Pero el tema principal son ellos. No yo[313].

---

313 Entrevista realizada por Colette Milon en *Cinémaction,* núm. 41, 1987, recogida en Agnès Varda, *Varda par Agnès. L'intégrale, vol. 1954-1994, op. cit.,* pág. 250.

## 1975. Réponse de femmes

> La pregunta «¿Qué significa ser mujer?» fue planteada a sociólogos, abogados, historiadores, etc., pero también a tres mujeres cineastas: Coline Serreau, Nina Companeez y yo. Había que responder en siete minutos. Yo dije: siempre se habla de la condición femenina y del rol de la mujer, yo quiero hablar del cuerpo de la mujer, de nuestro cuerpo. Entonces exigí poder hablar del cuerpo y mostrarlo a nuestra manera para exhibirlo. Negociaciones con la dirección, un primer plano del sexo sí, pero... Finalmente, los primeros planos fueron cortados antes de la difusión. Pero había logrado poder reconstruir y completar este *ciné-tract* después de la emisión en televisión y mostrarlo en el circuito comercial[314].

Simone de Beauvoir había redactado el Manifiesto de las 343 *(Manifeste des 343),* una de cuyas firmantes fue Agnès Varda. El manifiesto, publicado el 5 de abril de 1971 en *Le Nouvel Observateur,* reclamaba la legalización del aborto y, tras sucesivas acciones y protestas, contribuirá a que el 17 de enero de 1975 se promulgue la ley Veil, que despenalizaba la interrupción del embarazo y cuya impulsora fue Simone Veil, ministra de Sanidad por aquel entonces. En este contexto, Agnès Varda rueda en febrero de ese mismo año *Réponse de femmes,* de apenas ocho minutos de duración y producido por Antenne 2 —hoy en día France 2— para el programa *F. comme femme,* que lanza la pregunta «¿Qué

---

[314] Declaraciones a Mirelle Amiel, *Cinéma 75,* núm. 204, diciembre de 1975, recogidas en Agnès Varda, *Varda par Agnès. L'intégrale, vol. 1954-1994, op. cit.,* pág. 252.

es ser mujer?» a varias cineastas. La película comienza con la propia realizadora sosteniendo un acetato transparente sobre el que está escrito, como una declaración de intenciones, *Un cine-tract d'Agnès Varda,* para después, en otro plano sobre un fondo neutro, añadir el subtítulo: *Notre corps, notre sexe* [Nuestro cuerpo, nuestro sexo]. La cineasta concibe un film-manifiesto que sigue la línea contestataria de los *ciné-tracts,* películas de denuncia política de corta duración que comenzaron a realizar Chris Marker, Jean-Luc Godard[315] o Alain Resnais, entre otros, a raíz de las protestas de mayo del 68. Agnès Varda reúne en un plató a un grupo de mujeres de distintas edades que alternativamente toman la palabra para poner en tela de juicio los mitos tradicionales y la imagen estereotipada sobre la figura femenina. La cineasta estructura la pieza en varios segmentos que se indican por medio de rótulos escritos sobre planchas de acetato que las mujeres sostienen alternadamente. Precisamente, el primero plantea la pregunta «¿qué es ser mujer?», a la que se aportan varias respuestas: «ser mujer es haber nacido con un sexo femenino», «ser mujer es vivir en un cuerpo de mujer», «ser mujer también es tener una cabeza de mujer», «pero una cabeza que piensa diferente a la de un hombre». En ocasiones introduce el plano de un grupo de hombres que, estáticos y con gesto serio, miran a

---

[315] Godard afirma que los *ciné-tracts* fueron idea de Chris Marker y añade: «El magnetoscopio y todas estas pequeñas películas eran una forma simple y barata de hacer un cine político para una sección de empresa o un comité de acción, ya que la cinta costaba 50 francos con todo incluido [...]. Y luego, la difusión puede hacerse en los apartamentos, en las reuniones. Se pueden intercambiar con otras películas de comités de acción vecinos. Esto permite repensar el cine a un nivel muy simple y muy concreto», en Jean-Paul Fargier y Bernard Sizaire, «Deux heures avec Jean-Luc Godard», *Tribune Socialiste,* 23 de enero de 1969, entrevista recogida en *Jean-Luc Godard por Jean-Luc Godard,* tomo I, 1950-1984, edición de Alain Bergala, París, Cahiers du Cinéma, 1998, pág. 332.

*Réponse de femmes* (1975), © Ciné-Tamaris.

cámara. En otro momento, cuando se plantea la pregunta «¿Todas las mujeres quieren ser madres?», hay tanto respuestas afirmativas como negativas, que se ilustran con planos de una mujer embarazada desnuda o de otras, también desnudas, acompañadas por niños de corta edad.

En otro segmento, «Plano prohibido por el artículo 283 del Código Penal», reúne a cuatro mujeres mayores que al mismo tiempo se preguntan: «¿Cómo vivimos nuestro sexo?», y cada una de ellas expresa una idea: «Por un lado nos dicen: "Tápate, cubre tu sexo". Por el otro: "¡Muéstrate, gustas, tu cuerpo vende!". Se podrían poner de acuerdo», expresa una. Seguidamente Varda incluye varias entrevistas a pie de calle con jóvenes que coinciden en expresar su orgullo de ser mujer, a las que sigue una serie de anuncios publicitarios de revistas con cuerpos femeninos como reclamo. Varias mujeres muestran su rechazo; incluso una de ellas, que es Marie Piednoir, la panadera de *Daguerréotypes,* declara: «Cada vez que veo un cartel como ese, pienso que es absurdo estar viendo constantemente mujeres desnudas. Me digo: es a mí a quien pegan en la pared».

Y varias voces de mujeres pronuncian una frase y una proclama en la que en líneas generales sostienen:

> A riesgo de desagradarles y tener que romper con alguno de ustedes, señores padres, maridos, amantes, jefes, amigos y compinches, nosotras las mujeres nos hacemos cargo de nuestra evolución. Y si aún necesitan una mujer y amor, tendrán que cambiar hábitos y algunos gustos. Yo soy una mujer. Hay que reinventar a la mujer.

Y una voz masculina apunta: «Entonces, hay que reinventar el amor». Y todas responden al unísono: «De acuerdo».

Y la voz de Varda, mientras aparecen los créditos, concluye: «De modo que... continuará».

## 1976. Placer de amor en Irán
## *(Plaisir d'amour en Iran)*

De apenas unos seis minutos de duración, Agnès Varda concibió el cortometraje durante el rodaje de *Una canta, otra no*. Valérie Mairesse y Ali Raffi, es decir, Pomme y Darius en aquel film, visitan la mezquita de Isfahán mientras hablan sobre el amor. Una ensoñación o *rêverie* sobre la que la cineasta apunta:

> Cuando de repente se ve una evidencia, qué placer tan divertido. Cuando vi en Irán, de repente, todos esos sexos-minaretes y todos esos pechos-cúpulas, esa sexualidad de la arquitectura extendida en lugares sagrados donde el espacio es realmente sublime... tuve el deseo de utilizar esa mirada para expresar, de forma indirecta, en formas puras, las voluptuosidades del amor. Es por eso por lo que Pomme ama a un iraní. Para poder mostrar su amor, y el humor de Pomme, así. En pechos azules sobre un fondo de azul. En sexos de piedra de donde fluyen las melodías del muecín[316].

De ahí el juego final, cuando la narradora, Thérèse Liotard, que en *Una canta, otra no* interpreta a su amiga Suzanne, termina su locución en referencia a la mezquita, que «Es el enlace del azul del cielo y del azul del mosaico, el punto donde se cruzan el arte profano y el arte sacro. Es un sitio apasionante para los enamorados incluso cuando son los personajes de una película».

---

[316] Jean Narboni, Serge Toubiana y Dominique Villain, «*L'une chante, l'autre pas.* Entretien avec Agnès Varda», *Cahiers du Cinéma,* núm. 276, mayo de 1977, pág. 26.

## 1976. Una canta, otra no
## *(L'une chante, l'autre pas)*

> Mi película es una película feminista, pero es una película. Estoy tratando con imágenes, imágenes de mujeres, y concibo la película como una pintura con un fondo y un primer plano. En el primer plano están las figuras de las dos mujeres, mientras que el fondo es un documental muy especial y específico sobre las leyes e instituciones relacionadas con los derechos de las mujeres en Francia entre 1962 y 1976[317].

Agnès Varda concibe un musical que, fiel a su espíritu inconformista, le da un vuelco al género y desmantela sus convenciones tradicionales, muy lejos del glamur y el color que les imprimió a los suyos Jacques Demy, influenciado asimismo por los clásicos de Hollywood. DeRoo afirma que en la concepción de los números musicales sigue algunas premisas de las teorías brechtianas sobre el teatro épico: «La imagen, la palabra y la música funcionan independientemente y en tensión entre sí, para revelar los mecanismos de la ilusión fílmica y provocar la reflexión crítica en los espectadores sobre realidades sociales más allá de la pantalla de cine»[318]. Porque los *sketches* cantados que filma Agnès Varda corresponden únicamente a las actuaciones del grupo Orchidée, al parecer uno de los primeros grupos musicales feministas, del que apenas hay información pero del

---

[317] Ruth McCormick, «*One sings, the other doesn't.* An interview with Agnès Varda», *Cinéaste,* vol. 8, núm. 3, 1978, pág. 29.

[318] Rebecca J. DeRoo, *Agnès Varda between film, photography, and art, op. cit.,* pág. 71.

Thérèse Liotard y Valérie Mairesse en *Una canta, otra no* (1976), © Ciné-Tamaris.

que se sabe, por los créditos del film y la propia banda sonora que editó en su día la casa discográfica Phillips[319], que estaba formado por Joëlle Papineau, Micou Papneau y Doudou Greffier. Tampoco Agnès Varda ofrece muchos más detalles en su libro autobiográfico *Varda par Agnès*. El grupo, que en la película lo forman cuatro miembros, ya que la vocalista, Pomme (Valérie Mairesse), es una de las dos protagonistas del film, viaja por la Francia rural reivindicando los derechos de la mujer con sus canciones y sus guitarras. A veces cantan con lo puesto, y otras, con telones pintados de modo un tanto naíf que crean ellas mismas para escenificar sus denuncias contra las conductas masculinas y para reclamar la legalización del aborto o el libre uso de métodos anticonceptivos. En los pequeños pueblos donde actúan generan extrañeza y curiosidad al mismo tiempo, lo que en ocasiones provoca que haya alguien del reducido

[319] Las referencias del vinilo: Phillips 9101106, publicado en 1977.

público que interrumpa una canción para mostrar su desacuerdo con lo que expresa la letra, letras cuya autoría corresponde a la propia Agnès Varda. De hecho, las actuaciones del grupo son reales ante habitantes reales.

Las dos amigas protagonistas poseen personalidades antagónicas y, al mismo tiempo, complementarias. De hecho, Berthome repara en el cartel de la película, que representa las cabezas de ambas, y afirma que invita a considerarlas «como las caras opuestas de una misma unidad, unidas allí por la cabellera para no formar más que una especie de Venus bifronte»[320]. Agnès Varda diferencia las partes de Pomme, mucho más coloridas, con respecto a las de Suzanne (Thérèse Liotard), con una tonalidad en la que predominan las gamas frías. Pauline, que después se hará llamar Pomme, es una estudiante de secundaria que canta en un coro. Su visita casual a una galería de fotografías le permite reconocer en una de ellas a su amiga Suzanne, la que no canta, y este será el detonante para reanudar su relación con ella. A partir de aquí, el film sigue la trayectoria vital de las dos jóvenes, con sus reencuentros y la correspondencia que mantienen durante los períodos en que están distanciadas en un espacio temporal comprendido entre 1968 y 1976. Al mismo tiempo, la cineasta plantea otras cuestiones muy vigentes en la actualidad, como la familia monoparental, que recae en el personaje de Pomme, o la figura de un padre soltero, François (François Wertheimer), un músico vagabundo que, junto con su hijo, recorre los caminos de Francia y se unirá durante un tiempo al grupo musical.

A pesar de tener caracteres casi opuestos, la amistad entre ambas protagonistas será inquebrantable. Pauline quie-

---

[320] Jean-Pierre Berthomé, «L'une filme, l'autre aussi. Varda et son double», en Antony Fiant, Roxane Hamery y Éric Thouvenel, *Agnès Varda: le cinéma et au-delà, op. cit.*, pág. 91.

re ser cantante, vocación que desaprueba su padre, y critica la situación de la mujer en el hogar ante la imagen de su madre. Suzanne, por su parte, es madre de dos hijos fruto de su relación con Jérôme (Robert Dadiès), un infeliz fotógrafo divorciado de escasos recursos económicos que no consigue vender su obra, es incapaz de apoyarla emocionalmente y la ha dejado embarazada por tercera vez. Pauline la ayudará económicamente para que pueda acudir a una clínica e interrumpir su embarazo, pero eso provoca que su padre la expulse de casa cuando descubre que el dinero que le ha pedido ha sido para este fin; también la apoyará tras el suicidio de Jérôme. La cineasta introduce una elipsis. Han pasado varios años y ambas amigas se reencuentran durante las protestas de Bobigny, ciudad donde en octubre de 1972 se enjuició a una joven que había abortado. De hecho, en la reconstrucción de los hechos aparece la verdadera abogada que defendió a la acusada, Gisèle Halimi. Pauline, que ya se hace llamar Pomme, participa con su grupo musical en la manifestación y mantiene una relación con Darius, un economista iraní. Tras este encuentro, comienza una relación epistolar que Agnès Varda ilustra por medio de *flashbacks,* apoyados por su propia voz en *off* en unas ocasiones y por la de ambas protagonistas en otras. A este respecto, Varda apunta que

> como cineasta, quería mezclar mi voz con el diálogo imaginario de las dos chicas, hablar de su amistad; eso realmente concierne a las mujeres, a nosotras que reivindicamos nuestra capacidad de entendernos. Así que el trío vocal me parecía adecuado. Musicalmente también. Y luego, una voz de narradora marca el lado novelesco de la historia; simplemente el tema habitual está un poco desplazado ya que el tema principal no es el amor con A, el Amor... sino la identidad femenina. La relación de dos mujeres con la maternidad (sufrida con amor, pero sufrida, o rechazada, o deseada, o exaltada, etc.). Y su relación con el trabajo

> y la solidaridad entre mujeres. Y luego el amor, los amores entre todos los otros sentimientos. No era una intrusión de autora-narradora omnipresente... Soy yo en la película, con ellas, entre ellas[321].

Pomme ha ido a abortar a Ámsterdam, ciudad donde conoce a Darius. Suzanne, tras la muerte de Jérôme, regresa con sus hijos a la casa de sus padres, campesinos tradicionales que no aprueban la vida que ha llevado. Allí compagina su trabajo en una fábrica con su formación para convertirse después en trabajadora social y montar una oficina de planificación familiar para ayudar a las mujeres con embarazos no deseados. Pomme se casa con Darius en Irán, pero lo que inicialmente parecía un sueño idílico pronto se convierte en otra realidad. Darius en Francia se comporta como un hombre liberal, pero en su país pronto recupera sus tradicionales costumbres culturales.

> En Irán, Pomme solo puede ser vista en el espacio doméstico. En la calle es simplemente una forma similar a una multitud de otras formas; no es notada, y esto, quizá, la priva no solo de una imagen, sino también de una voz. Sin embargo, la conexión nunca se hace directamente, y Suzanne en Francia, muy poco preocupada por su imagen e incluso alérgica a ser observada (véase su reacción a la ropa llamativa que Pomme le trae de Irán), no obstante, logra obtener y mantener la independencia y una cierta influencia[322].

Y mientras Pomme alumbra en Francia un hijo de Darius y acepta que él se lo lleve a su país no sin antes pedirle

---

[321] Jean Narboni, Serge Toubiana y Dominique Villain, «*L'une chante, l'autre pas.* Entretien avec Agnès Varda», art. cit., pág. 21.

[322] Alison Smith, *Agnès Varda, op. cit.*, pág. 112.

que le dé otro hijo antes de separarse definitivamente, Suzanne encontrará la estabilidad emocional con un médico con el que contraerá matrimonio.

Tras *L'Opéra-Mouffe* y *Réponse de femmes, Una canta, otra no* cierra una suerte de trilogía sobre la maternidad, como la propia Varda apunta en su libro autobiográfico[323]. Alison Smith concluye que, a pesar de que no fue de los films más exitosos de la cineasta, sin embargo fue un título influyente en su época y «sigue siendo casi única como ejemplo de película comercial francesa preocupada por los aspectos militantes del movimiento de mujeres»[324].

---

323 Agnès Varda, *Varda par Agnès. L'intégrale, vol. 1954-1994, op. cit.*, pág. 106.

324 Alison Smith, *Agnès Varda, op. cit.*, pág. 113.

## 1980. Mur murs

> Y si filmo murales, existo filmándolos. Los muralistas no están en las galerías. No forman parte del sistema del arte-cotizado-en-bolsa, bajan a la calle, donde está la gente. Yo no formo parte del cine-cotizado-en-bolsa, ni en Hollywood ni en Francia, bajo a filmar donde están las personas. Formo parte de su rebelión[325].

Ya el propio título es una muestra de la afición por los juegos fonéticos de Agnès Varda, pues, si bien traducido al español es «Muro, muros», leído en francés posee un segundo significado por similitud sonora a *murmures,* palabra francesa que equivale a «murmullos» y que viene a ser una definición poética del contenido del documental, un *fresco* que recoge los *murmullos* de la ciudad de Los Ángeles plasmados en los numerosos murales realizados en sus calles. O, dicho con otras palabras, Agnès Varda elabora un atlas particular con esos *Murmullos,* que en su mayor parte son reivindicaciones identitarias y de denuncia social de las minorías, especialmente la hispana procedente de México y la afroamericana, además de los realizados por artistas estadounidenses, muchos de ellos por su disconformidad con las políticas del mercado del arte. Además de estos aspectos, Agnès Varda se pregunta si el origen de este fenómeno artístico es también consecuencia de las protestas surgidas a finales de la década de los sesenta o incluso hasta «una necesidad ingenua de mostrar la vida privada en lugares públicos». Si bien, por otra parte, recuerda que el mura-

---

325 Agnès Varda, *Varda par Agnès. L'intégrale, vol. 1954-1994, op. cit.,* pág. 147.

lismo en México es una tradición que se remonta a Siqueiros, Orozco y Rivera.

Agnès Varda cuenta al inicio del documental que cuando llegó a Los Ángeles, más allá de contemplar «a los ángeles caminando sobre las aguas del Pacífico, que en realidad son chicos rubios sobre tablas de surf», o visitar los estudios de Hollywood para ver a las estrellas del cine, lo que de verdad le llamó poderosamente la atención fueron sus numerosos muros pintados. Y como «los muros hablan de una ciudad y sus habitantes», la cineasta inicia un recorrido por sus calles durante el cual se entrevista con algunos de los artistas para indagar en la cuestión.

El primer artista con el que habla es Terry Schoonhoven, autor del gran mural *Isle of California* (1972), que afirma: «Pienso que lo que está presente en estas pinturas está presente en Los Ángeles y está escrito en todo este lugar. Y si hay algún sueño, es de todo el mundo soñando juntos, no solamente yo». A partir de ahí, mientras la voz en *off* de la cineasta realiza sus comentarios, una voz masculina pronuncia el apellido del autor o autora de los murales que se muestran a lo largo del metraje. Del mismo modo que hay artistas que hablan ante la cámara, los hay, como John Wehrle[326], que, según su comentario en *off*, le prestan su declaración por teléfono, en este caso para hablar del mural *The fall of Icarus* (1978) y decir que se imaginó la ciudad en el desierto y poblada de ángeles. Pero también se encuentra con fotógrafos como Richard Bennett, quien, desde sus patines, capta a la gente con los murales como fondo.

Aparecen después otros artistas, como Kent Twitchell[327] y sus retratos hiperrealistas, caso del mural *Six Los Angeles*

---

[326] Más información sobre John Wehrle en su página: https://troutinhand.com.

[327] Más información sobre Kent Twitchell: https://www.themcla.org/artist/kent-twitchell.

Suzanne Jackson en *Mur murs* (1980), © Ciné-Tamaris.

*Artist* (1979), cuyos retratados son Marta Chaffee, Alonzo Davis, Paul Czirban, Oliver Nowlin, Eloy Torrez y Wayanna Kato. Mientras Twitchell habla sobre su obra en primer término, a sus espaldas, al fondo, se muestra su gran pintura, y los personajes en ella retratados, en un momento dado, de modo casi imperceptible, comienzan a caminar hacia la cámara hasta situarse a la altura del pintor de manera que su cuerpo coincide con su propia representación pictórica.

La pintora afroamericana Suzanne Jackson[328] confiesa: «Llevo pintando pájaros y corazones desde que era una niña. Las Pantera Negras me preguntaron por qué no quería pintar puños y rifles y sentí que había otra forma de pintar y que había otros símbolos que eran realmente necesarios, in-

[328] Más información sobre Suzanne Jackson: https://suzannejackson.art.

cluso como persona negra». En el barrio St. Elmo «ser negro quiere decir ser de color», y Agnès Varda filma un festival de arte organizado por los pintores Rozzell y Roderick Sykes. En la escuela Willowbrook Junior su director, Larry Freeman, cuenta que la mayoría de su alumnado es de raza negra y que sus paredes están decoradas con pinturas realizadas por dos exalumnos, Clifford Johnson y Richard Wyatt; concluye afirmando que solo quiere «amabilidad en lugar de puños cerrados o de negros o chicanos furiosos».

En el ámbito hispano destacan las bandas mexicanas del Varrio, con V, Manuel Cruz, que canta blues y también es pintor, o los murales que dedican a sus muertos, algunos asesinados. Se muestra el tatuaje sobre la espalda de uno de ellos, del que Agnès Varda comenta en voz en *off:* «Sí, él dijo *mural* cuando habló de su tatuaje. Cualquier cosa decorada para expresar ideas o sentimientos es llamada *mural.* Eso incluye automóviles (e introduce la imagen de un coche con una pintura sobre el capó). La palabra "mural" quiere decir: "yo existo y dejo un signo que me identifica"» *[je laisse une signe qui me design,* un nuevo juego fonético en francés]. Judy Baca[329], pintora y educadora, revela que comenzó a pintar murales porque nunca había visto una artista chicana en los museos y tampoco ha tenido muchas oportunidades para introducir su obra en el mundo artístico. Además, es la promotora de una actividad de reinserción para los jóvenes delincuentes a través de la realización de murales.

De nuevo Twitchell comenta sus murales dedicados al actor Strother Martin (1971) y a la actriz Lillian Bronson, conocido este con el título *The freeway lady* (1974). También habla del mural *The holy Trinity with Virgin* (1978), que en realidad son tres retratos cuyos rostros pertenecen a

---

[329] Más información sobre Judy Baca en su página: https://www.judybaca.com.

tres conocidos intérpretes de series de televisión vestidos con batas médicas: Jan Clayton, «la madre más famosa de la televisión de los años cincuenta», la de la serie *Lassie;* Clayton Moore, quien interpretó al Llanero Solitario y que le sirvió como modelo de Dios («Nadie ha visto nunca el rostro de Dios y nadie ha visto nunca el rostro del Llanero Solitario», dice el pintor), y, como Cristo, Billy Gray, conocido por la serie *Father Knows Best* (1954-60).

Pero como apunta Agnès Varda, la imagen de Jesucristo para los chicanos es la tradicional y la de la Virgen sigue siendo la de Guadalupe. Y de ahí se dirige a Ramona Gardens, proyecto residencial chicano cuyos habitantes realizan las pinturas de sus muros guiados por los artistas Willie Herrón[330], Wayne Healy, Gronk y el mencionado Manuel Cruz. El propio Healy señala que habitualmente en televisión les muestran de forma negativa, por lo que en su mural trató de hacer lo contrario para que sus compatriotas sintieran orgullo de sus orígenes. El padre John Santillán comenta que ahí residen unas 610 familias, que el 99 por ciento hablan español y el 1 por ciento restante son negros. El clérigo afirma que «nuestros jóvenes han sido influenciados por el estilo de vida americano, pero han perdido sus tradiciones», y por ello «tratamos de inculcarles esta cultura, y los murales les ofrecen una historia pictórica de su pueblo». También añade que muchos de estos jóvenes «no se identifican con el mexicano natural, pero tampoco con lo que se llama americano», y los murales expresan esa angustia y ansiedad.

Agnès Varda alterna una gran diversidad de artistas y proyectos: el colectivo The Streetscapers; los «paisajistas urbanos», pertenecientes al llamado Chicano Mural Movement y fundado por Wayne Healy y David Rivas Botello a

---

[330] Más información sobre Willie Herrón: https://www.themcla.org/artist/willie-herron-iii.

finales de los sesenta; el citado Willie Herrón, que, mientras camina por la calle hacia uno de sus murales, declara que, cuando asesinaron a su hermano, su venganza fue expresarla a través de la pintura; Arthur Mortimer, que pintó un retrato de su mujer, la cantante Lynn Carey, en la fachada de su propia casa, o Jane Golden, que asegura que «esta ciudad necesita buen arte, un arte de calidad». La cineasta se pregunta quién sufraga los murales. En el caso de Golden hay subvenciones. En otros, son organizaciones, mecenas o empresarios, como Orlando Pellegrini, dueño de una tienda de helados, que encargó al pintor Cristiano Rimassa una vista de Piazza Navona para la pared de su negocio. Jiosine Ianco-Starrels, directora de la Galería de Arte Municipal, situada cerca de la Ennis House de Frank Lloyd Wright, apunta que los artistas mexicano-americanos reflejan los problemas de sus comunidades mientras que los americanos quieren llevar el arte a las calles para el disfrute de todo el mundo. Estrada Courts es otro proyecto habitacional chicano colectivo organizado por Cat Felix, cuyo sueño es hacer la galería de arte al aire libre más grande del mundo y que confiesa que tienen setenta y siete muros de los cuales, en esos momentos, cincuenta están terminados. En la fachada de una *boutique* de vestidos de novias Twitchell comenzó a pintar a su propietario y su novia de aquel entonces. Pero esta lo abandonó durante la ejecución de la obra, por lo que al final el artista retrató a la suya. De nuevo aparece Judy Baca y su muro portátil *Uprising of the mujeres* (1979), «para viajar por la ciudad», en el que denuncia cuestiones sobre el capital y el trabajo. Arno Jordan, de origen austríaco, pinta un enorme mural en las instalaciones de la factoría de embutidos y carne de cerdo Farmer John. Cuenta que la obra la inició en 1955 otro pintor, Lee Grimes, que trabajó en ella hasta que sufrió un accidente en 1967. Desde entonces, Arno se encargó de continuarla. Según sus palabras, hay cerca de dos mil cerdos pintados en el mural.

Agnès Varda añade que en el muro no hay ninguna referencia a ambos pintores, cada uno de los cuales se pasó doce años de su vida pintando los muros. Delante del gran mural *Two blue whales* (1978), de Margaret García, unos transeúntes realizan gimnasia china, según apunta la voz de la cineasta. El colectivo Asco, formado por Gronk, Willie Herrón, Patssi Valdez y Harry Gamboa, realiza un *happening* ante uno de sus murales.

Sin embargo, muchos de los artistas son conscientes del carácter efímero de sus obras, y no solo por el deterioro a causa de los efectos climáticos, sino porque algunos murales han sido destruidos o tapados por la construcción de un nuevo edificio. No obstante, desde 1987, año de su fundación, la organización The Mural Conservancy of Los Angeles (MCLA)[331] se encarga de la preservación y restauración de los murales.

*Mur murs* finaliza con el mencionado mural de carácter apocalíptico *Isle of California,* de Terry Schoonhoven, que hace referencia a un antiguo rumor, del que se habla también en *Lions Love,* sobre un gran terremoto que separará California del continente y convertirá al estado en una isla. El mural, por cierto, aparece también en el primer plano de *Documenteur*.

* * *

> Los murales se borran rápidamente... Me gusta esa idea, por cierto. ¿En qué nivel existen las cosas? Sabemos que están ahí, pero no las miramos[332].

---

[331] Véase nota 179.

[332] Declaraciones de Agnès Varda a Michel Maingois, *Zoom,* núm. 88, 1981, recogidas en Agnès Varda, *Varda par Agnès. L'intégrale, vol. 1954-1994, op. cit.,* pág. 259.

## 1980-1981. Documenteur

> Esta película expone bien el proyecto que comencé a practicar en *La Pointe Courte, L'Opéra-Mouffe* y en *Cleo:* filmar a los transeúntes como en un documental pero incluir estas imágenes en una ficción para hacer sentir a los espectadores —a través de desconocidos filmados— las emociones de la heroína[333].

De hecho, en los créditos iniciales, la cineasta lo enfatiza con mayúsculas: «AN EMOTION PICTURE by Agnès Varda». Y también después, bajo el epígrafe *Documenteur,* entre paréntesis y con subrayados que, unidos, forman el título del film: dodo cucu maman vas-tu-te-taire *[dodo, cucu, mamá, ¿te vas a callar?],* frase a la que, minutos después, se aludirá en el primer monólogo, cuando habla sobre las palabras, algunas «mágicas y tontas». Al mismo tiempo, dichos créditos se superponen sobre Émilie (Sabine Mamou) y su hijo Martin (Mathieu Demy), que juegan a la pelota delante del gran mural *Isle of California* de Schoonhoven, con el que finaliza *Mur murs* y que, como ya se ha apuntado, es una representación de un terremoto que ha asolado Los Ángeles y ha convertido a California en una isla, quizá una metáfora visual sobre el estado emocional en el que se halla Émilie.

El film está estructurado a través de los monólogos introspectivos de Émilie, salvo el primero de ellos, con el que se inicia el film, el único recitado en tercera persona y cuya voz se intuye que es de la propia Agnès Varda, que, ante un plano de la protagonista, advierte que «esta mujer de rostro solemne y ojos perdidos probablemente soy yo, y es real, pero no

---

333 Agnès Varda, *Varda par Agnès. L'intégrale, vol. 1954-1994, op. cit.,* pág. 150.

Mathieu Demy y Sabine Mamou en *Documenteur* (1980-1981), © Ciné-Tamaris.

me reconozco en ella». Cuando evoca el film en *Las playas de Agnès,* comenta que, «mirando atrás, veo que ella fue otra "yo misma"». Pese a sus contradicciones, de alguna manera se entrevé que Émilie es una suerte de *alter ego* de la cineasta, a lo que se añadió que el rodaje coincidió con su crisis de pareja con Jacques Demy, un tema que ella siempre ha eludido, aunque no con ciertas contradicciones, cuando le han preguntado sobre el carácter autobiográfico del film:

> Estoy de acuerdo y no estoy de acuerdo. Creo que todas mis películas son autobiográficas [...]. Lo que ha despistado es que el niño Martin es interpretado por nuestro hijo Mathieu Demy, y una mujer sola con un niño en Los Ángeles, etc., daba lugar a referencias porque yo vivía allí con él. Creo que la película está sobre todo llena de emociones autobiográficas, muy fuertes[334].

334 Françoise Wera, «Entretien avec Agnès Varda», art. cit., pág. 5.

Sea como fuere, Émilie, francesa en un país extranjero, es una mujer que afronta la reciente ruptura con su pareja en compañía de su hijo. El inicio del mencionado monólogo revela el tono introspectivo y la situación de pérdida que vive la protagonista:

> Decimos que estás «contra la pared» cuando tienes que mostrar tu interior, tu verdadero rostro. Como si normalmente tuvieras una cara falsa y entrañas ocultas, una cabeza de repuesto para ocultarse, una cara de circunstancias. Todo lo que veo son las caras. Las encuentro reales, más reales que las conversaciones. Yo me pierdo en lo que rodea a las palabras, me pierdo en lo que rodea a las caras. Donde estoy, solo hay palabras y rostros.

Durante esta parte se muestran algunos rostros del mural *Moratorium: The Black and White Mural* (1973), pintado por Willie Herrón y Gronk, que darán paso a los rostros reales de las gentes que pululan por los muelles de Venice en un día gris. Están los que pescan, los que deambulan, los que permanecen de pie, apoyados en una pared con la mirada perdida, los que fuman. Ciudadanos de a pie, seres marginales, inmigrantes, vagabundos. Y entre ellos, la madre y el hijo, sentados al lado de aquellos o caminando mientras miran a los pescadores. El monólogo de la cineasta prosigue con la reflexión sobre el sentido de las palabras, las que expresan emociones o gestos. O las que lo han perdido. Pero hay una palabra que vive dentro de Émilie que «se impone y se incrusta», que es un tormento, que duele. Es la palabra «dolor».

A partir de aquí, serán los monólogos interiores de Émilie los que irán marcando el proceso introspectivo de su duelo por el amor perdido, monólogos en los que parece mostrarse más locuaz que en sus diálogos con el exterior, es decir, con los demás, con quienes es escueta en palabras. De hecho, escuetas son las conversaciones con su propio hijo Martin

—quien por otra parte le pide dormir con ella porque tiene miedo de estar solo en su habitación—, como son las que tiene al teléfono con la mujer para quien mecanografía sus textos o con Tina, una mujer de mediana edad que trabaja como camarera y le confiesa que ella también está separada. Pero Agnès Varda articula dichos monólogos con las imágenes de corte documental de los habitantes de Venice y los alterna con secuencias a veces en silencio, otras acompañadas por las notas melancólicas de la música de Georges Delerue interpretada al piano por Michel Colombier.

Émilie busca un lugar para vivir con su hijo tras decidir abandonar la casa donde estaban acogidos por unos amigos «porque molestamos un poco», según le cuenta a Martin. Encuentran un pequeño bungaló, si es que se le puede llamar así, en el que se instalan y que amueblan con unos pocos enseres recogidos de la calle. En el film adquieren importancia los espacios: vacíos y algo deteriorados los del interior del nuevo hogar y desolados los del exterior, las callejuelas laberínticas que rodean aquel y por las que corretea Martin, la austeridad del patio de su colegio, al igual que las calles que recorren madre e hijo, o incluso la propia playa de Venice, casi desierta, todos ellos paisajes envueltos bajo una atmósfera sombría que enfatiza la soledad y la aflicción de la protagonista. Si en *Mur murs* Los Ángeles es una ciudad soleada y colorida, aquí es grisácea y lluviosa, cuando no nublada.

Y a los espacios se une otro elemento que enmarca y, con ello, no solo enfatiza el aislamiento que sufren los personajes sino que focaliza la atención del espectador en ellos y en otras ocasiones delimita su mirada: son las ventanas y, por extensión, las puertas. Lo que dejan ver del exterior desde el interior son paredes grisáceas y contenedores, como sucede en la colonia de bungalós donde viven Émilie y Martin, aunque a veces en esos escenarios hay individuos que escarban en los cubos de la basura. Y lo que dejan ver del interior desde el exterior, como cuando Martin, en uno de los callejones, observa a un hombre concentrado ante su máquina de escribir; o los ventanales de los negocios, con el trasiego de clientes, la mujer sentada de espaldas a la calle que se atusa el pelo en una lavandería, o la madre y el hijo cuando en un momento dado entran en un bar y hablan de un libro sobre un búho que, al pensar en cosas tristes que le hacían llorar, aprovechaba sus lágrimas para hacer un té.

A su vez, hay un contraste entre las imágenes subjetivas de Émilie del cuerpo desnudo de su antiguo amor, casi como un Apolo, o los momentos en que mecanografía un texto en la antigua casa delante del ventanal, cuya vista da a la playa, únicas escenas soleadas de la película, y las imágenes del entorno que le rodea, algunas incómodas, como la pelea de la pareja que presencia, otras pintorescas, caso de la dependienta de la gran cabellera poblada de bucles cuyo nombre, Millie, posee una similitud fonética con Émilie, y aun otras incluso extrañas, como la mujer tendida en la playa con una Biblia en el vientre y flanqueada por dos hombres arrodillados. De hecho, la propia cineasta ha declarado en varias ocasiones que estas escenas las filmaron fruto del azar.

Aquí los juegos, más que de palabras, son de significados. Por ejemplo el monólogo que dice:

> Es como la ropa sucia, la lavamos, la ensuciamos y vuelta a empezar. La comida: la cocinamos, la comemos y comienza de nuevo. Los platos igual. Hacemos y deshacemos. Ella escribe un texto y yo mecanografío. Ella corrige y yo mecanografío, ella revisa, yo mecanografío, ella dicta, yo mecanografío. Todo el mundo hace y rehace el mismo gesto. Y después esperamos.

Cuando el niño, en una de sus lecciones de gramática, aprende a declinar el verbo *faire* [hacer], Varda aprovecha para introducir el monólogo en el que Émilie se cuestiona lo que hacen los demás.

En otro momento, ante la ausencia de su jefa, Émilie tiene que grabar una locución para un documental: «En Los Ángeles puedes ver ángeles caminando sobre las aguas del Pacífico, pero solo son chicos rubios en tablas de surf. Puedes visitar los estudios de Hollywood y ver verdaderas estrellas de cine. Por lo que a mí respecta, yo vi muros». En otro momento dice: «Es difícil saber si el capital corre detrás del trabajo o si es el trabajo el que corre detrás del capital. Al igual que no siempre sabemos si el arte imita a la vida o si es la vida la que imita al arte». Al reproducir la grabación de esta última frase, suena con la voz de la propia Agnès Varda. Émilie pregunta si es esa su voz. Uno de los técnicos le responde que «nadie reconoce su propia voz». Sin embargo, como dato anecdótico, todas estas frases pertenecen a *Mur murs*.

De entre los múltiples detalles que salpican la película hay otro revelador. Hacia el final del metraje el niño aparece vestido con una camiseta cuya frase es: «Mi madre y mi padre fueron a California, pero todo lo que conseguí fue esta estúpida camiseta».

* * *

Coda:

Mathieu Demy debutó como guionista y director con *Americano* (2011), una suerte de continuación de *Documenteur*, que además protagonizó junto con Geraldine Chaplin, Chiara Mastroianni, Jean-Pierre Mocky y Salma Hayek. Su trama comienza en París, donde reside un casi cuarentón Martin, cuando le comunican la muerte de su madre y se traslada a Los Ángeles para hacerse cargo de los trámites. Ello lo obligará a enfrentarse con su pasado en Venice, que ilustra con algunas secuencias de *Documenteur* y para el que recupera algunos de aquellos personajes, como el del escritor que siempre estaba ante la ventana con su máquina de escribir.

## 1982. Ulysse

> Era como una búsqueda de la memoria partiendo de una imagen que al final era una imagen muy plana (el mar, un hombre, un niño, unas piedras, una cabra), y volvía a esta idea de que yo podía cargar la fotografía, llenarla, pero que, si volvía a la imagen en sí misma, solo era una representación[335].

En 1954, unos meses antes de iniciar el rodaje de *La Pointe Courte,* Agnès Varda toma una fotografía en Saint-Aubin-sur-Mer. Al fondo, al borde del mar, una figura de un hombre joven desnudo, de pie y de espaldas a la cámara. Es egipcio y se llama Fouli Elia. A su lado, sentado en la arena, un niño, también desnudo. Es Ulysse, cuya madre, Bienvenida, y su marido eran exiliados españoles y vecinos de la cineasta, con quienes tuvo una larga amistad. Y, en primer término, el cadáver de una cabra.

Treinta años después, la cineasta recupera la instantánea y concibe un film en el que traza una serie de reflexiones que giran en torno a la memoria, los vínculos y los recuerdos que puede generar una imagen en los propios retratados mucho tiempo después o las interpretaciones que suscitan en quienes la contemplan desde fuera, y en el que de paso explora la intrahistoria, la propia naturaleza de la fotografía.

Agnès Varda parece tener un recuerdo claro sobre el momento en que tomó la instantánea y las circunstancias que lo rodearon:

---

335 Jean Deacock, «Entretien avec Agnès Varda sur *Jacquot de Nantes*», art. cit., pág. 948.

*Ulysse* (1982), © Ciné-Tamaris.

> Era un domingo junto al mar, cerca de Calais. Cuando tomé esta fotografía con una cámara de placas, veía al revés por el cristal esmerilado [y muestra dicha imagen, boca abajo] al hombre sobre su cabeza, abajo a la derecha; al niño, en el centro a la derecha, en vez de a la izquierda. Y la cabra flotando en un cielo lleno de meteoros, como un signo zodiacal.

A continuación, precisa que «si la cabra nació y murió en Saint-Aubin-sur-Mer, el niño nació en Denia, y el hombre, en Alejandría. Él no había visto jamás al niño hasta ese domingo en la playa. Y yo no había vuelto a ver al egipcio desde entonces».

La cineasta tiene un primer encuentro con Fouli Elia en su oficina. Es director de arte de una revista. Para ponerle en situación, él ha aceptado realizar la entrevista desnudo en su despacho. Agnès Varda le muestra la foto, y hasta le ha traído unas piedras de aquella playa. Él dice que debió de ser hace veintiséis o veintiocho años. No se acuerda del nombre del niño, tampoco de las otras instantáneas que le tomó en aquella época y que en esos momentos le enseña. Sin embargo, en una reconoce una prenda de vestir que llevaba en aquel tiempo, pero poco más. Y añade después: «Pero no recuerdo a la persona», y Varda responde: «¡Qué extraño! Recuerdas la ropa, pero no quién eras». Y él replica que no quiere recordar. Las respuestas que recibe la cineasta no son las esperadas.

Ulysse es ahora un hombre de mediana edad y propietario de una librería situada en la rue de Rivoli en París. Pero antes, Agnès Varda incluye una secuencia en la que rememora a la familia Llorca y a su hijo Ulysse, que le inspiraron muchas fotografías, algunas de las cuales muestra en pantalla. La cineasta acude al negocio de Ulysse y le enseña la instantánea. Parco en palabras, y manifestando cierta incomodidad, responde que no se acuerda, y tampoco del dibujo que hizo en aquel tiempo sobre aquella fotografía y que pone en sus manos, ni de los numerosos retratos que le sacó junto a su madre. Sobre el dibujo, la cineasta le comenta que es una «imagen real, pero no para ti. Debes imaginar tu infancia». Él asiente. Ella prosigue: «Es mi versión de los hechos». Ulysse solo acierta a contestar que, «después de todo, cada uno tiene su propia historia. Aunque sea extraña, entre realidad y ficción».

A continuación Agnès Varda habla con su madre, Bienvenida, que confiesa que de aquella época en que hizo la fotografía posee un recuerdo triste por la enfermedad que sufría su hijo en los huesos y por la que le aconsejaron que pasase temporadas al lado del mar. Es la razón por la que el niño estaba ahí, en Saint-Aubin-sur-Mer. Ulysse recuerda la enfermedad, pero no la estancia en la playa.

Después la cineasta enseña la fotografía y el dibujo a un grupo de niños, uno de los cuales es su hijo Mathieu. Obtiene diversas interpretaciones. Pero diferentes a las dadas por Fouli Elian, Ulysse y su madre. «Los niños dicen: verdad, humano, real», expresa la cineasta. Y se pregunta qué era real aquel día, un 9 de mayo de 1954, cuando tomó la foto en la playa. Agnès Varda recurre a las imágenes de archivo de los noticiarios de la época para revisar los hechos históricos que sucedieron en aquella fecha: la fiesta del armisticio, que coincidió con la derrota de las fuerzas francesas en la batalla de Dien Bien Phu, que significó el fin de la guerra de Indochina y con ella la pérdida de la colonia. También echa mano de sus habituales juegos de palabras cuando comenta que «Molotov tomaba un cóctel entre guardaespaldas pensando en la *desestanilización*». Y recuerda que ese mismo año de 1954, poco tiempo después, en julio, comenzó el rodaje de su primer film, *La Pointe Courte*.

Agnès Varda vuelve a la fotografía y reflexiona sobre los aspectos que han surgido en torno a ella. La ha puesto en contexto, tanto con respecto a su vida y en el tiempo como en relación con los retratados, y sin embargo las interpretaciones y las historias, es decir, las respuestas recibidas, no aparecen en la imagen, lo que induce a la cineasta a concluir que «podría haberla hecho el domingo pasado o ayer, yo... u otra persona. La imagen está ahí, eso es todo. En una imagen se ve lo que uno quiere, una imagen es eso y lo demás».

Y Agnès Varda realiza su propia interpretación de dicha fotografía a partir del mito de Ulises. La última secuencia la protagoniza Bienvenida, a quien la cineasta pregunta por qué escogieron el nombre de Ulysse para su hijo. Ella, simplemente, contesta que lo eligió su padre, porque leía mucho y le gustaba ese nombre.

## 1982. Une minute pour une image

Según Varda, tras el rodaje de *Ulysse,* los comentarios que suscitó este cortometraje documental le inspiraron la idea de proponer

> a personas diversas que hicieran comentarios espontáneos sobre fotografías no identificadas. A Robert Delpire del CNP (Centro Nacional de la Fotografía) le gustó la idea y coprodujo con Dominique Vignet (Garance), quien ya había producido *Ulysse*. Sus decisiones rápidas, la eficacia de Dominique, ¡mis amigos y mi trasero! hicieron el resto. Porque convencí, tanto a Marguerite Duras como a un barrendero africano, de que comentaran una fotografía [...]. Las fotografías fueron seleccionadas primero por Doisneau, o Caujolle, o Cartier-Bresson, o Delpire o yo, siguiendo el principio de un Álbum Imaginario. Me tocaba encontrar comentaristas adecuados para la imagen, grabarlos y luego hacer que la cámara se moviera, o encuadrar los detalles[336].

La serie constaba de 170 episodios de no más de dos minutos de duración y de emisión diaria en el canal France 3 y su difusión comenzó el 31 de enero de 1983 y concluyó el 22 de julio de ese mismo año. El genérico lo comprendía el plano de un ojo abierto, seguido de otro con el mismo ojo cerrado y el diafragma de una cámara que se abre. Después se daba paso a una fotografía, que se mostraba durante unos breves instantes en silencio antes de dar inicio a un pequeño comentario mientras con la cámara o

---

336 Agnès Varda, *Varda par Agnès. L'intégrale, vol. 1954-1994, op. cit.*, pág. 137.

bien se traza un ligero movimiento —a veces un pequeño *zoom* o un lento barrido—, o bien se enfocan determinados detalles.

> No se trata de reflexiones críticas o históricas sobre la fotografía; lo que nos interesa es «cada imagen en sí misma», tomada por una persona, vista por otra que la comenta. Solo una fotografía a la vez, en blanco y negro o en color, contemporánea o antigua, retrato, grupo, imagen de reportaje, de actualidad, de moda, tomada por un fotógrafo famoso o no, o por un anónimo. Una al día, lo suficientemente tarde como para que se instale en la mente a una hora cercana al sueño... 80 a 90 segundos[337].

Después se volvía a dejar dicha instantánea unos segundos en silencio y se concluía con los datos de la imagen: el nombre de quien realiza el comentario y su profesión, así como el autor de la fotografía, el título y el año. Un ejercicio que era una invitación a jugar con la imaginación y, con ello, a la libre interpretación de una imagen que se convertía en un pequeño ensayo donde cada comentarista ofrecía sus impresiones. Los comentarios los hacían tanto ciudadanos de a pie —uno de ellos fue realizado por Marie Piednoir, la panadera de *Daguerréotypes,* con la fotografía *Le pain quotidien* (1953) de Robert Doisneau— como destacados nombres de la cultura. Agnès Varda, por su parte, se encargó de comentar su propia selección, que comprende catorce imágenes:

1. *Femme algérienne* (1960), de Marc Garanger. Retrato de una mujer de mediana edad tomado durante la guerra de Argelia que pertenece a una serie de negativos que el fotógrafo guardó durante más de veinte años en un cajón. Esta

---

337 *Ibíd.,* pág. 265.

mujer, como los demás habitantes de su aldea, hubo de posar ante el fotógrafo para el carnet de identidad, por lo que, según comenta la cineasta, tuvo que quitarse el velo.

2. *Collages* (1983), de Gérard Marot. Cuatro mujeres sentadas con los ojos tapados por un rectángulo negro y en cuyos regazos está tumbado un adolescente desnudo. Dice que la imagen le sugiere varias impresiones: «películas clasificadas X, la Pietà, Seguridad Social, complejo de Edipo, mujeres mayores y amor, mujeres de incógnito y un chico mostrando su pene». Y a continuación especifica estos conceptos: películas X «por los ojos tapados que sugieren visión restringida»; Seguridad Social porque parecen esperar su turno; la Pietà porque la mano del adolescente cuelga hacia abajo como la Pietà de Aviñón[338] y relaciona a las mujeres con cuatro madonas.

3. *Bibi à Marseille* (1928), de Jacques-Henri Lartigue. Dos enormes trasatlánticos ocupan el encuadre. En el ángulo inferior derecho, una mujer. Dice que piensa en una canción de Kurt Weill de *La ópera de tres peniques*. La canta. Sabe que se tomó en Marsella. Y recuerda que su primer viaje sola lo inició en esa ciudad.

4. Una foto en color que no lleva título datada en 1968, de André Martin: seis manos, una de las cuales está siendo operada en un quirófano; las otras son las de los médicos.

> Está la mano pasiva y están las manos activas. Pienso en los viejos clichés del humanismo: «todo lo que la mano del hombre puede», «trabajar mano a mano», «echar una mano».

Y puntualiza: «Recordamos que víctimas y verdugos tienen las mismas manos. Pensamos en los estigmas de las

[338] Se refiere a la Pietà de Villeneuve-lès-Avignon (c. 1450-1475), atribuida a Enguerrand Quarton y que se conserva en el Museo del Louvre.

manos de Cristo». Y cita el primer y cuarto versos de una estrofa del poema «L'héautontimorouménos» [El heotontimorumenos], de *Las flores del mal* de Baudelaire: «¡Yo soy la herida y el cuchillo! / y la víctima y el verdugo»[339].

5. *Varennes* (c. 1913), de Jenny de Vasson. Una puerta, un niño sentado en un escalón que mira a su padre, de pie, quien a su vez lo mira. Y a la derecha, entre una hiedra, una mujer, la madre. Y la abuela al fondo. Le recuerda a la escuela holandesa de pintura. «Una caricatura del niño como rey». Y prosigue: «Todos miran al niño, el orgullo y futuro de la familia». Para la cineasta, el tema es la casa, «la zona oscura entre las dos puertas y el peso de las zonas sin luz. Las casas cuentan muchas cosas sobre la familia, la familia cuenta sus gustos y el fotógrafo cuenta un trozo de misterio que nadie quiere contar».

6. *Tarawa* (1943), de W. Eugene Smith. Una fosa común con cadáveres. Esta imagen la comenta con el pintor Jacques Monory en forma de diálogo. Tras reseñar los aspectos trágicos de la escena, ella dice que plantea una cuestión básica porque es una imagen con texturas agradables, sombras suaves en negro, blanco y gris. Él se pregunta: «¿Qué son la belleza y el arte cuando sabemos que estamos mirando una fosa común?». Y ella le replica: «Cada uno de esos cuerpos fue una persona con su punto de vista y su opinión y que diría, como nosotros, según el caso: es bello, es horroroso».

7. *Autoportrait* (1972), de Joan Fontcuberta. Una mano abierta en el lado izquierdo. En el otro, un torso de cuyo brazo asoma una cabeza de pez. Podría ser un juego de manos, dice. Le gusta esta foto, llena de ensoñación y mie-

---

[339] «Je suis la plaie et le couteau / Et la victime et le bourreau», en Charles Baudelaire, *Las flores del mal,* edición bilingüe de Alain Verjat y Luis Martínez de Merlo, Madrid, Cátedra, 2019, págs. 316-317.

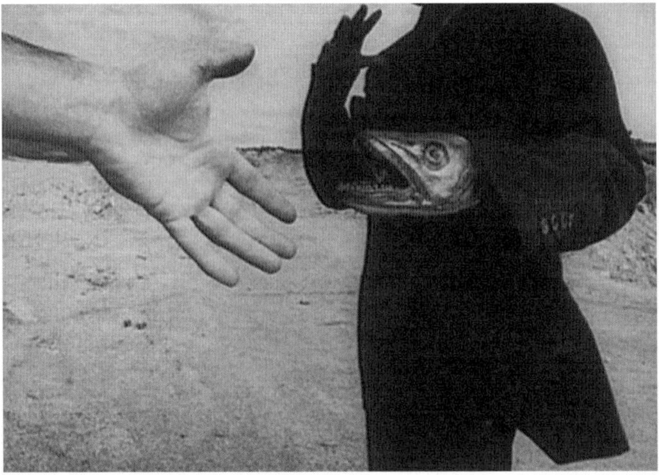

*Une minute pour une image* (1982),
© Ciné-Tamaris (foto: Joan Fontcuberta).

do. Le recuerda al surrealismo, que para ella es «espacio y tiempo para soñar más allá de la extraordinaria precisión de lo real. Un espacio en torno a la realidad y sus imágenes».

8. *Série du canapé, num. 6* (1978), de Gladys. Pareja desnuda en un sofá y, delante de ellos, unas hojas en movimiento que caen. «Es como una vibración de amor», apunta la cineasta. Y expresa que es, al mismo tiempo, «la tranquilidad en un confortable sofá y el flujo del transporte amoroso». Pero tampoco, según sus palabras, se puede deducir mucho más. Tras unas breves impresiones más sobre la imagen, concluye: «Pero justo ahora están aún vibrando».

9. Foto anónima en Col de la Faucille (hacia 1915) que representa a la familia numerosa de la madre de Agnès Varda, Christiane Varda, y ambas se encargan de los comentarios. La madre recita el nombre de sus hermanos —con ella son catorce—, todos de pie, en fila y tocándose los hom-

bros. Sentados en el suelo, los padres. Todos miran a cámara menos dos mujeres, la madre de Christiane y la propia Christiane, pero ambas dirigen sus ojos en la misma dirección, aunque la cineasta, según dice, no sabe lo que ven.

10. *Quincy Mass* (sin fecha), de Bill Greene. Combate de lucha libre en el barro entre dos mujeres obesas. Una, de pie, sujeta por la cintura, y en el aire, a otra, que está boca abajo. La cineasta comenta que le trae reminiscencias de las esculturas de mujeres de Niki de Saint Phalle, «aunque no aparecen los colores ni la animación» de estas. A la izquierda, un hombre que «gesticula teatralmente». Y añade que esta imagen la atrae por esa mezcla de «deporte, mujeres y fango», aunque no iría a un espectáculo como ese.

11. Marc Riboud, *La fille à la fleur*. Washington, 1967. La conocida fotografía de una mujer con una margarita en sus manos ante un grupo de soldados en posición de ataque. «¿Se puede parar la violencia con una flor?», se cuestiona la cineasta. Pero confiesa que lo que le gusta de esta imagen es que «se atreva a presentar una flor en una mano desnuda como la encarnación misma de la resistencia a la violencia».

12. *Tournage de Cléo de 5 à 7* (1961), de Lilianne de Kermadec. Un espejo roto en el que se refleja un ojo. Una mano, y otras dos en el ángulo inferior derecho, una que recoge un lápiz de labios mientras la otra sujeta un monedero. Hay monedas en el suelo, algún billete y fragmentos del mencionado espejo. La voz de Agnès Varda pone de manifiesto su sorpresa por el ojo reflejado. Pero añade que «un espejo roto significa muerte para los supersticiosos», aunque no ve nada relacionado con la muerte. «Veo el espejo roto como un yo roto», pero vinculado a la memoria, como «recuerdos rotos cuyos fragmentos no encajan bien», como si fuese un fallo en el montaje. A continuación afirma que «a veces el cine parece como una fotografía animada. Esto es, un film detenido. Es un instante de *Cleo de 5 a 7*. No vemos a Cleo ni las 5 o 7 en punto».

13. *Sin título* (enero de 1983), de Nurith Aviv. Fotografía en color. Un muro que presenta una mancha cuya impronta pictórica se asemeja a un paisaje con nubes. Varda cita las pinturas de Zao Wou-Ki (1920-2013). A la derecha hay tres niños. Por la izquierda, corriendo, se acerca a ellos un cuarto infante. Pero «la muralla es como un cielo», para concluir que es un paisaje con figuras.

14. *Spring in París* (1983), de Bob Gould. Seis polaroids en color. Eróticas. Caras ocultas. «Es una historia de cuerpos, cuerpos que se mueven, movimiento de cuerpos». Relaciona la palabra «polaroid» con el término «polar», que «en francés son las novelas policíacas, el cine policíaco. Estas pruebas son pruebas, pistas, huellas digitales. Hacerse una foto de sí mismo en el acto» y un minuto después ya está revelada y «es única y privada. No hace falta llevarla a revelar». Y Varda concluye: «Esto es la inocencia del erotismo, el paraíso del pequeño voyerismo. El infierno son los otros, los otros y sus comentarios».

## 1984. Les dites cariatides

> Paseaba por París, leía, y el tema se enriqueció por sí solo cuando me di cuenta de que la mayoría de las cariátides de París datan de los años 1860. Aparecieron en los edificios durante esa década culturalmente prodigiosa, la de Flaubert, Delacroix, Marx y *El capital,* Offenbach[340] y su *Bella Helena...* y sobre todo Baudelaire, que me fascina. Escucho su voz, sus poemas habitan en mis oídos. La asociación se hizo así y la película se convirtió en: las cariátides en los últimos años de Baudelaire. Nosotros, que tenemos por oficio mirar, hacer ver o informar, nunca miramos lo suficiente. Conocía una decena de cariátides; descubrí cincuenta[341].

Agnès Varda inicia el documental, de apenas once minutos de duración, con un hombre desnudo saliendo a la calle mientras su voz en *off* apunta que los desnudos es más habitual verlos en bronce o en piedra que en vivo; como tampoco sorprende ver damas desvestidas en las fachadas de los edificios. Y afirma que sobre todo le gustan aquellas que ejercen como columnas humanas, las llamadas «cariátides». Según la cineasta, es Vitrubio quien cuenta sus orígenes: habitantes de una ciudad del Peloponeso llamada Caria que ayudaron a los persas, en guerra contra otras ciudades griegas. Al vencer los griegos, se vengaron de las cariátides colaboracionistas destruyendo la ciudad. Acuchillaron a los hombres y se llevaron a las mujeres como esclavas y las hi-

---

340 Sobre el compositor Jacques Offenbach y su época recomendamos el libro de Sigfried Kracauer *Jacques Offenbach y el París de su tiempo,* Madrid, Capitán Swing, 2015.

341 Agnès Varda, *Varda par Agnès. L'intégrale, vol. 1954-1994, op. cit.,* pág. 266.

*Le dites cariatides* (1984), © Ciné-Tamaris.

cieron desfilar como botín de guerra. Para rememorar ese castigo, los arquitectos de la época, en lugar de columnas, pusieron esculturas de ellas en lugares públicos.

Varda apunta que en el cortometraje solo se verán las cariátides del París decimonónico. Estas van de dos en dos, una semidesnuda y la otra no. «Son simétricas, pero nunca idénticas». Dice que, salvo una excepción en la avenida de Tourville, que es una pareja mixta, hay una docena de parejas masculinas y una cincuentena femeninas. También hay trillizas en un banco. Es decir, tres mujeres-columna que son cuatro columnas; por tanto, son doce. A las cariátides masculinas se les llama «atlantes». Muestra una y el plano que le sigue, por asociación, es un hombre cargando un saco de patatas sobre sus hombros que en esos momentos descarga una camioneta. Con la imagen de una mujer que lleva un cesto en su cabeza, dice que ellas, cuando portan algo, lo llevan sobre esta, e ilustra el comentario con varias fotografías en blanco y negro de su autoría. Vuelve al plano anterior de la mujer que lleva un cesto y dice que la cariátide nunca muestra el esfuerzo por la carga. El clasicismo se pone de moda. Leconte de Lisle escribía *Poemas antiguos,* Théodore de Banville publicaba *Las cariátides*. Pero es entre 1860 y 1870 cuando más aparecen en las fachadas de los edificios, década prodigiosa —un subtítulo sobreimpresionado en la imagen reza: *pas décade... décenne*— en la que «se produjo *Los miserables* de Victor Hugo, de Offenbach, *El capital* de Marx, *La educación sentimental* de Flaubert, el último Delacroix, el primer Manet, que escandaliza como *Las flores del mal* de Baudelaire». Y recita dos fragmentos que aquí se reproducen por esa correlación que establece Agnès Varda entre la imagen y la palabra, el primero del poema titulado «La beauté» [La belleza]:

> Yo soy bella, ¡oh mortales!, como un sueño de piedra,
> y mi seno, en que todos a veces se afligieron,
> para inspirar se ha hecho al poeta un amor
> que igual que la materia es eterno y es mudo[342]

y después la última estrofa de «Que diras-tu ce soir, pauvre âme solitaire» [Qué dirás esta noche, pobre alma solitaria]:

> A veces habla y dice: «Soy hermosa y os mando
> que por amor a mí tan solo améis lo Bello;
> soy la Musa, y el Ángel custodio, y la Madonna»[343].

---

[342] «Parfois il parle et dit: Je suis belle, ô mortels! comme un rêve de pierre, / Et mon sein, où chacun s'est meutri tour à tour, / Est fait pour inspirer au poëte un amour / Éternel et muet ainsi que la matière», en Charles Baudelaire, *Las flores del mal, op. cit.,* págs. 130-131.

[343] «Je suis belle, et j'ordonne / Que pour l'amour de moi vous n'aimiez que le Beau; / Je suis l'Ange gardien, la muse et la Madonne», en Charles Baudelaire, *Las flores del mal, op. cit.,* págs. 204-205.

A continuación Varda muestra varias cariátides por medio de un movimiento *tilt* acompañado con versos del poeta, de quien cuenta que cortejó a Madame Sabatier, la cual, tras el proceso judicial que le supuso la publicación de *Las flores del mal,* se entregó a él. Pero al día siguiente Baudelaire le escribe una carta de ruptura. Después inicia el relato sobre los avatares de su muerte.

Aparece luego la cariátide más grande de París, que posee una altura de tres pisos, en la rue Turbigo 57 y que, según la cineasta, nadie sabe quién la concibió ni lo que representa, mientras muestra cómo varias personas la limpian desde diferentes balcones. Y el film se cierra con un verso del poema «L'amour du mensonge» [El amor a la mentira]:

> ¡Salve, telón o máscara! Yo tu belleza adoro[344].

Y la cámara, tras enfocar frontalmente el rostro de dicha cariátide, se eleva hacia el cielo hasta mostrar los tejados de París.

---

344 *Masque où décor, salut! J'adore ta beauté,* en Charles Baudelaire, *Las flores del mal, op. cit.,* págs. 384-385.

## 1984. 7 P., CUIS., S. DE B... *(à saisir)*

> En 1984, después de filmar un cortometraje, mi deseo era hacer un largometraje corto para presentar juntos los dos films. El primero, donde no se salía de la casa familiar, *7 P., cuis., s. de b... [sic]*. El segundo, por el contrario, fuera de cualquier casa, con una sin familia, una chica imposible de entender. El conjunto de las dos películas habría dado: *7 P., cuis., s. de b... (à saisir) [sic]* como un anuncio inmobiliario. Pero la segunda película, que acompañaba a la vagabunda y cuyo título en las claquetas era *À saisir,* se convirtió en un largometraje por sí solo. En el montaje, con Patricia Mazuy, buscábamos títulos escribiendo listas... Una palabra escuchada al azar sobre un *western* y un héroe *sin fe ni ley* se adaptó de inmediato a mi oído en *Sans toit ni loi*. Habíamos encontrado título[345].

Aunque, finalmente, en cuanto a estilo y planteamiento son dos films completamente diferentes, Claude-Marie Trémois apunta que *7 P., cuis., s. de b... (à saisir)* podría ser el comienzo de *Sin techo ni ley,* pues el personaje de la joven que «sueña con salir de la casa familiar, donde se siente sofocada bajo el yugo de un padre despótico, podría convertirse en Mona la libertaria, Mona la esquiva»[346]. E incluso el personaje de Yolande, la sirvienta, lo encarna la misma actriz, Yolande Moreau, en *Sin techo ni ley*.

---

[345] Agnès Varda, *Varda par Agnès. L'intégrale, vol. 1954-1994, op. cit.,* págs. 31-32.

[346] Claude-Marie Trémois, *Télérama,* núm. 1878, 8 de enero de 1986, recogido en Agnès Varda, *Varda par Agnès. L'intégrale, vol. 1954-1994, op. cit.,* pág. 267.

Sea como fuere, Agnès Varda visita la exposición *Le vivant et l'artificiel,* concebida por Louis Bec a modo de gabinete de curiosidades, que tiene lugar en el verano de 1984 en el hospicio de Saint-Louis en Aviñón. Impresionada por la exhibición, esta le inspira el presente cortometraje, del que, además, apunta que se rodó con total improvisación[347]. Un ejercicio de carácter experimental en el que se narra una historia con tintes surrealistas sobre la familia de un médico que habitó un piso de un antiguo hospicio. Incluso se podría decir que es una historia de fantasmas, los del matrimonio y sus hijos, pero también los de los ancianos que han poblado el lugar. Sin embargo, Agnès Varda concibe un film abierto a la sugerencia cuya extrañeza está acentuada por la música de Pierre Barbaud perteneciente a la banda sonora de *Las criaturas.*

El título *7 P., cuis., s. de b... (à saisir)* es un juego de palabras tan del gusto de la cineasta cuyo significado es *Sept pièces, cuisine, salle de bain... (à saisir),* es decir, «siete habitaciones, cocina, cuarto de baño... (a aprovechar)», en referencia a los anuncios de venta de pisos. De hecho, el film se inicia con la imagen de unas escaleras mientras una voz masculina en *off* describe el apartamento. Es un agente inmobiliario, la persona que lo va a enseñar. Y aquí se produce un nuevo juego vardiano porque dicha voz se dirige al espectador, que es, en realidad, a quien se lo va a mostrar. El agente continúa explicando que pertenece a un antiguo hospicio y que se lo vendió hace veinte años a un médico cuando estaba vacío, sucio y abandonado. Y habla de la mujer de aquel, sobre la que añade que tenía imaginación. Al citar a cada uno de estos personajes, se muestra respectivamente un maniquí masculino y uno femenino a los que

---

[347] Agnès Varda, *Varda par Agnès. L'intégrale, vol. 1954-1994, op. cit.,* pág. 156.

se les imprimen ligeros movimientos. Sigue contando que el médico era un prestigioso «gerontólogo o geriatra» y que se fue con sus hijos y abandonó todo. Por eso, prosigue la voz en *off*, el precio es barato: «vender y olvidar». Se muestran estancias, unas vacías, otra con una mesa en el centro en la que hay numerosos bustos de escayola y, a su alrededor, un grupo de ancianos sentados.

A partir de ahí, reconstruye los acontecimientos del matrimonio por medio de *flashbacks*, como cuando en la cama ella le dice a su cónyuge: «mejor gerontólogo que ginecólogo, ¡menos tentaciones!», o después, con sus cinco hijos, aún pequeños, ante la mesa, cuando se disponen a comer y el padre ya se muestra como un hombre autoritario ante sus vástagos.

Prosigue la voz en *off* del agente inmobiliario, que recalca que la cocina es enorme, como las de antaño: una imagen de esta da paso a otra, pero esta vez cubierta de césped y con la presencia de un pavo y los cinco hijos, a los que una de las sirvientas les prepara una rebanada de pan con mantequilla. En la siguiente secuencia, una anciana llama a la puerta para ofrecer hilo de algodón y leer la mano. Y a continuación, imágenes de radiografías y estudios anatómicos con voces que recitan términos médicos. Una nueva imagen familiar durante una comida, aunque ahora los hijos ya son veinteañeros. La hija se rebela contra el padre. Le dice que le faltan tres días para cumplir la mayoría de edad y que se marcha de casa.

La voz en *off* del agente vuelve a intervenir para señalar que «Las monjas no dejaron nada, ni los pacientes. Estaba vacío. Pero estas paredes tienen alma». Y se muestra un largo pasillo vacío. Al fondo se abre una puerta que muestra a dos ancianas en el umbral. Una dice que «no quería abandonar esta casa». Se muestra un primer plano de su rostro, que está superpuesto a la imagen de la estancia. Ella prosigue: «Era feliz en el hospicio. No quería marcharme». Y su rostro desaparece. Reaparece la voz en *off* del agente inmobiliario para decir que tiene que enseñar el sanitario. «El aseo de un hospicio es el sueño de una familia numerosa». La cámara lo enfoca, pero encima del lavabo se refleja en el espejo la palabra *rêve* [sueño]. Después, el plano de un maniquí femenino que duerme enlaza con otro plano del baño y su puerta, que se cierra, para dar paso a una imagen con la colección de bustos en escayola. Le sigue un primer plano de dos cabezas de una pareja de maniquíes mientras una voz femenina en *off* declara: «Me acuerdo de Gaston y Angèle. ¡Qué fieles e impecables criados!».

Imagen del médico, ya en edad madura, y su mujer, ambos de nuevo tendidos en la cama. Este espeta: «Te miro y me pregunto cómo pude enamorarme de ti», y añade que la mira y no puede recordar si estuvo enamorado de ella ni como logró seducirlo. Y ella responde con comentarios sobre la sirvienta Yolande. Se suceden más situaciones. Una imagen de la cocina con hierba y el mencionado pavo, una estancia vacía en la que irrumpe una mujer que parece estar trastornada, una pareja de ancianos que desciende por una escalera del hospicio o el despacho del médico en el que este suelta un largo monólogo a un colega de profesión.

Se suceden situaciones: la hija se besa en el granero con un chico; Yolande cocina con un cigarro en los labios, mientras la mujer del doctor la recrimina por fumar; la bofetada que le da el padre a su hija rebelde en las escaleras por llegar tarde, o de nuevo la cocina, en la que llueve y en la que un pavo cruza el encuadre, secuencia que da paso a Yolande tendida sobre la hierba de la cocina mientras comenta: «El olor de la hierba tras la lluvia. ¡Eso es vida! Cuando era una niña, en el campo, mamá nos mandaba limpiar cuchillos en el jardín. Hundíamos la hoja en la tierra, así, y los frotábamos de arriba abajo». Una anécdota que pertenece a la propia infancia de Agnès Varda y que recordará, utilizando esta misma secuencia, en *Las playas de Agnès*.

Marthe Jarnias en *7 P., cuis., s. de b… (à saisir)* (1984),
© Ciné-Tamaris.

Se suceden más escenas de carácter surrealista: una anciana —Marthe Jarnias, a quien Agnès Varda le dará el papel de la *tante* Lydie en *Sin techo ni ley*— aparece sentada desnuda en una habitación cubierta de plumas; un bebé, en esa misma estancia, en una bañera, también cubierta con plumas; un funeral; niños que hablan sobre qué es hacer el amor; la hija adolescente y su amante; Yolande rompiendo huevos; la cocina con el pavo llena de humo y la puerta de la entrada principal cerrándose. La voz del agente inmobiliario recuerda que visitó el piso con el matrimonio. Las frases finales cierran el círculo porque, como las del principio, son una invitación a visitar el piso: «Aquí está la llave. ¿Echamos un vistazo? Estoy seguro de que le gustará».

## 1985. Sin techo ni ley
## *(Sans toit ni loi)*

> La película cuestiona a la gente, pero no con culpa. No juzgo, así que no es que digas que debes ver la película porque, avergüénzate, no das dinero a tu vecino. Nada que ver con eso. Dejo claro que no solo nadie es perfecto, sino que nadie es totalmente malo ni totalmente bueno, nadie es realmente generoso ni realmente mezquino. Todos actúan a su manera[348].

Con una tesitura de *fiction-documentaire* similar a *Documenteur*, el origen de *Sin techo ni ley*, según ha manifestado Agnès Varda en diversas ocasiones, fue el desconcierto que le suscitó el aumento de jóvenes vagabundos que recorrían las carreteras francesas en aquellos años. Interesada por el fenómeno, la cineasta comenzó a recorrer granjas, invernaderos y viñedos del departamento de Gard para tratar de ponerse en contacto con ellos, ya que su subsistencia se basaba en hacer trabajos esporádicos y por horas para obtener lo suficiente y así seguir su vida errática, tal como pone de manifiesto en su libro autobiográfico *Varda par Agnès*[349]. En uno de aquellos viajes, tuvo un encuentro con Setina, una joven vagabunda de origen bereber en la que, según Varda, se inspiró para prefigurar el personaje de Mona (Sandrine Bonnaire). Alison Smith percibe ciertas similitudes entre este encuentro y el vínculo que se establece entre

[348] Barbara Quart, «Agnès Varda: a conversation», art. cit., pág. 10.
[349] Agnès Varda, *Varda par Agnès. L'intégrale, vol. 1954-1994, op. cit.*, págs. 166-167.

Madame Landier (Macha Méril)[350] y Mona; «incluso hay un parecido físico conseguido por medio del peinado y la forma de vestir» [351], algo que confirman los detalles que aporta Varda en su libro sobre el trato que mantuvo con la vagabunda real. Cuenta que le ofreció una colaboración remunerada como «proveedora de información»[352] para el film y compartir comida y techo con el equipo. Pero Setina, al igual que Mona en el film, se dedicó a merodear por las inmediaciones sin hablar apenas con nadie y a evitar el trabajo. Antes de abandonar el rodaje y esfumarse definitivamente, apareció en un par de escenas al final del metraje y, a propuesta de Varda, acampó con Bonnaire en un bosque para que esta preparase más a fondo su papel. De esta experiencia, como atestigua la cineasta, la actriz comentó que rápidamente surgió una sensación de aburrimiento «en dos días de conversación a medias y silencio a medias». De ello Agnès Varda concluye que «hacer la ruta es también, aparte de sobrevivir, no hacer casi nada y saber arreglárselas»[353].

La estrategia que sigue Agnès Varda en *Sin techo ni ley* es como esa idea que le expresa a Jane Birkin en *Jane B. par Agnès V.*, que rodará dos años después, acerca de que una película es «como cuando hacemos un puzle, colocamos pequeñas piezas aquí y allá y después se dibuja lentamente y hay todavía un agujero en el medio, un vacío»; y

[350] De entre el más de un centenar de títulos en los que participó Macha Méril (1954), destacan *La mujer casada (Une femme mariée,* Jean-Luc Godard, 1964), *Belle de jour* (Luis Buñuel, 1967), *Rojo oscuro (Profondo rosso,* Dario Argento, 1975) o *La ruleta china (Chinesisches roulette,* Rainer Werner Fassbinder, 1976). Fue la segunda y última mujer del compositor Michel Legrand.

[351] Alison Smith, *Agnès Varda, op. cit.*, pág. 127.

[352] Agnès Varda, *Varda par Agnès. L'intégrale, vol. 1954-1994, op. cit.*, pág. 168.

[353] *Ibíd.*

Sandrine Bonnaire y Macha Méril en *Sin techo ni ley* (1985), © Ciné-Tamaris.

a pesar de que tenga un agujero en medio, no deja de ser una imagen. En el film esas piezas son los testimonios de quienes se han encontrado en un momento dado con Mona, la vagabunda rebelde que viaja hacia ninguna parte por la Francia rural. En cierta manera, el argumento de *Sin techo ni ley* puede traer reminiscencias de la novela de Faulkner *Mientras agonizo,* crónica sobre el traslado y posterior entierro de una madre que está narrado desde diversos puntos de vista por los propios miembros de la familia y sus allegados. Sea como fuere, de la primera secuencia, con el hallazgo de su cadáver, se pasa a un largo *flashback* que se inicia con el plano en el que Mona sale del mar.

> Es una imagen mitológica, es Venus emergiendo del mar, una mujer de pie en la naturaleza, lo que solían llamar «paisaje con figura». Mona está sola, caminando, haciendo autostop, y la primera palabra que le dice al con-

ductor del camión, que ha comentado «No hay mucha gente en esta época del año», es «Estoy yo». Tiene un ardiente deseo de ser ella misma. Su autoafirmación consiste en decir no. Como la carta del tarot, Mona tiene una especie de cualidad de principio del mundo, emerge desnuda del agua[354].

En esta secuencia la voz en *off* de la propia cineasta aporta una primera pieza al puzle:

> Nadie reclamó el cuerpo, así que pasó de la zanja a la fosa común[355]. Esta muerta de muerte natural no dejó huellas. Me pregunto quién pensaba aún en ella, entre aquellos que la conocieron de pequeña. Pero las personas que se cruzaron con ella la recordaban. Estos testigos me permitieron relatar las últimas semanas de su último invierno. Le había impresionado. Hablaban de ella sin saber que estaba muerta. No creí conveniente decírselo. Ni que se llamaba Mona Bergeron. Yo misma sé pocas cosas de ella, aunque me parece que venía del mar.

Poco más se sabrá sobre el pasado de ella, ni siquiera las razones que la impulsaron a su vida errática, aunque alguno que otro aportará algún pequeño detalle, como que fue secretaria y abandonó su trabajo, como le confiesa durante una discusión al cabrero Sylvain, su nombre en la vida real, porque la mayoría del elenco lo conforman actores y actri-

---

[354] Jean Darrigol, «Agnès Varda: playing with tarots cards», *Mensuel du Cinéma,* mayo de 1994, recogido por T. Jefferson Kline (ed.), *Agnès Varda: Interviews, op. cit.,* pág. 154.

[355] Véase aquí otro juego fonético habitual de la cineasta que en el original es: *il passa du fossé à la fosse* [pasó de la zanja a la tumba]. Al igual que en la siguiente frase: *Cette morte de morte naturelle* [Esta muerta de muerte natural].

ces no profesionales, o a Madame Landier, a quien le cuenta que estudió Bac G1[356]. Una inercia inicial que puede sentir el espectador al principio del film es creer que va a contemplar una trama en la que se irá desvelando el misterio ante el interrogante de quién es Mona, pero los detalles que aportan los testigos ante la cámara son impresiones o describen situaciones conflictivas que han tenido con ella. Sin embargo, la realidad es que nadie ha podido conocerla a fondo. Mona es parca en palabras y sus estancias en cada lugar son esporádicas, por lo que la información sobre ella se refiere más bien a los encontronazos que provoca. Es decir, su historia, o los fragmentos de su historia, son el resultado de las declaraciones de unos y otros. La figura de Mona es en realidad, sobre todo, un espejo donde se refleja cada uno de los testigos, es decir, que su forma de mirarla revela más información de ellos mismos que de la vagabunda. Los hay que envidian su libertad, como la joven Katy, que le da agua; los que la miran con intención de poder tener un *affaire,* como el mecánico; los hay que la miran con despreocupación, como el capataz de un viñedo, o con ternura, como uno de sus empleados, Assun, el emigrante tunecino; los que la miran entre la compasión y el anhelo por esa vida independiente, como Silvain el cabrero —«Yo he elegido un término medio entre la soledad y la libertad», le dice en un momento dado a Mona—, que cuida de sus cabras con su mujer, que la mira con indiferencia, y su hijo; las que la miran simplemente como una compañera, caso de la anciana tía Lydie (Marthe Jarnias)[357]; las que la miran

[356] Se refiere al Baccalauréat Série G1, que son los estudios de secretariado y cuyo equivalente en España sería la Formación Profesional.

[357] Agnès Varda descubrió a la anciana Marthe Jarnias para *7 P., cuis., s. de b... (à saisir),* film que precede a *Sin techo ni ley,* y además protagoniza un *boni* incluido en la edición en DVD de este último: *Histoire d'une vielle dame.*

con condescendencia y en las que despierta un cierto instinto maternal, como Madame Landier; los que la miran con curiosidad, como el ingeniero agrónomo Jean-Pierre (Stéphane Freiss), antiguo alumno y ayudante de Madame Landier, o las que la miran de forma idealizada, como Yolande (Yolande Moreau), tras haberla visto fugazmente durmiendo en compañía de David (Patrick Lepczynski), otro vagabundo; es una imagen sublimada de la pareja que ella misma se ha creado, ya que desconoce lo que hay entre aquellos, y que anhela tener, al mismo tiempo que le revela su insatisfacción con la relación que mantiene con su novio Paulo (Joël Fosse). «Me gustaría que Paulo soñara conmigo como los enamorados de la galería, abrazados», confiesa mirando a la cámara.

Agnès Varda ha explicado en diversas ocasiones que la estructura del film está dividida en doce *travellings* laterales que se desplazan de derecha a izquierda, en sentido contrario a la lectura occidental, y únicos momentos en los que suena la música original compuesta por Joanna Bruzdowicz. Estos aspectos, por otra parte, están detallados en el guion publicado en *L'Avant-Scène Cinéma*[358] con las descripciones de las secuencias. Son veinticinco testimonios, aunque hay personajes que ofrecen más de uno, como Yolande, en total cinco, y tres de Madame Landier. Sin embargo, hay uno silencioso, el que proporciona Assoun, y cuya descripción en el guion es: «No hay palabras para expresar lo que siente. Sostiene la bufanda roja que le había dado a Mona y que ella tiró al marcharse. La lleva hasta su rostro, respira sobre ella o la besa sin mover los labios. Levanta ligeramente las cejas. Luego mira a cámara. Fundido a

---

[358] Agnès Varda, «*Sans toit ni loi*», guion publicado dentro de la sección «Découpage», *L'Avant-Scène Cinéma,* núm. 526, noviembre de 2003, págs. 24-70.

Marthe Jarnias y Sandrine Bonnaire en *Sin techo ni ley* (1985),
© Ciné-Tamaris.

negro»[359]. Por otra parte, el film es un *flashback* cuyo final, la muerte de Mona en la zanja, enlaza con la secuencia inicial del levantamiento de su cadáver, que cierra el círculo argumental. A su vez, dicho *flashback* contiene otros dos que corresponden a Madame Landier: cuando aparece por primera vez en pantalla, mientras toma un baño en su casa, habla por teléfono con alguien a quien le cuenta su encuentro con la vagabunda, y cuando le relata a Jean-Pierre su despedida de la joven, a quien deja en la entrada de un bosque.

En el guion del film Agnès Varda hace que intervenga el azar en el juego de cruces entre personajes, que, en ocasiones no coinciden en el instante, pero sí en el lugar, y que, además, ignoran que los otros han estado también con la joven errabunda. Como, por ejemplo, ocurre con la ancia-

---

359 Agnès Varda, «*Sans toit ni loi*», art. cit., pág. 68.

na tía Lydie, con la que la Mona ha bebido unas copas de coñac, y su sobrino Jean-Pierre, que llega de visita instantes después de que Yolande haya expulsado a la vagabunda de la casa. De Jean-Pierre, el ayudante de Madame Landier, que ha conocido mucho antes a la protagonista porque la ha recogido aquella haciendo autoestop, hasta ese momento se desconoce su parentesco con la tía Lydie. Es decir, que una parte del puzle que se arma a lo largo del metraje son las conexiones que hay entre unos personajes y otros.

Agnès Varda resuelve los enigmáticos planos, que había insertado al principio del film, de unas manchas rojizas que aparecen sobre unas paredes y que son limpiadas con escobas y mangueras durante el levantamiento del cadáver, del que los gendarmes aprecian que está empapado de color rojo. La secuencia previa a su deceso, Mona, ya en un estado harapiento, camina por las calles solitarias de un pueblo. En un momento dado, es atacada por unos individuos vestidos de forma extraña. Según la cineasta, «la idea era que cada día estuviera más sucia hasta que finalmente, en el Festival local de Pailhasses[360] (Día de las Cenizas), los locos la cubrieran con heces de vino hasta que cayera, sucia y sola, en una zanja»[361]: la zanja donde se produce su muerte y que muestra el plano final.

---

[360] La fiesta de los *pailhasses* se celebra los Miércoles de Ceniza en la villa de Cournonterral, situada a 15 km de Montpellier. Los *pailhasses* salen vestidos con telas de saco rellenas de paja y empapadas en posos de vino para cazar a los hombres vestidos de blanco, que representan a los habitantes del pueblo vecino de Aumelas. El origen de esta tradición se remonta a 1346, año en el que hubo un enfrentamiento entre ambas poblaciones. El antropólogo, fotógrafo y cineasta Jean-Dominique Lajoux dirigió un cortometraje documental sobre la fiesta: *Les Pailhasses* (1980).

[361] Jean Darrigol, «Agnès Varda: playing with tarots cards», art. cit., pág. 154.

## 1986. T'as de beaux escaliers, tu sais

Encargo realizado por la Cinémathèque Française con motivo de su quincuagésimo aniversario para realizar una pieza publicitaria de tres minutos. Agnès Varda toma como eje principal las escaleras de la antigua sede del Palais de Chaillot. A partir de ahí combina planos del público subiendo o bajando y primeros planos de los pies con diez secuencias célebres de escalinatas pertenecientes a *Juve contre Fantômas* (Louis Feuillade, 1913), *Pépé le Moko* (Julien Duvivier, 1937), *El acorazado Potemkin (Bronenosets Potyomkin,* Serguei M. Eisenstein, 1925), *Capricho imperial (The scarlet express,* Josef von Sternberg, 1934), *Ciudadano Kane (Citizen Kane,* Orson Welles, 1941), *Ran* (Akira Kurosawa), *El golpe del paraguas (Le coup du parapluie,* Gérard Oury, 1980), *El desprecio (Le mépris,* Jean-Luc Godard, 1963), *Las modelos (Cover girl,* Charles Vidor, 1944) y *Diario íntimo de Adela H. (L'histoire d'Adèle H.,* François Truffaut, 1975). El film se cierra con Isabelle Adjani. Un fundido de iris se cierra sobre su rostro mientras la voz en *off* de la cineasta anima al espectador: «Entonces, vayan a la Cinémathèque, no saldrán decepcionados».

## 1986-1987. Jane B. par Agnès V.

> Le dije [a Jane Birkin] que haríamos extractos de películas que no había hecho, que los inventaríamos, y de entrevistas medio fabricadas. Invertimos la regla impuesta a los actores de no mirar a la cámara. Éramos cómplices, la que filma y la que es filmada. Es el tema del pintor y de su modelo. Se trata de un retrato sorpresa, de una Jane que interpreta varios papeles, entre ellos el suyo [...]. Cine y pintura, jugábamos con eso[362].

Al parecer, y según la conversación entre Jane Birkin y Agnès Varda que reproduce el libro *Varda par Agnès*[363], el proyecto surgió a raíz de una carta que la actriz le envió a la cineasta para manifestarle su admiración por su película *Sin techo ni ley*. Durante la conversación en la primera reunión que mantuvieron, la intérprete le confesó sus temores por el hecho de estar a punto de cumplir cuarenta años. Varda le propone un retrato fílmico en el que harían «lo contrario a los homenajes que se hacen a las actrices que fallecen, en los que se proyectan extractos de sus películas y de sus entrevistas»[364].

De difícil clasificación este film, del que incluso Jacqueline Nacache apunta que bien se podría titular *Agnès V. par Jane B.:* «De hecho, no es Jane el centro de gravedad de la película, sino la mirada que las dos mujeres se dirigen mutuamente y su relación[365]. Agnès Varda no solo está presen-

---

[362] Agnès Varda en el documental *Varda por Agnès* (2019).

[363] Agnès Varda, *Varda par Agnès. L'intégrale, vol. 1954-1994*, *op. cit.*, pág. 184.

[364] Agnès Varda en el documental *Varda por Agnès* (2019).

[365] Jacqueline Nacache, «*Jane B. par Agnès V.* et *Kung-Fu Master*», art. cit., pág. 59.

Jane Birkin y, reflejada en el espejo, Agnès Varda en *Jane B. par Agnès V.* (1986-1987), © Ciné-Tamaris.

te, conversando con Jane Birkin, sino mediante sus intervenciones con su voz en *off.* Aunque el metraje está salpicado con imágenes de archivo, no es un relato biográfico al uso, y tampoco sigue una linealidad narrativa. De hecho, en un momento dado, la cineasta dice: «Me gusta más el ensueño que la psicología, me gusta pasar de un tema a otro. Divertirme con el azar, con momentos de emoción, de sentimientos furtivos, cosas que pasan rápido». Una posible definición sería que se trata de una suerte de retrato laberíntico concebido en forma de *collage* en el que se combinan las reflexiones, opiniones y sentimientos que expresa Jane Birkin ante la cámara, pero con un pequeño reparo, como apunta la actriz en la escena en la que vacía su bolso en unas escaleras frente a la Torre Eiffel: «¿Aprendiste algo sobre mí viendo el contenido de mi bolso? Aunque uno vacíe todo, no revela gran cosa». Además, el metraje está salpicado con secuencias ficticias de diversos géneros cinematográficos rodados para la ocasión, *tableaux vivants,* reproducciones de cuadros, fragmentos de poemas e imágenes de archivo relacionadas con la actriz.

El film comienza con un fragmento inspirado en un cuadro de Tiziano, la *Venus de Urbino* (1538), que se conserva en la Galería de los Uffizi en Florencia. El encuadre se centra en la propia Birkin, vestida de doncella, junto con la figura de un ama de llaves a la derecha y una joven desnuda a la izquierda que sostiene una flor. Sea como fuere, en esta secuencia Jane Birkin recuerda cómo fue su trigésimo aniversario de cumpleaños para pasar a los títulos de crédito, durante los cuales suena «The Changeling» de The Doors[366], momento en que la actriz camina de noche por las calles parisinas mientras un hombre la sigue con un foco de luz. A continuación, un diálogo entre ambas mujeres donde se pone de manifiesto el acto de mirar, los que miran y los que son mirados, y el gesto que le encomienda la cineasta, que es mirar a la cámara, con lo que rompe la cuarta pared para hacer partícipe al público de lo que contempla. Esto le resulta embarazoso a la actriz porque es muy personal, «es como mirar a los ojos». «¿Y si fuera un espejo?», pregunta Varda. «Eres tú quien te mira, no alguien más. En un espejo solo está uno mismo». Y poco después, ante un espejo que deforma la imagen, la actriz apunta que, si acepta que un cineasta o un pintor haga su retrato, no le importa que la distorsione. Y de ahí pasa a dos *tableaux vivants: La maja vestida* y *La*

---

[366] Esta misma canción suena también en un momento dado en *Sin techo ni ley*. Al parecer Agnès Varda y Jacques Demy conocieron a Jim Morrison hacia 1966 y se hicieron muy amigos, según cuenta la cineasta en la entrada que le dedica al cantante en su abecedario particular, con el que abre *Varda par Agnès. L'intégrale, vol. 1954-1994, op. cit.*, pág. 23. Añade que Demy le propuso actuar en *Estudio de modelos* y ella misma en *Lions Love,* pero ambas propuestas las rechazó. Además, ya en su última etapa en Francia, Morrison hizo una visita al rodaje de *Piel de asno* que la cineasta filma e introduce en su documental *Las playas de Agnès*.

*maja desnuda,* de Goya, pero ambas con el fondo de la *Venus de Urbino* de Tiziano. Con el segundo, un movimiento de cámara recorre su cuerpo a través de un primer plano desde el pie hasta el rostro. El juego ha comenzado.

A partir de aquí se alternan las declaraciones de la actriz con escenificaciones ficticias. En la primera de ellas, Birkin interpreta a Janou, una galerista que le pide al pintor, encarnado por Philippe Léotard, un dinero que este no recuerda dónde ha escondido; una secuencia que exhala un cierto hálito *gordardiano* y en la que ambos, según Audé, se comportan como Anna Karina y Jean-Paul Belmondo, «se enfrentan, se insultan, se aman y se destrozan»[367].

Hay ocasiones en que Jane Birkin cuenta algunos aspectos de su biografía. Sobre una proyección de diapositivas, habla sobre su infancia. Después, su primera aparición en la pantalla, en *The Knack... y cómo conseguirlo (The Knack... and How to Get It,* Richard Lester, 1965), donde conoció y contrajo matrimonio con el compositor de su banda sonora, John Barry; su aparición en *Blow-up. Deseo de una mañana de verano (Blow-up,* Michelangelo Antonioni, 1966), por la que recibió el apodo de *Jane Blow-Up Birkin,* época en la que está embarazada de su primera hija, Kate Barry; su llegada a Francia para rodar un film y su encuentro con Serge Gainsbourg, que será el padre de su hija Charlotte, y Jacques Doillon, con el que tuvo a su tercera y última hija, Lou. Agnès Varda señala que los hombres a los que ha amado revelan algo de ella por las películas o canciones que les ha inspirado. «Te queda bien lo de ser una musa. Una musa romántica, incluso»: algo que la cineasta ilustra con imágenes de Birkin vestida de blanco y con una corona de flores ante el cenotafio de Jean-Jacques Rousseau en Ermenonville.

---

[367] Françoise Audé, «Le diptyque paradoxal. Sur *Jane B. par Agnès V.* et *Kung-Fu Master*», *Positif,* núm. 325, marzo de 1988, pág. 7.

Cuando Jane Birkin habla sobre su casa, dice que es propietaria de dos terceras partes. La otra es del banco. Y confiesa su temor a que venga un señor del banco y se instale en su tercera parte. Agnès Varda introduce una segunda escena de ficción de carácter dickensiano: un hombre viene a requisar los muebles de una mujer, madre de varios hijos, a la que la actriz pone rostro. Y hay una tercera escena ficticia en la que Birkin interpreta a una anciana que acomete las últimas voluntades de su marido fallecido, que son tirar sus cenizas en la viña de Montmartre. Esta secuencia enlaza con una confesión de la intérprete en la cocina de su hogar: su afición por la taxidermia.

Hay una breve escena que se repite dos veces, como un juego de espejos en el que Jane Birkin y Alain Souchon, mientras pasean por un parque, recitan un fragmento de «Colloque sentimental» [Coloquio sentimental], perteneciente al poemario *Fiestas galantes* (1869) de Paul Verlaine. La propia Agnès Varda entona los dos versos con los que comienza el poema a modo de introducción en cada una de las dos escenas:

> Dans le vieux parc solitaire et glacé
> Deux formes on tout à l'heure passé[368].

Y la pareja recita otros cuatro versos, solo que, si en la primera escena el cantante declama los impares y la actriz los pares, en la segunda será ella la que entone los impares y él los pares:

> —Te souvient-il de notre extase ancienne?
> —Pouquoi voulez-vous donc qu'il m'en souvienne?

---

[368] «Por aquel viejo parque, solitario y glacial, / Dos sombras han cruzado hace un momento», traducción de Antonio Martínez Sarrión, en Paul Verlaine, *Poemas saturnianos* & *Fiestas galantes,* Madrid, Hiperión, 2011, pág. 223.

—Ton coeur bat-il toujours à mon seul nom?
—Toujours vois-tu mon âme en rêve? — Non[369].

Birkin, también a modo de espejo, relata un buen sueño, que es volar y cuya mejor parte es posarse en el suelo, y una pesadilla, que es que han descubierto que es la asesina de una mujer a la que tiró en un pozo pero que, antes de morir, escribió su nombre. Pero su verdadero temor es que los demás piensen que no es cordial. Y, tras manifestar su gusto por la Navidad, se inserta un nuevo *sketch* de ficción, una suerte de homenaje al cine cómico mudo, y en particular a Stan Laurel y Oliver Hardy, pues ella, Maurel, trasunto del primero, recomienda al desempleado Lardy, a quien encarna Laura Betti[370], un puesto de trabajo en una panadería —su propietario lo interpreta Henri Piednoir, el panadero de *Daguerréotypes*— en la que Maurel exhibe una curiosa exposición de pinturas: el lado trasero de sus cuadros, es decir, los bastidores, pues las telas están en blanco.

Pero el film está salpicado con muchos matices, entre los comentarios y las contradicciones de la propia Birkin —le gusta ser una estrella y al mismo tiempo quiere que la filmen como una persona normal; incluso le gustaría tener una apariencia anónima— y las ideas que apunta Agnès Varda, como cuando cita la historia de la Desconocida del

---

[369] «—¿Recuerdas todavía los éxtasis de antes?
—¿A qué viene que, ahora, debiera recordarlos?
—¿Bate tu corazón con solo oír mi nombre?
—¿Es mi alma, en tu sueño, lo que contemplas? — No».
Traducción de Antonio Martínez Sarrión, en Paul Verlaine, *Poemas saturnianos* & *Fiestas galantes*, *ibíd.*

[370] Entre los trabajos de Laura Betti (1927-2004), cantante y actriz, destacan sus colaboraciones con Pier Paolo Pasolini tanto en teatro como en cine. Por su interpretación en *Teorema* (1968) recibió la Copa Volpi en el Festival de Venecia. En 1980, Betti creó en Roma el Fondo Pier Paolo Pasolini, que donará al Centro Studi-Archivio Pier Paolo Pasolini en 2003.

Sena[371], muestra su máscara de yeso superpuesta sobre unas aguas y esta desaparece para aparecer en su lugar el rostro de Birkin mientras la cineasta se pregunta «si el único retrato real no será la máscara mortuoria. El rostro inmóvil. De frente. Eso es lo que queda de alguien. El rostro inmóvil. De frente. O bien la fotografía de identificación. También inmóvil. También de frente. Muda o parlante. Pero de frente».

Tras preguntarle por algunos actores con los que le gustaría trabajar, Jane Birkin responde que con actores-directores, con actores fetiche, como Jean-Luc Godard *[sic]*, Jean-Pierre Mocky, Jean-Pierre Léaud. Con este último protagonizará el siguiente *sketch* de ficción, en el que su personaje se enfada con ella durante un pícnic porque en sus sueños no aparece él. Esta escena da paso a una de las imágenes icónicas del film, con la actriz en la arena, de la que sobresale su cabeza con una corona de hojas, que después se enlaza con el *Retrato del emperador Rodolfo II en traje de Vertumno* (c. 1590), de Arcimboldo, conservado en el Skokloster Castle de Suecia. La imagen pertenece a un libro del que se comienza a pasar las páginas, que muestran otros cuadros: *La visite* (1939), de Paul Delvaux (Colección barón Urvater), dos fragmentos de El Bosco de *El jardín de las delicias* y del *Tríptico de las tentaciones de San Antonio* y, por último, *Rostro paranoico* (c. 1935) de Salvador Dalí, un óleo que representa una doble imagen, una choza africana que, vista verticalmente, es el rostro de una mujer. Esta imagen da lugar a la siguiente ficción, que Agnès Varda plasma en forma de *tableau vivant* y en la que Birkin, cuyo personaje se llama Janine, y Farid Chopel interpretan a una pareja de exploradores en un desierto. La secuencia se interrumpe con otra escena cuyo fondo lo for-

---

[371] Véase nota 194.

man múltiples espejos y en la que la actriz habla de Marilyn Monroe —«Ella era como una inspiración ingenua de este sueño constante de gustarle a todo el mundo»— y canta «My heart belongs to daddy». Y prosigue la secuencia africana, que termina como empieza, pero con un golpe de viento que derrumba el decorado.

El séptimo *sketch* de ficción retoma el *tableau vivant* de Tiziano del inicio del film, pero esta vez Birkin desempeña el rol de doncella, la que aparece al fondo del cuadro arrodillada de espaldas ante un baúl. Aquí la cineasta realiza un juego similar al que realizará en su vídeo *Les gens de la terrasse* (2008) a partir de su fotografía *La terrasse du Corbusier* (1958), experiencia que relata en el primer episodio de *Agnès de-ci de-là Varda,* es decir, imaginar la acción anterior que deriva en el instante plasmado en la pintura.

En otro momento, Agnès Varda le expresa a Birkin su atracción por el laberinto y la actriz responde: «esperemos que los espectadores sepan salir», en alusión a la propia *Jane B. par Agnès V.* En dicho laberinto la cineasta se la imagina como Ariadna perseguida por el Minotauro, cuya cabeza es una cámara cinematográfica. Y es aquí cuando a la pregunta de Birkin sobre si cree que va a lograr lo que busca con la inclusión de estas secuencias tan cortas, Varda contesta que «es como cuando hacemos un puzle, colocamos pequeñas piezas aquí y allá y después se dibuja lentamente y hay todavía un agujero en el medio, un vacío»; después apunta: «eso pasa en los mejores eventos. Se hace un silencio y alguien dice: ¿Te gustaría cantar una canción?», pregunta que enlaza con las imágenes de un ensayo de Birkin y Gainsbourg del tema «Le moi et le je», imágenes que se alternan con planos de los músicos en el escenario y después ante el público, pero todos ellos sincronizados con la canción.

El rodaje de *Jane B. par Agnès V.* se interrumpió para filmar una historia que escribió la actriz y que inicialmente pensaron incluir en forma de episodio. Su título, *Kung-Fu*

Jane Birkin y Monique Godard en *Jane B. par Agnès V.* (1986-1987), © Ciné-Tamaris.

*Master*. E inevitablemente, tras acabarla y reanudar *Jane B. par Agnès V.*, ambas se entregan al juego de escenificar con sus diálogos el nacimiento del proyecto y después, con la inclusión de algunas secuencias de la película, añaden sus comentarios sobre el resultado final. Y de ahí al siguiente paso, el tema de la financiación del proyecto, que, en forma de metáfora, escenifican en el Casino de Knokke-le-Zoute: Jane Birkin desempeña el rol de crupier y la propia Agnès Varda el de jugadora mientras su voz en *off* explica que «necesitamos correr riesgos para conseguir dinero».

Regreso al primer *sketch* de ficción, ahora en un almacén y en donde el pintor, con el brazo en cabestrillo, trata de dar caza a Janou. Alterna esta secuencia con breves pasajes oníricos, como el de Ariadna perseguida por el Minotauro, cuya cabeza es una cámara, o cuando, al recorrer la nave, Janou se detiene ante una puerta que se abre y se ve a sí misma enfundada en una vestimenta medieval ante un ángel que la señala, o la imagen de una anciana en la playa que camina con un andador. Finalmente, Janou recibe un disparo.

A continuación se suceden una serie de secuencias en las que Jane Birkin interpreta a varias *Janes,* como la Jane de Tarzán con el cuadro *El sueño* (1910) de Henri Rousseau como telón de fondo, la pistolera Calamity Jane y Juana de Arco, con armadura, montada a caballo y después en la hoguera —recuérdese que era Janou la galerista o Janine en la escena africana. El film se cierra con el *tableau vivant* de Tiziano, en el que la actriz, ataviada con el vestido de doncella, recibe las felicitaciones de todo el equipo, incluida la propia cineasta, por su cuarenta cumpleaños.

## 1987. Kung-Fu Master

Intento ser honesta con lo que no se puede contar[372].

«Y lo que no se puede contar» son los entresijos emocionales de una madre separada de mediana edad cuando se enamora de un adolescente y en una sociedad, la de mediados de la década de los ochenta, en la que surge un nuevo temor: el virus del sida. Si en el momento de su concepción fue una película arriesgada e incómoda por los temas que plantea su visionado, aún hoy en día no deja indiferente a nadie a pesar de los cambios que ha experimentado la sociedad desde aquel entonces y más allá de que el film se haya convertido en un valioso testimonio sobre aquella época. Esta película, independientemente del tiempo transcurrido, y al igual que sus anteriores títulos, vuelve a poner de manifiesto su condición de cineasta a contracorriente y, al mismo tiempo, su capacidad para tratar con sutileza y por medio de la sugerencia algo tan delicado como es el amor ilícito entre una mujer madura y un adolescente.

Agnès Varda y Jane Birkin dejan constancia en *Jane B. par Agnès V.* de que la génesis del proyecto partió de una historia breve que escribió la actriz durante el rodaje de esta y que le dio a leer a la cineasta. Impresionada por el relato, la idea inicial de Varda era introducirla en forma de episodio, pero, al desarrollar el guion, tomó la decisión de interrumpir la filmación y realizarla aparte, aprovechando las vacaciones escolares de sus hijos. Además, la gran complicidad

[372] Françoise Audé, «Entretien avec Agnès Varda», *Positif*, núm. 325, marzo de 1988, pág. 5.

Jane Birkin y Charlotte Gainsbourg en *Kung-Fu Master* (1987), © Ciné-Tamaris.

entre ambas mujeres y el hecho de que participen sus vástagos convierten al film desde el principio en un proyecto muy familiar, muy intimista, lo que lo dota de una sorprendente naturalidad, siempre mediante la insinuación y sin ser en ningún momento explícito con las situaciones. No solo se rueda parte del metraje en la propia casa de Birkin, que desempeña el rol de Mary-Jane, la madre, sino que el objeto de su amor es Julien, a quien pone rostro Mathieu Demy, el hijo de Agnès Varda, y que está secundado por las propias hijas de la actriz, Charlotte Gainsboug (Lucy) y Lou Doillon (Lou), y los padres de aquella, Judy Campbell y David Birkin, presentes en las secuencias de Londres.

Narrado por Mary-Jane, el título hace referencia al nombre del videojuego con el que está obsesionado Julien en su ambición por convertirse en gran maestro; un videojuego que, de forma inconsciente, supone para el adolescente una suerte de construcción de su identidad masculina a través del personaje del karateka, cuyo objetivo, a través de los distintos niveles en los que debe de enfrentarse a todo tipo de enemigos, es ir al rescate de una chica llamada Sylvia. Este espacio, aunque sea virtual, le permite al chico mostrar su superioridad ante Mary-Jane y a ella acercarse a Julien, aunque en los momentos del juego tiene un comportamiento frívolo, lo que irrita al chico por la escasa seriedad con que ella se lo toma.

Sea como fuere, el film comienza con un *travelling* donde aparece Julien vestido de judoca imitando el movimiento mecánico característico de los personajes de videojuegos de aquella época, quizá una imagen alegórica que representa la identificación del adolescente con el héroe de dicho juego. Pero realmente la trama se inicia en la siguiente secuencia, en la casa de Mary-Jane, con la celebración de la fiesta de su hija Lucy con sus compañeros del instituto, entre los que se encuentra el propio Julien. Este llena un preservativo de agua y se lo lanza por la ventana a uno de sus amigos. Mientras atiende a Lou, su hija pequeña, que está enferma, Mary-Jane descubre a Julien ebrio en el cuarto de baño. Le ayuda a vomitar. Al terminar la fiesta, en una conversación con su hija Lucy, sabrá que el chico se llama Julien. El segundo encuentro de Mary-Jane con Julien tiene lugar delante del instituto, cuando lo atropella accidentalmente, se lo lleva a tomar un refresco y descubre que está en la misma clase que Lucy. Sin embargo, el adolescente prefiere jugar al videojuego de la cafetería y le explica las reglas.

En una comida con sus hijas, Mary-Jane revela que cuando tenía la edad de Lucy se enamoró de un hombre mucho mayor que ella, que pasaban muchas tardes hablando y que él jamás le faltó al respeto. Lucy se siente molesta, aunque Mary-Jane parece buscar una justificación ante su repentino enamoramiento del adolescente. Sea como fuere, Mary-Jane no duda en volver a ver a Julien y, junto con Lou, acuden los tres a un salón recreativo. Al mismo tiempo, comienza a tener roces con su hija Lucy. El sida no solo sale a relucir en una conversación de Julien con sus amigos, sino que está presente en la calle, en los carteles publicitarios, con consejos para su prevención.

Mary-Jane se entera de que Julien está enfermo y acude al instituto con la excusa de que a su hija Lucy se le olvidó recoger los deberes del chico y, tras recuperarlos, se presenta en su casa, donde la recibe su abuela. Mary-Jane se halla entre la fantasía romántica en su atracción por el chico y su sentido del cuidado maternal, que es el que acaba prevaleciendo, algo que se pone de manifiesto en una escena en que una amiga le habla de su hijo de 15 años. Incluso, durante la visita a Julien enfermo, en la cama, en un momento dado, este le toca el pecho y ella reacciona como si fuera su madre, con un abrazo. Asimismo, a su deseo por convertirse en adulto, se suma en el adolescente una necesidad de cariño porque, tal como le había confesado a Mary-Jane en una secuencia anterior, cuando sus padres de marcharon a África, «tuve que escoger entre el internado o mis abuelos». Pero Lucy ha visto a su madre en el instituto, lo que obliga a esta a contarle una mentira a su hija.

Julien recurre a los clichés masculinos cuando le propone una cita a Mary-Jane en un hotel y la invita a subir a una habitación. El desconcierto de la protagonista aumenta cuando en el ascensor él la besa. Ella se niega y el impulso del chico es encender un cigarro y echarle el humo a la cara. Ella se lo quita de la boca y Julien le espeta: «¡Cállate, mamá!». Ella lo abofetea y él responde con otra bofetada. Mary-Jane se marcha confusa del hotel. Por otra parte, Julien trata de reafirmarse ante Lucy y un amigo cuando se han reunido para hacer un trabajo de clase sobre el nazismo y aquel ridiculiza a Hitler en una caricatura. Es en esta escena cuando la chica les comunica que se va de vacaciones a Londres y Julien le expresa su deseo de ir. En la capital inglesa, en la casa de los padres de Mary-Jane, la familia se halla en el salón ante la televisión, que emite diversos contenidos relacionados con el sida en los que aconsejan el uso de preservativos. Mientras Mary-Jane esconde los huevos de Pascua en el jardín y se pregunta en voz en *off* si las mujeres, incluida su propia madre, se han enamorado alguna vez de un adolescente, Julien la sorprende y se besan. Lucy los descubre y recrimina a su madre su comportamiento. Y esta acusa a su hija de tener celos porque aún la desean, aunque ella la vea como una vieja.

La madre de Mary-Jane le presta las llaves de una casa de su propiedad situada en una isla y viaja hasta allí con Julien y Lou. Durante la estancia, las situaciones son muy inocentes y los sentimientos de Mary-Jane fluctúan de nuevo entre un amor romántico utópico y su sentido maternal. De alguna manera, tanto ella como Julien prestan sus cuidados a la pequeña Lou, y ese hecho, en cierto modo, parece ponerlos en un mismo nivel. Tras su regreso, y por medio de una elipsis, su voz en *off* revela que se ha descubierto el asunto y que ella ha sido acusada de depravación; además, Julien cambió de instituto, al igual que Lucy, que se ha ido a vivir con su padre; después se pregunta por los sentimientos de Julien hacia ella.

Con el paso del tiempo, Mary-Jane parece haberse reconciliado con Lucy. Por otro lado, en una cafetería, Julien consigue llegar al final del videojuego y rescatar a la chica. Pide al camarero que llame a una mujer y que le transmita el mensaje de que ha salvado a Sylvia. El camarero marca el número de teléfono, pero lo coge Lou y cuelga. De alguna manera, el hecho de convertirse en maestro es una forma de reafirmar su posición, aunque sea en un mundo virtual, con respecto a Mary-Jane, como confirma la última secuencia, cuando en el patio del instituto Julien, en su deseo de afirmarse socialmente dentro de su grupo, les cuenta a sus amigos, con ciertas dosis de fantasía, que tuvo una novia mayor con dos hijas. «Estaba loca por mí, así que le seguí el juego. No fue gran cosa. Y además, no era tan joven. Qué palo. Cuando hay que cumplir, hay que cumplir».

* * *

> Si Jane cuenta su amor por un estudiante de secundaria, es la realidad sin más. Si yo lo asocio con Delvaux[373], ya está pasado por la mirada de un pintor que ha concebido esta situación de manera diferente a Jane o a mí. Si pienso en los juegos de niños, es porque la realidad de los niños pasa por esta evasión. El juego se convierte en lo irreal de la realidad[374].

---

373 Se refiere al cuadro de Delvaux *La visite* (1939), que aparece en un momento dado en *Jane B. por Agnès V.* y que representa a una mujer desnuda sentada en una habitación tocándose los pechos justo en el instante en que entra un adolescente también desnudo.

374 Françoise Audé, «Entretien avec Agnès Varda», art. cit., pág. 5.

## 1990. Jacquot de Nantes

> Fue atroz hacer la película, no hay otra palabra. Pero me alegra que exista porque la gente comenzó a amar al niño y al hombre como si, al amar al niño, comprendieran mejor al cineasta[375].

*Évocation d'une vocation* [Evocación de una vocación], en otro de los habituales juegos fonéticos de Agnès Varda, fue el título inicial del film durante su rodaje, aunque luego se redujo simplemente a *Évocation*[376]. De hecho, el término se mantiene en el comienzo de los títulos de crédito: *Ciné-Tamaris présente une évocation écrite et réalisée par Agnès Varda d'après les souvenirs de Jacques Demy*. Como explica la cineasta en sus entrevistas y en su último documental, *Jacquot de Nantes* surge a raíz de los recuerdos de la infancia que Jacques Demy redacta, ya enfermo, al final de su vida. A partir de este material, Varda concibe una declaración de amor, no solo

---

[375] Jean Decock, «Entretien avec Agnès Varda sur *Jacquot de Nantes*», art. cit., pág. 957. En esta misma entrevista Agnès Varda cuenta que cuando fueron a Nantes, el garaje se mantenía *in situ* y que en el desván hallaron el viejo manual para hacer cine que aparece en el film, así como las primeras películas que realizó Demy en su infancia, películas que se restauraron y que son las que le proyecta a su familia. «Todo en la película es real; fue extraordinario mostrar su infancia en el garaje real con el proyector real y la reproducción de las películas reales que hizo» (pág. 951). O que halló un cuaderno con los registros de los salarios de los empleados y que en el año 1938 había un obrero llamado Guy Foucher, que es el nombre del protagonista encarnado por Nino Castelnuovo en *Los paraguas de Cherburgo* (pág. 953), personaje que también está presente en *Jacquot de Nantes* y a quien interpreta Jean-Charles Hernot.

[376] Agnès Varda, *Varda par Agnès. L'intégrale, vol. 1954-1994, op. cit.*, pág. 278.

*Jacquot de Nantes* (1990), © Ciné-Tamaris.

sobre el retratado, sino por el cine, que, según ella, está compuesta por tres películas. La que constituye el eje central del film y que narra en blanco y negro su niñez y adolescencia en el taller mecánico propiedad de su padre en Nantes, desde los 8 hasta los 18 años, cuando en 1949 se traslada a París para estudiar en L'École Technique de Photographie et de Cinématographie (ETPC) de la rue Vaugirard, parte en la que cuenta con tres actores de diferentes edades para encarnar a Jacquot: Philippe Marron, Édouard Joubeaud y Laurent Monnier. Una segunda que equivale a las fuentes de inspiración de su cine, porque «la realidad de su vida, como el garaje, el padre, los vecinos, los obreros, la visita de la tía de Río [de Janeiro] que venía con regalos, todo reaparece en sus películas de adulto»[377]. Es decir, que introduce extractos de los films de Demy tras narrar la situación que lo ha inspirado, extractos que «entrecomilla» con la inclusión del dibujo de

[377] Jean Decock, «Entretien avec Agnès Varda sur *Jacquot de Nantes*», art. cit., pág. 953.

una mano que señala con el dedo índice, primero hacia la derecha, como indicación de la apertura de la escena, y luego a la izquierda para su cierre; dibujo de la mano que en realidad pertenece al propio cartel del garaje al que se accede por un pequeño callejón.

Y, por último, la tercera, que corresponde a las imágenes del propio Jacques Demy meses antes de fallecer y que articula de dos formas diferentes. Una primera la constituyen las que utiliza para apertura y cierre de la película, con un Demy que mira silencioso y pensativo en la playa, el «lugar» de Agnès. La que da comienzo al film va acompañada por un fragmento del *Stabat Mater* de Antonio Vivaldi, con Demy tendido en la arena; arena que luego coge con la mano y deja escurrir entre sus dedos para dar paso a sus cuadros, cuyo escenario son playas —Demy se entregó a la pintura los últimos años de su vida. Y la voz en *off* de la cineasta, fiel a su afición por el *collage*, recita determinados extractos del poema «Le balcon» [El balcón] de Charles Baudelaire, perteneciente a *Las flores del mal*, pero en orden diferente para adaptar su significado a sus intenciones narrativas. Su locución comienza por el verso que inicia la quinta estrofa: *Je sais l'art d'évoquer les minutes heureuses* [Sé el arte de evocar los minutos dichosos], para después recitar la sexta y cuarta estrofas, que se reproducen aquí por la analogía que establece Agnès Varda entre la imagen y la palabra:

Ces serments, ces parfums, ces baisers infinis,
Renaîtront-ils d'un gouffre interdit à nos sondes,
Comme montent au ciel les soleils rajeunis
Après s'être lavés au fond des mers profondes?
— Ô serments! ô parfums! ô baisers infinis!

La nuit s'épaississait ainsi qu'une cloison,
Et mes jeux dans le noir devinaient tes prunelles,

Et je buvais ton soufflé, ô douceur! Ô poison!
Et tes pieds s'endormaient dans mes mains fraternelles.
La nuit s'épaississait ainsi qu'une cloison[378].

Y en la secuencia que cierra el film, la cineasta canta «Sables mouvants», poema de Jacques Prévert al que puso música Maurice Thiriet para el film *Los visitantes de la noche (Les Visiteurs du Soir,* Marcel Carné, 1942), mientras muestra el movimiento de las aguas en la orilla de la playa hasta enfocar a Demy, pensativo, sentado en la arena. Y de nuevo palabra e imagen se funden en un todo:

Démons et merveilles
Vents et marées
Au loin déjà la mer s'est retirée
Et toi
Comme une algue doucement caressée par le vent
Dans les sables du lit tu remues en rêvant
Démons et merveilles
Vents et marées
Au loin déjà la mer s'est retirée
Mais dans tes yeux entrouverts
Deux petites vagues sont restées
Démons et merveilles
Vents et marées
Deux petites vagues pour me noyer[379].

---

378 «¿Aromas y promesas y besos infinitos / renacerán de un pozo prohibido a nuestras sondas, / como ascienden al cielo reverdecidos soles / tras haberse lavado en los mares profundos? / — ¡Oh promesas! ¡Oh aromas! ¡Oh besos infinitos!».

«La noche se espesaba lo mismo que un tabique. / Y en lo negro mis ojos sabían tus pupilas, / y tu aliento bebía, ¡oh dulzura!, ¡oh veneno! / y tus pies se dormían en mis manos fraternas. / La noche se espesaba lo mismo que un tabique», Charles Baudelaire, *Las flores del mal, op. cit.,* págs. 182-184.

379 «Demonios y maravillas / Vientos y mareas / A lo lejos ya el mar se ha retirado / Y tú / Como un alga que el viento dulcemente acaricia / En

Y en la segunda articulación, a lo largo del metraje, incluye por un lado primerísimos planos de los ojos, el cabello y la piel de Demy y, por otro, algunos testimonios del cineasta, como si Agnès Varda buscara su aprobación para la reconstrucción que realiza sobre su infancia y quisiera constatar algunas de sus vivencias, como cuando enseña esa primera cámara que le compró su madre y con la que hizo sus primeras películas en *stop motion;* o cuando cuenta que detestaba la escuela de formación profesional a la que le obligó a ir su padre; o cuando le proyecta a uno de sus nietos una de aquellas primeras películas; o cuando relata el momento en que el señor Debuisson (François Vogels), a quien únicamente deja entrar en el desván donde realiza sus films, le dice que hablará con el director del cine Apollo de Nantes para que le muestre la película, o después, cuando vino Christian-Jaque[380] a presentar su última película, *De hombre a hombre (D'homme à homme,* 1948), protagonizada por Jean-Louis Barrault, en el mencionado cine Apollo de Nantes, y le mostró su film de animación *Attaque nocturne* y aquel le aconsejó estudiar cine en París.

De ahí que el film posea un cierto aire de *collage,* de retablo, incluso de atlas, que reúne las vivencias de Jacquot y las circunstancias que impulsaron su vocación por el cine y en el que en determinadas ocasiones también interviene la

---

las arenas del lecho te agitas soñando / Demonios y maravillas / Vientos y mareas / A lo lejos ya el mar se ha retirado / Pero en tus ojos entreabiertos / Dos diminutas olas han quedado / Demonios y maravillas / Vientos y mareas / Dos diminutas olas para ahogarme», traducción de Federico Gorbea, en Jacques Prévert, *Palabras,* Barcelona, Lumen, 2012, pág. 158.

380 Christian-Jaque (1904-1994); entre sus films como director destacan *Fanfán el invencible (Fanfán la Tulipe,* 1952), protagonizada por Gérard Philipe y Gina Lollobrigida y que le supuso el Oso de Plata en Berlín y el premio al mejor director en Cannes; *La ley es la ley (La legge è legge,* 1958), con Totò y Fernandel, o *El tulipán negro (La tulipe noire,* 1964), con Alain Delon y Virna Lisi.

voz de Agnès Varda. Un retablo que se inicia en un espectáculo de guiñol donde un fascinado Jacquot de 8 años (Philippe Maron) no quiere irse al término de la función. La cineasta utiliza un recurso a lo largo del metraje: mostrar en color las imágenes subjetivas de aquello que le atrae al niño. A los títulos de crédito sigue un largo plano secuencia que comienza con un primer plano de Jacquot, en un rincón del taller mecánico al que se unen dos amigos suyos. Un plano en el que se combina el seguimiento del niño, que entra y sale del encuadre en medio de la actividad, con la aparición, en un momento dado, de su padre, quien, en plena faena, le pregunta si ha hecho los deberes. Después su madre, que en esos instantes llena el depósito de gasolina de una motocicleta. Ante ella se cruza Jacquot, que se para delante de una escalera para, después de observar a sus vecinas, subir por ella para contemplar a una niña, Reine, por la que se siente atraído. La escalera da al desván, que, como se verá, es el lugar donde realiza sus primeras películas.

A partir de ahí, Agnès Varda muestra, con numerosas escenas, a veces breves, como si fuesen las piezas de un puzle, las vivencias del protagonista. Desde muy pronto surge la fascinación de Jacquot por los espectáculos de guiñol, lo que le lleva a construir su primer teatro de marionetas; por las operetas, a las que asiste con su madre, como *Les saltimbanques,* compuesta por Louis Ganne, o *La fille de madame Angot,* de Charles Lecocq, y que gozaron de gran éxito en aquel período, así como por las canciones que formaron parte de su infancia y adolescencia. Porque el film también es un retrato musical de la época, ya que incluye algunas de las canciones más populares de aquel tiempo. Guy, el mecánico, tararea «La cucaracha»; la abuela le canta a Jacquot «Le roi de Thile» del *Fausto* de Charles Gounod; la madre entona «Le petit Grégoire» de Théodore Botrel mientras plancha; en su comunión, Jacquot recibe como regalo un gramófono en el que pone «Boum», de Charles

Trenet, y, en otros momentos posteriores, «Tout va bien madame la marquise», de Ray Ventura, «Apres toi n'aurai plus d'amour», de Tino Rossi, o, de nuevo, a Trenet y «Le temps des cerises»; en otro instante el padre conecta la radio y suena «Au Chili», por Jacques Hélian y Ginette Garcin, y, en una escena posterior, «Dans les plains du Far West», de Ives Montand, que el progenitor canta al unísono. Cuando Jacquot proyecta a su familia su pequeño film de animación *La ballerine,* le dice a su hermano que ponga la música y suena el «Valse chinoise» de la Orcheste Musette Jo Reno. Jacquot se convierte en un ávido espectador y sus amigos y conocidos le piden recomendaciones. Agnès Varda introduce numerosas alusiones a películas, como *Blancanieves y los siete enanitos (Snow White and the seven dwarfs,* David Hand, 1937), que, según el propio Demy, es la primera película que recuerda haber visto, pero le siguen otras, bien por los carteles o citadas en los propios diálogos, como *Gilda* (Charles Vidor, 1948), *Tener y no tener (To have and have not,* Howard Hawks, 1944), y algunas francesas como *Los visitantes de la noche, La bella y la bestia (La belle et la bête,* Jean Cocteau, 1946) o *Les dames du bois de Boulogne* (Robert Bresson, 1945), tres films cuyos directores se encuentran entre los cineastas de cabecera de Demy, aparte de que el último título le reveló su vocación[381]. Pero también se citan otros títulos, como *Los niños del paraíso (Les enfants du paradis,* Marcel Carné, 1945) o *L'affaire du collier de la reine* (Marcel L'Herbier, 1946).

Y luego está el exterior, porque hay hechos que se ven a través del pasaje que une el taller a la calle, como el inicio de la II Guerra Mundial, la invasión alemana, la movilización de su padre al frente, el bombardeo que sufrió Nantes

---

[381] Camille Taboulay, *Le cinéma enchanté de Jacques Demy, op. cit.,* pág. 29.

*Jacquot de Nantes* (1990), © Ciné-Tamaris.

el 16 de septiembre de 1943 y que tanto impactó a Jacques Demy, como constata en otra de sus intervenciones, o la liberación de Francia por los aliados. A ello se unen las múltiples situaciones y acontecimientos como la llegada de una prima de su padre que vive en Río de Janeiro, «a la que un industrial brasileño convirtió en prostituta de lujo», según comenta la voz en *off* de Agnès Varda; la visita al cementerio, donde Jacquot roba de una tumba dos figuras de ángeles repujadas en latón que luego utilizará como adornos en su teatro de marionetas, y donde, instantes después, ante la sepultura de su abuelo, comprueba que se llama igual que él —la voz en *off* del propio Demy explica que «haber visto, tan joven, mi propio nombre sobre una tumba me hizo sentir la fragilidad de la existencia»—; las salidas al cine en familia o las visitas al guiñol, en donde un día contempla una función en la que representan *Piel de asno,* cuento de Charles Perrault que adaptará al cine en 1970; la estancia de Jacquot y su hermano con el fabricante de zuecos y su mujer durante el conflicto bélico a las afueras de

Nantes y donde unas vecinas le prestan un proyector de cine; el que le regala más tarde un amigo y con el que Jacquot, tras fabricar una pantalla, proyectará una película de Charlot. Pero como es el único film que posee y, además, lo ha visto muchas veces, decide limpiar el celuloide para pintar directamente sobre él la que será su primera película de animación, *Le pont de Mauves* (1944); o el pasaje Pommeraye, que Demy hizo tan conocido en su primer film, *Lola*, y donde consigue su primera cámara al cambiarla por un juego de mecano y unos libros. Con ella rodará con su hermano y un compañero del colegio *L'aventure de Solange*, que supone una frustración porque había olvidado ajustar el diafragma. En dicho pasaje, más tarde, su madre le comprará la segunda cámara, con la que filma *Attack nocturne* (1947-1948), film de animación en *stop motion* para el que elabora los personajes y los decorados con cartón y utiliza recursos como un patín sobre una rampa para hacer un *travelling* de aproximación a un personaje que, a su vez, se acerca hacia el objetivo.

## 1992. Les demoiselles ont eu 25 ans

> En 1966 me divertí haciendo un reportaje mudo sobre el rodaje de Jacques. Me gustaba ver cómo se hacía un musical. Filmaba a mi manera y circulaba entre los actores y los técnicos con una cámara del tamaño de dos puños, cargada de película inversible, para aficionados. Durante algunos días de agosto, dos ingenieros de sonido se me unieron. Esta película no fue un encargo y ninguna promoción lo justificaba. Solo estaba acumulando recuerdos, ¡incluyendo a Jacques poniéndose interminablemente un jersey blanco![382].

En su libro *Varda par Agnès,* la cineasta relata que, un año después del rodaje de *Las señoritas de Rochefort (Les demoiselles de Rochefort,* 1967), se puso a montar las imágenes que filmó durante aquel con el propósito de hacer un documental, pero el impacto que sufrió por la repentina muerte de Françoise Dorléac a causa de un accidente de tráfico le generó tal bloqueo que se sintió incapaz de continuar con el proyecto. Sin embargo, según prosigue, no sería hasta después de la muerte de Demy cuando volverá a recuperar aquel material.

> Nos llevó meses encontrar algunas cajas aquí y allá: negativos sin sus copias en color, sonidos sin imágenes, imágenes sin sonido [...]. Sin embargo logramos encontrar suficientes imágenes y sonidos para hacer un montaje. Gracias a las dos mujeres de Pathé que no lo habían tirado todo[383].

---

[382] Agnès Varda, *Varda par Agnès. L'intégrale, vol. 1954-1994, op. cit.,* pág. 196.
[383] *Ibíd.,* pág. 198.

Sea como fuere, la comuna de Rochefort organizó un gran evento para celebrar el vigésimo quinto aniversario del rodaje del film, que hizo coincidir con el día en que Demy cumpliría 61 años, el 5 de junio de 1992. Agnès Varda se llevó su cámara para filmar los festejos. Después, «en el montaje, el juego consistió en mezclar imágenes del verano de 1966 y del verano de 1992. Placer y melancolía siempre iban juntos, como gemelos que solo se separan por momentos breves»[384]. De ahí que esta evocación, con la muerte de Demy aún reciente y el recuerdo de Françoise Dorléac, adquiera una especial carga emocional. En cierta manera, Agnès Varda revive a dos muertos queridos. Es una de las facultades que posee el cine. Incluso se inauguran una calle con el nombre del primero —Varda no quiere y le pasa el testigo a Hélène Demy— y una plaza con el nombre de la segunda a cargo de su hermana Catherine Deneuve.

Agnès Varda concibe *Les demoiselles ont eu 25 ans* como un puzle en el que coloca piezas de diverso tipo: las propias filmaciones de la cineasta de los actos conmemorativos, con testimonios de los habitantes de la villa y que asocia con secuencias de *Las señoritas de Rochefort,* fotografías, postales y otros materiales de archivo hasta formar un atlas sobre Demy, el rodaje de aquel film y la huella que dejó en aquella villa. La primera pieza es la imagen de la superficie del río Charente que, con un ligero movimiento *tilt,* encuadra el puente transbordador de Rochefort para después pasar a las antiguas fotos y postales de dicho puente y de la plaza Colbert. Mientras, una voz en *off* masculina interviene por primera y última vez para anunciar el evento que va a tener lugar en la ciudad.

Le sigue el aterrizaje de un avión en el que llegan Catherine Deneuve y el compositor Michel Legrand. Y después,

---

384 *Ibíd.,* pág. 198.

cuatro hombres sentados en la misma motocicleta que se presentan ante la cámara, porque ellos fueron los motoristas que aparecían al principio de *Las señoritas de Rochefort* escoltando al grupo de feriantes que llegan a la ciudad. Y si en *Jacquot de Nantes* el recurso para marcar las secuencias de los films de Demy era entrecomillarlas con el dibujo de una mano que señala con el dedo índice, aquí será una pizarra en la que aparece escrito en tiza «extrait» para dar paso a la escena y, al término de esta, otra que reza «Fin d'extrait».

La primera visita es al Hôtel-de-Ville, es decir, la alcaldía, donde se rodaron las secuencias del interior de la academia de música de las gemelas Garnier, a quienes encarnaron las también hermanas en la vida real Françoise Dorléac y Carherine Deneuve. Después es el turno de Jacques Perrin[385], que puso rostro a Maxence, el marinero pintor, y que manifiesta: «Tengo la impresión de que si paseamos por las calles van a surgir los feriantes, los marineros, y que, de manera natural, esos personajes se van a poner a bailar». Y los marineros, precisamente, estarán presentes tanto en las imágenes del rodaje de *Las señoritas de Rochefort* como en las del acontecimiento conmemorativo. Entre medias, los ensayos donde se preparan las adolescentes de Rochefort para los bailes que representarán durante la celebración, además de los diferentes preparativos, desde el inflado de globos hasta la colocación de guirnaldas y banderas, accio-

---

[385] Recordado sobre todo por su papel de Totò de adulto en *Cinema Paradiso (Nuovo Cinema Paradiso,* Giuseppe Tornatore, 1988), el actor y productor Jacques Perrin (1941-2022) repetirá con Jacques Demy en *Piel de asno (Peau d'âne,* 1970). Entre el más de un centenar de títulos en los que participó destacan también *La busca* (Angelino Fons, 1966), por la que recibió la Copa Volpi en el Festival de Venecia, *Z* (Costa-Gavras, 1969), *El desierto de los tártaros (Il deserto dei tartari,* Valerio Zurlini, 1976) o *Los chicos del coro (Les choristes,* Christopher Barratier, 2004), en el papel de Pierre Morhange de adulto.

nes que la cineasta asocia a escenas de *Las señoritas de Rochefort* que combina con imágenes de los preparativos del rodaje.

Agnès Varda explica que, tras recorrer diversas ciudades, Demy eligió la villa de Rochefort por su arquitectura militar. Introduce testimonios de Bertrand Tavernier, que, entre otras cosas, comenta que la relación entre Demy y Deneuve era como la de Hitchcock y Grace Kelly; de Bernard Evein, el director artístico, que hizo pintar mil contraventanas de las casas de la villa de diferentes colores para el film; o de Michel Piccoli, cuya aportación está sacada de imágenes de archivo de los días del rodaje, y que confiesa que bailar en la plaza ante Gene Kelly le imponía mucho. Incorpora también imágenes de los ensayos de Dorléac y Deneuve en Londres con Norman Maen, creador de la coreografía; las filmadas por André Delvaux, que captan el rodaje de la escena del primer encuentro entre los personajes de Dorléac y Gene Kelly y que después se enlazan con la secuencia del film; de Demy con Legrand al piano en las que intercambian impresiones sobre la partitura, o de ensayos rodados por la propia Varda.

Y los pequeños detalles que tanto gustan a la cineasta y que remarca con su voz en *off*, como esa magnífica secuencia en la que afirma que solo ella podría filmar el momento en que Jacques Demy se pone el jersey con esa manera tan particular suya. Es un plano que la cineasta mantiene, ya que mientras Demy charla con Deneuve, coge el jersey y se lo pone lentamente: un brazo, luego el otro. Se lo sube hasta los hombros y luego lo estira y mete la cabeza. Al sacarla, se atusa el pelo dándose un par de toques con la mano sobre su cabello. Después se remanga levemente un brazo, se coloca el cuello de la camisa y luego se baja el jersey hasta la cintura. Y se remanga ligeramente el otro brazo, con esos leves toques que le ayudan a colocarlo.

Además de los testimonios del equipo artístico y técnico que participó en el film, introduce los de algunos habitan-

Catherine Deneuve y Jacques Demy
en *Les demoiselles ont eu 25 ans* (1992), © Ciné-Tamaris.

tes que en su infancia intervinieron como extras. Los hay que conservan los gorros de marineros que usaron cuando eran niños en el rodaje; la pareja de figurantes, él con 11 años entonces y ella, que hacía de su madre, con 15 años, que, según explican, se reencontraron en 1973 y se casaron; el profesor de primaria, que enseña dibujos de sus alumnos cuya temática son las gemelas Garnier; el capitán Camescasse, de la base aeronáutica naval de Rochefort, que recuerda que era un joven marinero en aquel momento y que participó también como extra, o el alcalde, Jean-Louis Frot, que, satisfecho, ante los habitantes emocionados, presenta a Deneuve, Legrand y Evein o posa ante una maceta de begonias, planta importada de Martinica por el botánico y religioso Charles Plumier en la época en que Michel Bégon era intendente de Luis XIV, según la locución de Agnès Varda, y por ello lleva el nombre de begonia. Y la cineasta expone las cuatro especialidades de Rochefort: las begonias y sus variedades, el escritor Pierre Loti, las *demoiselles* después del 66 y los gemelos.

Y llega la proyección del film, al aire libre, por la noche, durante la cual cayó un poco de lluvia. El plano encuadra la silueta de espaldas de un marinero ante una secuencia del también marinero Maxence. Y Agnès Varda cierra el film con un *travelling,* con la Corderie Royale de Rochefort como telón de fondo, en el que aparecen sucesivamente parejas de gemelos o gemelas reales que dicen a cámara el signo bajo el que nacieron.

* * *

> El recuerdo de la felicidad es tal vez también la felicidad[386].

[386] Agnès Varda en el documental *Les demoiselles ont eu 25 ans.*

## 1994. Las cien y una noches
## *(Les cent et une nuits de Simon Cinéma)*

> Desde hace tiempo, buscaba la oportunidad de hacer una película de entretenimiento. Prefiero esa palabra a «comedia». Y, aún más, prefiero decir «divertimento», como se dice *allegro presto*. Tenía ganas de una ficción después de dos documentales sobre Jacques Demy [...]. Abordar un tema que me inquieta: la memoria. Pensar en el cinematógrafo, que iba a celebrar su primer siglo. Esto me cosquilleó el espíritu y excitó la imaginación[387].

El origen del proyecto surge como encargo para conmemorar el centenario del cine. Agnès Varda se aleja de la solemnidad y de las convenciones narrativas tradicionales que, en muchas ocasiones, requiere un ejercicio de estas características para concebir un divertimento donde la trama adquiere un papel secundario en beneficio de la articulación de una suerte de álbum con secuencias y guiños al mundo del cine. Además, contó con la complicidad de un grupo de estrellas que parecen sentirse a gusto con la propuesta, como ponen de relieve en sus actuaciones Marcello Mastroianni, Catherine Deneuve y Robert De Niro, que comparten escena, Alain Delon, Gina Lollobrigida, Jean-Paul Belmondo, Jeanne Moreau, Hanna Schygulla o Gérard Depardieu.

El carácter de divertimento que desprende el film ya está presente en el propio nombre del protagonista, Simon Cinéma, el personaje centenario que viene a ser una representación metafórica del cine y que interpreta Michel Piccoli.

---

[387] Agnès Varda, *Varda par Agnès. L'intégrale, vol. 1994-2019, op. cit.*, pág. 12.

Tal como explica la cineasta en su documental *Varda por Agnès*, Simon Cinéma es un juego fonético: *si mon cinéma non te plaît pas, va voir un autre,* es decir, «si mi cine no te gusta, ve a ver otro». Pero el juego fonético también alcanza a la joven pareja que forman la estudiante (Julie Gayet) y el aspirante a cineasta (Mathieu Demy), pues ambos personajes poseen el mismo nombre, Camille, que en francés no tiene género. Sin embargo, al joven se dirigen con el apelativo de Mica para no confundirlo con ella.

Sea como fuere, la trama es muy sencilla. Simon Cinéma comienza a perder la memoria y para evitarlo contrata a Camille. Ella debe acudir cada día a su gran palacete, situado a las afueras de París, para que, en sesiones nocturnas, le ayude a ejercitarla. Sesiones que durarán las cien y una noches que indica el título y que Camille pedirá que se realicen por la tarde, de cinco a siete. ¿Quizá un guiño a su film *Cleo?*

A partir de esta premisa, Agnès Varda concibe su film más burlesco, y también buñuelesco, en cuanto a sus toques surrealistas además de las citas a *Un perro andaluz (Un chien andalou,* Luis Buñuel y Salvador Dalí, 1929) y *La edad de oro (L'âge d'or,* 1930), sino por el guiño que hace de esta última el personaje de Mathieu Demy a la manera de Gaston Modot, cuando llora lágrimas de sangre. La cineasta entrelaza dos líneas argumentales principales. Una gira en torno a Simon Cinéma y, a su vez, posee dos niveles. El primero es el referido a la relación que establece con Camille durante sus sesiones, en las que hablan sobre cine, y el segundo está marcado por su amistad con Marcello Mastroianni, el único invitado a quien conocerá Camille, línea en la que Varda da rienda suelta a su imaginación con la inclusión de múltiples referencias cinéfilas, secuencias de films clásicos, recreaciones de otros —como la propia Sandrine Bonnaire en el rol de Mona en *Sin techo ni ley*—, alusiones a los propios hermanos Lumière, que aparecen con una aureola de

Emmanuel Salinger, Marcello Mastroianni, Anouk Aimée y Michel Piccoli en *Las cien y una noches* (1994), © Ciné-Tamaris.

bombillas cada uno, y las sucesivas visitas de estrellas que recibe el centenario Monsieur Cinéma. La segunda línea argumental es la que protagonizan Camille y Mica, este en su ambición por rodar su primer film, también salpicada con muchas citas cinéfilas.

Asimismo, el largometraje está dividido en cuatro partes introducidas por una niña y un niño que dictan el título del capítulo y, con un golpe de claqueta, le dan paso. Pero antes, Agnès Varda realiza una breve introducción. «Veo, oigo y tengo casi 100 años. ¿Seguro que es esto bueno para la memoria? Eso dicen, incluso los médicos». Así empieza la voz en *off* de Simon Cinéma, al que todavía no se le ha visto el rostro, mientras comienzan los títulos de crédito. La siguiente secuencia la protagoniza Mica, como auxiliar de un rodaje, encargado de parar el tráfico, y los mencionados niños, que ante la mansión del centenario comentan que es el palacio de las cien y una noches. Y anuncian el título del primer episodio, *Monsieur Cinéma,* que se inicia con la llegada de Camille para entrevistarse con Monsieur Cinéma. La recibe Mr. Firmin (Henri Garcin), su «criado polimorfo y polivalente», tal como se presenta él, que le dice que debe hablar con él todos los días en sesiones de una o dos horas. Su futura tutora cinéfila, como el criado la presenta a Monsieur Cinéma, es recibida por este en la cama y caracterizado de Nosferatu. Ella se asusta y abandona la casa. Seguidamente, Varda introduce una secuencia de *Nosferatu* (F. W. Murnau, 1922). Finalmente, Camille es contratada con otra misión añadida: «mantener con vida el símbolo humano del cine».

El palacio es un museo viviente del cine cuya decoración está recargada con carteles, fotografías y objetos de la más diversa índole relacionados con la historia del cine. Y, además, es un lugar en continua transformación: cuando Monsieur Cinéma habla de directores o estrellas, siempre hay dos marcos ovalados situados a ambos lados de su figura, a veces en el cabecero de la cama, otras en el respaldo del sofá en la sala de estar, y que muestran retratos fotográficos de quienes el centenario cita en ese momento. Ella le comenta que, según le han dicho, su memoria está en plena forma. Y él responde que es un error porque: «a) tengo recuerdos, pero no puedo recordarlos. Como si no pudiera atrapar moscas». En *Las playas de Agnès,* la cineasta dirá: «Los recuerdos son como moscas que revoletean, fragmentos de memoria en desorden». Monsieur Cinéma prosigue: «b) no es cuestión de edad, sino de memoria. La contraté para que me hable de cine, mi pasión favorita; c) ya no puedo usar las piernas, debo de usar la cabeza, viajar sin moverme, y d) necesito su belleza como mi rayo de sol cotidiano».

En la relación entre Monsieur Cinéma y Marcello Mastroianni se establece un particular juego de identidades. Cuando el primero presenta a Camille al segundo, esta le declara su admiración como actor. Y Varda introduce la secuencia del baño del harem de *Fellini ocho y medio (8½,*

Federico Fellini, 1963) protagonizada por Mastroianni. Monsieur Cinéma dice que Fellini era un ladrón porque realmente era él mismo quien estaba en el baño con un sombrero y fumando. A continuación, se incluye la secuencia del baño de *El desprecio,* interpretada por el propio Piccoli. Monsieur Cinéma le pregunta si ha visto la película, se quita la peluca y exclama: «Yo soy Piccoli. Era yo quien estaba con Bardot». Camille les manifiesta que está desconcertada y les recuerda un poema de Prévert: «Los actores no son personas. Son todo el mundo y nadie al mismo tiempo». El juego se repite con la visita de Gérard Depardieu en el segundo episodio, *Un millón, el viento, el amor y la muerte,* cuando le pregunta si recuerda cómo moría en *La gran comilona (La grande bouffe,* Marco Ferreri, 1973), y a continuación se introduce la secuencia de la muerte del personaje que interpreta Piccoli en aquella. Seguidamente, ambos hablan sobre sus decesos en el cine y recuerdan cómo Demy hizo morir a Piccoli cortándose el cuello en *Una habitación en la ciudad (Une chambre en ville,* 1982). Depardieu rememora sus muertes en la pantalla, como la de *Danton* (Andrzej Wajda, 1983). Monsieur Cinéma le replica que «se muere mucho en el cine. Sobre todo, si tienes que repetir la escena diez o veinte veces. La muerte es una mierda. He sido colgado, electrocutado, quemado... He muerto mil veces», para más adelante concluir que «podría decirse que hemos mirado a la muerte a la cara». En el tercer episodio, titulado *El retorno de Vincent,* se ha organizado un evento en los jardines del palacete con la presencia de una falsa Liz Taylor, pero todos los invitados creen que es ella de verdad, a pesar de que, ante un micrófono, confiesa que se llama Marina y que es italiana.

Camille se entera de que Monsieur Cinéma tiene un bisnieto, su único heredero, que ha desaparecido y plantea con Mica la posibilidad de que alguien se haga pasar por él con el objetivo de conseguir el dinero para su película.

Los juegos vardianos se suceden ininterrumpidamente. En otro momento, la estudiante pregunta al anciano cuál es la personalidad sobre la que van a hablar hoy. Este responde que pensaba en el hombre de los ojos grandes. Camille pregunta: «¿Buster Keaton?». «No, Buñuel», contesta Monsieur Cinéma, y le cuenta que eran amigos, que tenían la misma edad, que estaban en el mismo grupo surrealista con una mujer desnuda en el centro. «Y cerrábamos los ojos». Y le señala hacia la pared, donde está el famoso montaje de Magritte *Je ne vois pas la (femme) cachée dans la forêt*. Cuando imita a Orson Welles, saca un conejo de la chistera como guiño a *Fraude (F. for fake,* 1973). Hay asociaciones visuales, como cuando se levanta un fuerte viento que arrastra objetos en la terraza del palacio y Varda incluye una secuencia de *El viento (The wind,* Victor Sjöström, 1928); después vuelve a la terraza, en la que un limpiacristales, que antes le ha declarado a Mastroianni su admiración, lucha por mantener el equilibrio, para insertar a continuación la secuencia en la que Buster Keaton trata de mantenerse de pie ante una gran ventolera en *El héroe del río (Steamboat Bill, Jr,* Buster Keaton y Charles Reisner, 1928).

Agnès Varda introduce también juegos con algunos títulos de películas. En un momento dado, Mica dice sentirse un don nadie cuando piensa en los comienzos de cineastas como Steven Spielberg, Francis Ford Coppola, Roman Polanski o Godard. Un amigo le anima citándole el título de un film de Werner Herzog: *También los enanos empezaron pequeños (Auch Zwerge haben klein angefangen,* 1970). Y la cineasta introduce a continuación una breve escena con siete enanos que contemplan los ejercicios gimnásticos de una de las sirvientas de Monsieur Cinéma; enanos cuyo vestuario trae reminiscencias de la producción de Disney, *Blancanieves y los siete enanitos,* el primer film que Jacques Demy recuerda haber visto en su infancia.

En el cuarto y último episodio, *El cine y sus mitos, es decir: el campo, las estrellas, los festivales, Hollywood, la riqueza y el centenario del cine,* Agnès Varda eleva su divertimento y hace que Monsieur Simon Cinéma, o, mejor dicho, Michel Piccoli caracterizado de Monsieur Simon Cinéma, no solo participe como actor en la película de Mica y viaje a Hollywood, sino que desfile por la verdadera alfombra roja del Festival de Cannes, saludando a las estrellas y asistentes que han acudido al evento.

* * *

> —Voz de Buñuel (en una vaca): Yo encuentro falaces y peligrosas todas las ceremonias conmemorativas. ¿Para qué se hacen? ¡Viva el olvido!
>
> —Monsieur Simon Cinéma: No estoy de acuerdo. Estoy cansado de olvidarlo todo. Ya no tengo memoria, ni siquiera sueños. Así que imagino.
>
> Diálogo de *Las cien y una noches.*

## 1992-1995. L'univers de Jacques Demy

> ¿La génesis del universo? Hay que preguntarles a los científicos, a mi amigo Coppens o a los místicos. Pero si hablamos de *L'univers de Jacques Demy*, es un documental sobre su universo, que he tratado de evocar, un universo microscópico —e inmenso— como el de todo artista[388].

Con una concepción similar a *Les demoiselles ont 25 ans* por cuanto combina entrevistas —y vuelve a utilizar el recurso de la pizarra para insertar el nombre de los interlocutores—, material de archivo compuesto por fotografías, intervenciones en televisión, imágenes de rodajes y secuencias de películas, Agnès Varda concibe un documental a modo de homenaje y salpicado de melancolía en el que reúne los testimonios de sus actores y actrices, como Catherine Deneuve, Anouk Aimée, Jeanne Moreau, Dominique Sanda, Michel Piccoli o Jacques Perrin, del compositor Michel Legrand, del director artístico Bernard Evein y de otros colaboradores, así como declaraciones de ciudadanos corrientes sobre el cine de Demy. Varda elude la tradicional línea argumental cronológica —«es un paseo casual», expresa al principio del film—, para crear de nuevo una estructura en forma de puzle cuyas piezas se insertan por medio de asociaciones, bien visuales, bien temáticas.

El film posee una estructura circular en el sentido de que se inicia con una adolescente que lee una carta de agradecimiento a Demy por su cine. Después, a lo largo del metraje, se introducirán las intervenciones de otras dos

---

388 *Ibíd.*, pág. 23.

chicas de su misma edad. Al final del metraje, la primera, tras concluir la lectura de dicha carta, revela su nombre, Camille. Las otras dos se presentan también, Carolina y Marine. Entonces se abre el plano con un lento y ligero movimiento de cámara para descubrir que las tres se hallan al lado de la tumba de Demy. Agnès Varda ha dado la palabra a las tres jóvenes como representantes de una nueva generación para que ofrezcan su impresión sobre el cine de su marido.

Tras dicha lectura al inicio del film, interviene Anouk Aimée, que expresa que su papel en *Lola* (1961) fue un regalo, y se reencuentra con Marc Michel, actor que le dio réplica en el rol de Roland Cassard. Y aquí Agnès Varda introduce una fotografía: «Marc mira a Jacques, que mira a través de su visor, mientras yo miro a Jacques a través de mi Leica». En cierta manera, con esta imagen la cineasta establece el espíritu que guía el film, el de ser un juego de miradas. A continuación comenta que a veces se visitaban en sus respectivos rodajes, pero siempre con discreción. Tras apuntar que se conocieron en el Festival de Tours o que vivieron juntos en la rue Daguerre, donde trabajaron, pero nunca juntos, prosigue el relato con el origen de *Lola*. Georges de Beauregard, productor al que conoció por medio de Jean-Luc Godard, le quitó la idea de hacer un musical en color por los costes que implicaba. Legrand, que compuso su primera partitura para Demy, dice que en cierto modo era una película llena de música en su propio silencio. También el film supuso el inicio de su colaboración con el escenógrafo Bernard Evein.

Y si Agnès Varda empieza el documental con *Lola,* su primer largometraje, a continuación prosigue con el último título que dirigió, *Trois places pour le 26* (1988), protagonizada por Yves Montand, aunque Demy hará un trabajo más, *La table tournante* (1988), junto con el animador Paul Grimault. Sea como fuere, fue un film cuya idea le comentó a Montand en 1968, que escribió en 1972 pero que no se rodaría hasta una década después, gracias a que lo produjo Claude Berri, que había obtenido en aquel momento un gran éxito como director con *El manantial de las colinas (Jean de Florette,* 1986). Varda da paso a *Piel de asno,* basada en el cuento de Charles Perrault, sobre el que Demy confiesa que le impresionó de niño y con los ojos de un niño trató de concebirla. Agnès Varda introduce imágenes que ella misma filmó durante el rodaje para subrayar el gran reparto que reunió: Jean Marais, Jacques Perrin, Delphine Seyrig, así como para dejar constancia de las visitas de Jim Morrison y Alain Ronay o François Truffaut, que aparece fugazmente, además de comentar varios aspectos técnicos, como el vestido del color del tiempo, que se confeccionó con el material con el que se fabrican las pantallas de cine; la rosa que habla, para la que recurrieron a la boca de la *script,* o que se rodaba con la música pregrabada para que la filmación se adaptase al ritmo de aquella.

Agnès Varda recuerda que cuando estaba embarazada de su hijo Mathieu le dijo a Demy en tono de broma que «si vosotros, los hombres, pudierais quedaros embarazados, os comportaríais de manera diferente con nosotras». Esta frase inspiró al cineasta la comedia *No te puedes fiar de la cigüeña (L'événement le plus important depuis que l'homme a marché sur la lune,* 1973), protagonizada por Marcello Mastroianni, un profesor de autoescuela, y Catherine Deneuve, peluquera. Varda dice con ironía, «motor y rizos», igual que los padres de Demy, comentario que enlaza con algunos aspectos de su infancia, entre ellos el recuerdo del bombardeo de Nantes el 16 de septiembre de 1943 que tanto le marcó —experiencia que se recrea en *Jacquot de Nantes*— y sobre el que Demy apunta que, tras una vivencia como aquella, «tienes la sensación de que nunca puede pasar algo peor que eso y entonces es cuando empiezas a crear un mundo de fantasía».

*L'univers de Jacques Demy* (1992-1995), © Ciné-Tamaris.

El productor Gérard Vaugeois viaja en tren con la partitura de Michel Colombier de *Una habitación en la ciudad (Une chambre en la ville,* 1982), que muestra a cámara, para dar paso a Colombier, que toca al piano el tema de amor que se fusiona con la secuencia del film en la que Édith Leroyer (Dominique Sanda) y François Guilbaud (Richard Berry) cantan dicha composición. De nuevo otra película con componentes autobiográficos, y en la que Berry, reunido con Sanda, Danielle Darrieux, Michel Piccoli y Jean-Francois Stévenin, recuerda una anécdota del rodaje referida a la secuencia de la manifestación, en la que los extras, policías y trabajadores reales, se tomaron tan en serio sus papeles que el cineasta decidió intercambiarlos, es decir, que los obreros hicieran de policías y viceversa, para suavizar los ánimos.

Agnès Varda relata la llegada de Demy a París, sus estudios en l'École Technique de Photographie et de Cinématographie de la rue Vaugirard, donde realiza su film de graduación *Les horizons morts* (1951), sus primeras experiencias como extra en algunas películas[389] o su documental sobre el fabricante de zuecos, *Le sabotier du Val de Loire* (1956). Y aparecen Henri Janin, conductor de autobús, que desciende de su vehículo para comentar que conoció al fabricante real que acogió a Jacques en la guerra y que fue él quien lo interpretó en *Jacquot de Nantes;* Didier, un jardinero que ha hecho una escultura floral que representa al fabricante de zuecos en homenaje a Demy; la directora de la escuela en Teillé donde estudió durante la guerra y a la que pusieron su nombre, como a una calle en Mauves-sur-Loire, donde también estudió. Y se habla de *Ars* (1960), un cortometraje documental que Demy realizó por encargo influenciado por *El diario de un cura rural (Journal d'un curé de champagne,* 1951), de Robert Bresson, y de *Le bel indifférent* (1958), cortometraje de ficción en el que comienzan a estar presentes sus rasgos de estilo.

Con *Los paraguas de Cherburgo (Les parapluies de Cherbourg,* 1964) obtuvo la Palma de Oro en Cannes y varias nominaciones a los Óscar. Aparecen Mag Bodard[390], la productora del film, y Nino Castelnuovo, el protagonista junto con Catherine Deneuve. Legrand confiesa que él y Demy querían provocar lágrimas en el público y que esas partes las señalaban en la partitura escribiendo la palabra «pañuelos». Hay un momento con toques de humor cuando el crítico y teórico del cine Dominique Païni cuenta que sus padres, miembros del Partido Comunista, le recomendaron que vie-

---

389 Aunque las secuencias que se muestran pertenecen a *Los sublevados de Lomanach (Les révoltés de Lomanach,* Richard Pottier, 1954), Demy hizo otros cameos como extra en *Los cuatrocientos golpes* de François Truffaut *(Les Quattre Cent Coups,* 1959) y en *Paris nous appartient* (Jacques Rivette, 1961).

390 Mag Bodard (1916-2019) también produjo a Demy *Las señoritas de Rochefort* y *Piel de asno,* y a Agnès Varda *La felicidad* y *Las criaturas* —de hecho, la cineasta le dedica *Les demoiselles ont eu 25 ans*—. Otros títulos como productora fueron *Al azar, Baltasar (Au hasard Balthazar,* Robert Bresson, 1966), *Te amo, te amo (Je t'aime, je t'aime,* Alain Resnais, 1968) o *La infancia desnuda (L'enfance nue,* Maurice Pialat, 1968).

ra la película porque era el primer film que hablaba sobre los efectos de la guerra de Argelia, hasta que aparece una apasionada Claude-Marie Trémois, crítica de cine de la revista *Télérama,* cuyo entusiasmo hace que Païni, esbozando una sonrisa, se levante y la invite a continuar su discurso antes de salir del encuadre. Y Demy recibe una llamada de Hollywood, del productor Gerry Ayres —presente también en *Las playas de Agnès*—, y el proyecto para el que firma un contrato será *Estudio de modelos,* una secuela de *Lola,* tal como él confirma, para la que quiso contar con un joven Harrison Ford que, en aquella época, comenzaba su carrera. Agnès Varda filmará las pruebas al intérprete, que recuerda, ya como actor consagrado[391], que los ejecutivos lo rechazaron para el papel porque no tenía futuro en el negocio[392]. Y eligieron a Gary Lockwood, que acababa de rodar *2001: Una odisea del espacio (2001: A Space Odyssey,* Stanley Kubrick, 1968). Demy comenta el fracaso que supuso el film con un tono irónico y mediante un juego de palabras en un espíritu similar a Agnès Varda, pues dice que la llamó «Model Flop» en referencia a su título, *Model shop*. Hélène Demy, su hermana, recuerda su capacidad para aprender idiomas, como el inglés, y que, para un proyecto que finalmente se frustró, *Anouchka,* inspirado en Anna Karenina de León Tolstoi, comenzó a aprender ruso; habla de sus fotografías con señales, de espacios abiertos y familiares, y comenta su decisión de iniciarse en la pintura con 50 años.

Y llega *The pied piper* (1972), basado en el cuento de los hermanos Grimm y en un poema de Robert Browning,

---

[391] En el momento en que Varda recoge este testimonio, el actor ya había protagonizado *La guerra de las galaxias (Star Wars,* 1977) y sus dos secuelas, los tres primeros films de la saga de Indiana Jones o *Blade Runner* (Ridley Scott, 1982), entre otros.

[392] Agnès Varda recupera la anécdota e incluye este testimonio de Harrison Ford en *Las playas de Agnès.*

quienes, a su vez, se inspiraron en la leyenda del flautista de Hamelin, y sobre el que el especialista en la obra del cineasta, Jean-Pierre Berthomé[393], opina que es su film más sombrío; su participación en el film colectivo *Les Sept péchés capitaux*[394], con el *sketch* titulado *La luxure* (1961); *Parking* (1985) que fue otro rotundo fracaso y sobre el que el propio Demy comenta que la crítica le masacró; *La bahía de los ángeles (La baie des anges,* 1963), que cuenta con el testimonio de su protagonista, Jeanne Moreau, que traza algunos apuntes sobre la concepción de su personaje y de la que su hijo, Mathieu Demy, reconoce que es su film preferido; luego comenta que le divierte pensar que su padre pasó de *La bahía de los ángeles* a la bahía de Los Ángeles. Patricia L. Knop, guionista, productora y coleccionista de esculturas de ángeles, que volverá a estar presente en *Las playas de Agnès* y que participó en el guion en *Lady Óscar (Lady Oscar,* 1979), sirve de enlace para hablar de este film, que, bajo producción nipona, era la adaptación de un cómic japonés, *La rosa de Versalles,* de Riyoko Ikeda. Su única experiencia en televisión es *La naissance du jour* (1980), basada en la novela autobiográfica de mismo título de Colette y para la que Rosalie Varda diseña el vestuario. Y después, *Les demoiselles de Rochefort,* con una escena en blanco y negro de Legrand y Demy preparando uno de los números musicales. Y finalmente, la mencionada secuencia de las tres adolescentes que se hallan al lado de la tumba de Demy.

---

393 Además del campo de la arquitectura y decoración en el cine, Jean-Pierre Berthomé es uno de los mayores especialistas en la obra de Demy. Es autor del libro *Jacques Demy et les racines du rêve,* Nantes, Éditions L'Atalante, 2014.

394 Los otros «pecados» fueron realizados por Philippe de Broca *(La gourmandise),* Claude Chabrol *(L'avaricie),* Sylvain Dhomme *(La colère),* Jean-Luc Godard *(La paresse),* Édouard Molinaro *(L'envie)* y Roger Vadim *(L'orgueil).*

## 1999-2000. Los espigadores y la espigadora *(Les glaneurs et la glaneuse)*

> Elegí la más sofisticada de las cámaras de modelos *amateurs* [Sony DV CAM DSR 300]. Tenía la sensación de que esta cámara me devolvería a los primeros cortometrajes que hice en 1957-1958. En ese momento me sentía libre. Con la nueva cámara digital, sentí que podía filmarme a mí misma, involucrarme como cineasta. Al final, me filmé más a mí misma, y eso me involucró en la película. Más tarde pensé que estaba pidiendo tanto a estas personas que se mostraran, que me hablaran, que fueran honestas conmigo, que yo también debería revelar algo de mí misma. Sentí que, aunque no soy una recolectora —no soy pobre, tengo suficiente para comer—, hay otro tipo de recolección, que es la recolección artística. Tomas ideas, tomas imágenes, tomas emociones de otras personas y luego las conviertes en una película[395].

Agnès Varda parte del vocablo «espigar» *[glaner]*, cuyo significado es «recoger después de la cosecha», como muestra en la primera secuencia, que ilustra con las páginas de un diccionario. «Antes eran siempre espigadoras», apunta en *off*. Porque eran las mujeres las que se encargaban de este trabajo, como refleja el célebre cuadro *Las espigadoras* (1867) de Jean-François Millet. La cineasta observa que hoy en día se espiga en soledad, no como se las solía representar en la pintura, en grupo, aunque destaca un lienzo de una que aparece sola, *La espigadora* (1877), de Jules Bre-

---

[395] Melisa Anderson, «The modest gesture of the filmmaker: An interview with Agnès Varda», *Cinéaste,* vol. 26, núm. 4, otoño de 2001, pág. 24.

ton, que se conserva en el Musée des Beaux-Arts de Arras y al que acude para contemplar la obra *in situ*. Y allí se autorretrata con un fardo de espigas de trigo que agarra con su mano izquierda sobre sus hombros para soltarlo, al mismo tiempo que alza su mano derecha, que sujeta su pequeña cámara de vídeo. Se autodefine también como espigadora, «la del título del documental», pues ella también se dedica al acto de «recoger», aunque en su caso vivencias, historias y lugares. Más adelante, en un determinado momento, dirá que

> para este espigueo de imágenes, impresiones y emociones no existe legislación y [...] según el diccionario, espigar también se aplica a las cosas del espíritu. Espigar hechos, espigar andanzas, espigar información. Para mí, que no tengo memoria, cuando vuelvo de viaje, lo que he espigado resume todo el viaje.

Pero en la actualidad «espigar» engloba a hombres y mujeres cuya subsistencia depende de la recogida de patatas descartadas y arrojadas al campo en perfecto estado tras una previa selección hecha por las cooperativas, que desechan aquellas que no cumplen determinadas condiciones que impone la venta comercial, como es el tamaño. Agnès Varda sigue a algunos de esos «recolectores». Al entrevistar a uno de ellos, encuentra sus primeras patatas con forma de corazón, elemento que será el origen de su videoinstalación, *Patatutopia* (2003), con la que iniciará su carrera como artista visual. Sea como fuere, entre aquellos «recolectores» los hay que colaboran con comedores sociales y los hay que sobreviven en una situación precaria, en desvencijadas caravanas. Pero no solo recuperan los excedentes que se dejan en el campo, sino también la comida que tiran los supermercados cuando pasa su fecha de caducidad, pese a que aún está en buen estado para su consumo. La antítesis es un restaurante cuyo chef, Édouard Loubet, poseedor de dos estrellas Michelin, confirma que con las sobras reelaboran otros platos. Y además es espigador, ya que, tras el paso de los cosechadores, acude al campo para recoger la fruta sobrante. Más adelante, Agnès Varda se hará eco, en Noirmoutier, del espigueo de las ostras que caen de los criaderos, pero hay que recogerlas a una cierta distancia de los viveros, según le explican quienes realizan dicha tarea.

Viaja a Beaune, en Borgoña, y allí hace una parada en L'Hôtel-Dieu des Hospices Civils para ver *El políptico del Juicio Final* (c. 1444-1450), de Rogier van der Weyden, antes de visitar los campos tras la vendimia. Se entrevista con un viticultor y psicoanalista llamado Jean Laplanche, de quien más tarde descubrirá que es una eminencia en el campo del psicoanálisis, como la cineasta confesará en *Dos años después*. También con Jérôme Noël-Bouton, que administra el viñedo de sus ancestros, Domaine de la Folie, en Chagny, en cuyo terreno conserva el lugar donde su bisabuelo, Étienne-Jules Marey, realizó sus experiencias cronofotográficas, además de tener un pequeño museo dedicado a su figura.

Surge otro matiz, entre el verbo «espigar», recoger lo que nace del suelo, frente a «racimar», recolectar lo que viene de arriba, tal como le explica una mujer. La cineasta complementa esta información con la proporcionada por un abogado experto en leyes relacionadas con esta actividad que, vestido con su toga y de pie en medio de un sembrado, explica el marco legal; más adelante, una abogada, también vestida con su toga, expone la legislación referente a la recuperación de objetos abandonados en la calle: al ser desechados por sus antiguos propietarios, queda anulado su carácter de pertenencia, de tal manera que quien los recoja pasará a ser su nuevo propietario.

Sin embargo, el verbo «espigar» contiene otras acepciones, aunque, como expresa Agnès Varda, todas ellas llevan implícito el mismo acto reflejo: el gesto de agacharse. Es el caso del espigador urbano que se abastece de los alimentos sobrantes de los supermercados, medio de supervivencia para unos y actitud reivindicativa para otros, por ejemplo el asalariado que proclama ante la cámara que se nutre únicamente de comida descartada como acción de protesta contra la sociedad de consumo. Esta actividad cobra otro sentido cuando incorpora la palabra «recuperación»: el anciano albañil Bodan Litnianski levantó una construcción con objetos en desuso[396]; Salomon y Charly recogen y reparan electrodomésticos encontrados en la calle; algunos artistas reciclan objetos abandonados de todo tipo con los que conciben sus obras plásticas, como el pintor Louis Pons[397]; hay talleres que organizan actividades con niños dedicadas al reciclaje y elaboración de objetos a partir de materiales recuperados. «¿Dónde acaba el juego? ¿Dónde empieza el arte?», se pregunta Agnès Varda, y acude a una exposición de la Fondation Cartier pour l'Art Contemporain que ofrece una instalación de la artista estadounidense Sarah Sze[398], que crea su obra a partir de materiales rescatados: «La recuperación casera ha entrado en el mercado del arte, y cuando digo mercado, no digo barato», reflexiona Varda. Un colectivo, Terrain Vague, transforma viejos frigoríficos en piezas artísticas al intervenir en su interior creando composiciones con materiales de diversa índole. Una historia le produjo una honda impresión, la de Alain Fonteneau, biólogo, ven-

---

396 *Le jardin de coquillage,* o *El jardín de las maravillas,* de Bodan Litnianski (1913-2005), está situado en Viry-Noureuil (Aisne). Más información: http://vivdim.com/bodanlitnianski/.

397 Louis Pons (1927-2021). El libro que aparece en el film: Gilbert Lascault, *Louis Pons,* París, Le lit du Vent / Centre d'Art Contemporain de Noyers-sur-Serein, 1996.

398 El título de la instalación es *Everything that rises must converge* (2000) y estuvo expuesta entre el 11 de diciembre de 1999 y el 12 de marzo de 2000. Sarah Sze volverá a estar presente en el cuarto episodio de la miniserie *Agnès de-ci de-là Varda;* su página web: www.sarahsze.com.

*Los espigadores y la espigadora* (1999-2000), © Ciné-Tamaris.

dedor de periódicos en la estación de Montparnasse y profesor voluntario en un curso nocturno de alfabetización para emigrantes, cuyos insuficientes ingresos le llevan, cada amanecer, a rescatar los productos que tiran los mercados callejeros. Agnès Varda cierra el film en el Museo Paul-Dini de Villefranche-sur-Saône tras conseguir que sus responsables saquen de su almacén a la luz un cuadro de Pierre Edmond Alexandre Hédouin del que había visto una reproducción, *Les glaneuses à Chambaudoin* (1857).

El documental está aderezado con varias reflexiones sobre el envejecimiento —el primer plano de su cabello cano mientras se lo acicala o los de sus manos, «que me dicen que pronto llegará el fin»— o el paso del tiempo en ese ilusorio intento de atraparlo, aunque, como los camiones que intenta apresar con los dedos desde el automóvil en el que viaja, se escurre inexorablemente entre sus manos. Un reloj sin manecillas que halla en la calle durante una excursión nocturna con François Wertheimer y que coloca como elemento decorativo en su vivienda le sugiere después la siguiente reflexión: «Un reloj sin agujas me viene muy bien. No ves pasar el tiempo».

## 2001-2002. Dos años después
## *(Les glaneurs et la glaneuse... deux ans après)*

> Pero luego, es a mí a quien ofrecen un hotel, con una buena cama, una bañera, mientras que algunas personas a las que he filmado duermen en caravanas y van a buscar agua al final del campo. Hice *Dos años después* porque quise volver a verlos, volver a filmarlos, expresarles mi simpatía, mi gratitud... Fue difícil porque a veces no sabía adónde se habían ido, conduje hasta el centro de Francia para encontrarlos. Algunos estaban mejor, otros peor. Esto plantea la cuestión, a la que todavía no he encontrado respuesta, de la responsabilidad del documentalista sobre las personas a las que filma. Sebastião Salgado, me han dicho, creó una fundación para los niños que fotografió. Frente a la miseria y a los dramas —que producen imágenes muy bellas—, ¿cuál puede ser nuestra posición?[399].

Tras la inesperada repercusión obtenida por *Los espigadores y la espigadora,* Agnès Varda deja constancia de ello en *Dos años después* a través de la numerosa correspondencia y los regalos que recibe de los admiradores del film, así como de su reencuentro con algunos de los que participaron en aquel. Además de concebirlo como un complemento del anterior film, añade secuencias y elementos que no aparecieron e incorpora a otros artistas, coleccionistas también, como Michel Jeannès, alias Monsieur Bouton[400], que acumula botones que encuentra en la calle, o Macha Makeïeff, que atesora objetos cotidianos de todo tipo. Incluso pone de

---

[399] Agnès Varda, *Varda par Agnès. L'intégrale, vol. 1994-2019, op. cit.,* pág. 52.

[400] Michel Jeannès, alias Monsieur Bouton, aparecerá en el cuarto episodio de *Agnès de-ci de-là Varda* y en *Les 3 boutons.*

relieve que la propia cineasta sacó a la luz una pintura oculta durante décadas y que, después de su restauración, se exhibe en Museo Paul-Dini de Villefranche-sur-Saône, como muestra la secuencia de la presentación pública del cuadro *Les glaneuses à Chambaudoin* (1857), obra de Pierre Edmond Alexandre Hédouin, con la que finalizaba *Los espigadores y la espigadora*.

Asimismo, *Dos años después* se abre y se cierra con una patata en forma de corazón, arrugada, marchita por el inevitable transcurrir de los días, prólogo y epílogo con el que Varda traza una parábola sobre el paso del tiempo, la auténtica, efímera e ineludible realidad a la que está abocado el ser humano. Entre medias, el cuerpo argumental, dividido en segmentos indicados por rótulos. El primero anuncia que se va a ver *Los espigadores y la espigadora* en menos de tres minutos, es decir, a gran velocidad, para después mostrar una serie de imágenes fijas de él e incidir en que en todas ellas «se repite el gesto de agacharse para recoger. Espigar los desechos urbanos, espigar productos de la tierra, alimentos abandonados en el suelo». Y enseña uno de sus trofeos, que en su opinión resulta apropiado, el premio Heimat, vocablo que significa «la tierra natal» y que es una caja con varios compartimentos que contienen «tierra ofrecida en Maguncia de varios países de Europa». Tras enseñar varios galardones obtenidos durante su carrera, añade un nuevo rótulo, «Otra forma de recompensa: las cartas y los regalos». Una de las cartas llama su atención y parte en tren a Trentemoult para reunirse con los autores de la misiva, una pareja que se dedica a la recuperación y que le manifiesta el impacto que les causó *Los espigadores y la espigadora*.

Sin embargo, uno de los personajes más renombrados es Alain Fonteneau, «espigador de mercados, vendedor de periódicos y alfabetizador», como reza el siguiente rótulo. Y Agnès Varda acude a su encuentro. Le confiesa que su situación personal no ha cambiado. Y descubre que es co-

Alain Fonteneau en *Dos años después* (2001-2002),
© Ciné-Tamaris.

rredor de maratones. La cineasta le sigue con la cámara porque va a participar en un maratón organizado en París. Su camiseta lleva el logo «La Rue», la revista contra la exclusión que vende en la estación de Montparnasse. Alain le revela que las zapatillas Rebook que lleva puestas las recogió en un contenedor. En la salida, todo el mundo se desprende de cosas y, tras el comienzo de la carrera, hay quienes se acercan a «espigarlas». Y Varda sigue a Alain durante la prueba hasta que llega a la meta.

La realizadora se reencuentra con dos productores de patatas que aparecieron en el film anterior, en la región de las «mil villas», como apunta e ilustra con las indicaciones de la carretera: Oysonville, Paponville, Vierville, Châtignonville, Janville, Barmainville, Allainville, Richarville, Angerville, Poinville, Semonville, Sainville... Acompaña a uno de ellos a vaciar en el campo el excedente de patatas. Ahí espera encontrar algunas con forma de corazón, porque «se han convertido en el símbolo de los espigadores y quizás en mi inicial», la V de Varda. Y encuentra una.

Recibe un dibujo y un libro del ilustrador Jacques-Armand Cardon. También el libro *Beaux-Restes,* de Macha Makeïeff, a quien va a ver y a quien precede el rótulo «coleccionista de cosas inconsolables», cosas perdidas que, según dice la artista, «nos contienen». Makeïeff prosigue: «me imagino la relación que cada persona tuvo con estos objetos», y concluye reflexionando acerca de «cómo lo inerte habla sobre lo vivo». Agnès Varda introduce una secuencia en la que una pianista interpreta *La glaneuse,* mazurca para piano compuesta por Jules Bertain. Después recuerda la diferencia entre «espigar» y «racimar». Y habla del español que de día es recolector asalariado y al final de la jornada recolector de las sobras de los árboles que ya han sido racimados.

Recibe una carta de Michel Jeannès, alias Monsieur Bouton, y durante el encuentro este le habla sobre la relación de los botones con la figura de la madre, que califica de «madrimonio». Se reencuentra también con Claude V., quien vivía en una caravana y poco a poco ha ido enderezando su situación; con sus antiguos amigos Gislaine y Bebert; con François L., el hombre que comía de la basura como protesta contra la sociedad de consumo, lo que le valió ser sometido a observación psiquiátrica, y del que incluye imágenes de un programa de televisión en el que aparece acompañado por la propia cineasta para hablar sobre su elección de comer y recuperar; con Salomon, que continúa con la recuperación y arreglo de electrodomésticos y que le notifica el fallecimiento de Charly un mes antes. Pero hay también nuevos encuentros, casuales, como con el hombre barbudo de pelo blanco que se ha reciclado hacia el anticonsumismo, ya que se alimenta de los restos el mercado y es okupa. Agnès Varda establece una asociación entre las imágenes de muebles abandonados que ha grabado en la calle y su película *Documenteur,* de la que inserta las secuencias en las que la madre protagonista recupera una mesa y un sofá.

Durante el acto en el que se presenta en público *Les glaneuses à Chambaudoin* (1857), de Hédouin, en el Museo Paul-Dini de Villefranche-sur-Saône, su restauradora, Brigitte Laurençon, comenta que despertó el interés de muchos desde que apareció en *Los espigadores y la espigadora.* Agnès Varda recuerda que cuando sacaron el cuadro del almacén al patio del museo para filmarlo, se levantó el viento, ya que la pintura representa a un grupo de espigadoras bajo una tormenta. La cineasta recibe como regalo un cuadro pintado por el cartero Jackie Patin, que luego aparecerá en *Caras y lugares* y *Les 3 boutons*, así como numerosas y variadas reproducciones del cuadro de las espigadoras de Millet e imágenes de patatas con forma de corazón. Igual que la que posee una zanahoria cuya fotografía le envía Rémy Batteault. Y va al encuentro de su madre, que fue quien realmente la halló y es propietaria de una tienda de charcutería. Y después se reencuentra con Jean Laplanche. «El psicoanálisis es recolección», reza el rótulo previo. Agnès Varda le confiesa que cuando lo entrevistó para *Los espigadores y la espigadora* ignoraba que era una eminencia en el campo de la psicología[401]. Laplanche revela que, desde su encuentro con ella, le sedujo el tema de la recolección, porque, en su opinión, el psicoanalista también posee un componente de espigador, ya que recolecta la información que le proporciona el paciente para después analizarla.

Agnès Varda recuerda la similitud que un periodista, Philippe Piazzo, halló entre *Jacquot de Nantes* y *Los espigadores y la espigadora:*

---

[401] Véase nota 165.

> Me di cuenta de algo extraordinario. Sin pasárseme por la imaginación, me había filmado a mí misma igual que filmé a Jacques Demy. Pero como estaba dentro de otro contexto, como yo me refería al envejecimiento, y quería ser tan sincera como los espigadores, no lo relacioné. Pero para él [el periodista], comprendí que existía una especie de lazo, un vínculo entre ambas películas, entre las manos de Jacques y su piel maltratada por la enfermedad y la mía maltratada por la vejez; y sus canas y las mías.

Agnès Varda inserta imágenes de la manifestación del 1 de mayo en contra del Frente Nacional de Le Pen. En la última integra un pequeño cartel que reza: «Merci aux marcheurs de ce 1.$^{er}$ mai. Agnès».

Cierra el film con el plano que recorre, en un primerísimo plano, una patata en forma de corazón, o en «V» de Varda, marchita y, por tanto, arrugada...

## 2001-2003. Le lion volatil

Al parecer, según cuenta Agnès Varda en su libro autobiográfico, *Le lion volatil* fue un encargo para el film colectivo *Paris, je t'aime,* en el que cada *sketch* equivale a un distrito[402]. Sin embargo, tal como afirma la cineasta, y fiel a sus juegos fonéticos, «el productor se había volatilizado *[le producteur s'était volatilisé].* ¡Saludos a los traidores! Y me encontré con mi pequeño cortometraje independiente, como yo»[403]. Sea como fuere, la película es una suerte de divertimento que narra la historia de un romance salpicado con tintes oníricos y surrealistas.

«Si Zgougou es la mascota de Ciné-Tamaris, el León de Denfert es la mascota del distrito XIV de París», apunta Agnès Varda al comienzo del cortometraje. Y prosigue: «Es una réplica del león esculpido en la propia roca por Bartholdi, en Belfort, como tributo al coronel Denfert-Rochereau que defendió la ciudad». Añade que el león «ha servido de punto de encuentro en fiestas, ferias y como panel de carteles electorales», detalles que ilustra con una serie de postales y fotografías antiguas del monumento en diversas épocas.

El film comienza al igual que *Cleo de 5 a 7,* con un plano cenital de unas cartas que lee una vidente (Frédérick E. Grasser-Hermé) a una mujer ante la mirada de su joven aprendiz Clarisse (Julie Depardieu). Le vaticina que encontrará a un joven poco hablador. Un plano muestra que la

---

402 Agnès Varda, *Varda par Agnès. L'intégrale, vol. 1994-2019, op. cit.,* pág. 190.
403 *Ibíd.,* pág. 58.

caravana de la pitonisa está en la propia plaza, ante el monumento del león, que la cineasta muestra desde varios puntos de vista. En la plaza también están las catacumbas de París, en cuya entrada figura la inscripción *Barrière d'enfer* —que era como antes se llamaba dicha plaza, según ha relatado Varda en su locución inicial— y en las que trabaja Lazare (David Deciron) como ujier. Al mismo tiempo que la vidente le dice a Clarissa que se tome un descanso, a Lazare le aconseja lo mismo un superior. El azar hace que ambos jóvenes no solo coincidan en un puesto en la calle que vende bocadillos, sino que casi simultáneamente pidan el mismo. Ella le dice que tienen los mismos gustos y él replica que tienen los mismos horarios. «Es como un eco», expresa ella. Y piden al mismo tiempo la misma bebida.

Juntos comen en el banco de un parque. Él, que hace pequeños trucos de prestidigitación, sugiere que al día siguiente prueben otro banco. Y al día siguiente vuelven a reencontrarse para comer juntos. Ella comenta que le gusta leer y que según la vidente para quien trabaja es bueno para la imaginación. Ven frente a ellos a una mujer que está sentada en otro banco, leyendo un libro: es la propia Agnès Varda, cuya voz en *off* apunta: «En 1933 se hizo un cuestionario sobre lo que se podría hacer en los monumentos para embellecer la ciudad. André Breton respondió: dar al león de Belfort un hueso para roer y girarlo hacia el oeste». La pareja sale del parque y mientras cruzan la calle oyen el frenazo de un coche. Cuando levantan la vista, Clarisse ve al león con un hueso en la boca. Se lo comenta a Lazare, pero él no ve nada. Y conciertan una cita para el día siguiente.

Clarisse le pregunta a la pitonisa si cree que ella tiene un don porque «a veces veo cosas que los demás no ven». Y esta responde que «con los clientes se necesita sobre todo psicología». De nuevo la pareja se reúne en el parque. Llega una pelota a los pies de Lazare, que con un movimiento de brazos se la devuelve a los niños que juegan con ella. Él estor-

*Le lion volatil* (2001-2003), © Ciné-Tamaris.

nuda y Clarisse le da un pañuelo de papel con el que Lazare hace una flor de papiroflexia. Y cuando ella se la lleva a la boca, la coloca entre sus dientes y retira su mano, la flor se ha vuelto de color rosa. Durante una nueva sesión de la vidente, esta aconseja a una joven que se olvide del hombre al que ama y le predice que ve un gato, «la serenidad y el capricho».

Nuevo encuentro de la pareja. Lazare intenta besarla. Clarisse se muestra reticente. Él dice que se tiene que ir. Mientras cruza por un paso de peatones, aparece una furgoneta con el lema «todo debe de desaparecer», y, tras el paso de esta, el chico se ha esfumado. Ella se queda estupefacta. Y al girar su mirada comprueba que el león también se ha volatilizado. Solo permanece la base. Ella se pone triste. Acude a las catatumbas y pregunta por Lazare, pero le dicen que solo hay personas mayores. Clarisse realiza una sesión con la vidente, que insiste en que se concentre, pero parece que no puede. Pasa el tiempo hasta que un día ve sobre la base del león a un gato vivo —que es Zgougou. Ella sonríe. ¿Acaso lo que ha sucedido solo ha tenido lugar en la mente de Clarisse? Porque, como la joven le dijo a la vidente, «a veces veo cosas que los demás no ven».

## 2004. Ydessa, les ours et etc.

> Los otros es la Historia, familias de alemanes y americanos, judíos y no judíos, soldados y futbolistas. Es la Historia sin los acontecimientos, sin las fechas, sin las pruebas[404].

La artista y comisaria canadiense Ydessa Hendeles presenta su exposición *Partners (The teddy bear Project)* [Compañeros: proyecto Osito de Peluche] en el museo Haus der Kunst de Múnich en 2003. Es una instalación de su colección, formada por unas dos mil fotografías antiguas cuyo punto en común es la presencia en ellas de un osito de peluche. Una colección, como reza en los títulos de crédito, «inspirada en su pequeño primo Szlamus Zweigel, muerto en Auschwitz». Varda construye «una meditación sobre la memoria histórica del Holocausto»[405] que concibe a modo de puzle en el sentido de que paulatinamente va desvelando detalles con giros narrativos que van *in crescendo* durante el curso de la visita hasta provocar un primer impacto hacia la mitad del metraje. Un puzle que la cineasta articula desde varios puntos de vista: el que ofrece la propia Ydessa, las sensaciones que expresan los visitantes, la opinión de los dos especialistas, Chris Dercon y Thomas Weski, director y conservador respectivamente de la Haus der Kunst, y la propia cineasta, que, además de

---

404 *Ibíd.,* pág. 65.

405 Chris Darke, «First personal singular. Agnès Varda's parallel career as a short-film essayist», *Film Comment,* vol. 44, núm. 1, enero-febrero de 2008, pág. 23.

*Ydessa, les ours et etc.* (2004), © Ciné-Tamaris.

aportar sus impresiones, es quien ordena las piezas durante el proceso de montaje.

La procedencia de las imágenes principalmente es de Estados Unidos y Alemania y datadas en la primera mitad del siglo XX. Agnès Varda inicia el film con una serie de fotografías de niños, adolescentes, mayores y familias. En todas hay un osito de peluche, o dos, o incluso tres. Un plano secuencia en movimiento recorre la muestra: las paredes están cubiertas de fotografías desde el suelo hasta el techo, todas juntas, dando la sensación de ser un gran mosaico. En medio de la sala hay varias vitrinas que contienen algunos de los verdaderos ositos de peluche que se exhiben con las fotografías originales donde aparecen con sus dueños. El interés de la cineasta por saber más sobre Ydessa lo generan las dos únicas pistas que sobre ella están presentes en la exposición: en el *hall* que precede a la muestra hay un monitor de televisión con una entrevista a la propia Ydessa. La segunda son las dos únicas cartelas de toda la exhibición. Una reza: «Jacob y Dorothy Hendeles, supervivientes del Holocausto, con su hija Ydessa, nacida el 27 de diciembre de 1948», y sirve de apoyo a tres fotografías con ella en la cuna: una sola, otra con su madre y la tercera con su padre. La segunda cartela indica de nuevo su fecha de nacimiento y la condición de su padre como superviviente del Holocausto, aunque aquí la presencia de este se reduce a su manga, que asoma en una de las dos fotografías. La cineasta focaliza su interés en la fotografía en la que aparece Ydessa, ya de niña, sentada en su cama con varios muñecos y un osito de peluche. Varda se pregunta sobre ese oso: «¿Es un recuerdo de la infancia convertido en obsesión? ¿Una elección? ¿O un tema para una exposición que llena dos salas desde el suelo hasta el techo?».

La cineasta viaja a Toronto, donde reside Ydessa, a quien visita en su galería de arte. Lleva un colgante con un osito. De este primer encuentro Varda deduce que ella está «más interesada en el sentido de la obra que en el valor comercial». Ydessa afirma que las fotos con ositos de peluche son escasas, aunque el visitante pueda pensar que son demasiadas dado que cubren la totalidad de las dos salas donde se exhiben. «Creé un mundo de fantasía con mi exposición, un mundo en el que todos tenían un osito de peluche. Todos se sentían seguros, todos tenían ositos de peluche y todos tenían una vida feliz», expresa la comisaria. La cineasta le pregunta: «¿Pero esto es ficción?». Ella responde que es el resultado de un estudio sobre taxonomías, sobre tipologías. «Y eso es lo que nubla el límite entre lo que es objetivo de algún modo y algo que es imaginario. Entre la realidad y la ficción, estoy en un punto entre las dos», concluye. Esta respuesta parece inspirar a Agnès Varda, que, a continuación, y como si fuera una fotonovela, muestra una serie de fotografías a partir de las cuales inventa una historia en la que traza una serie de pinceladas sobre aquella sociedad basándose en las escenas que representan y las actitudes de los retratados. La exposición y, por extensión, el documental se convierten en un ejercicio de memoria colectiva. De hecho, la propia Ydessa afirmará más adelante que «es una narrativa que explora la memoria del mundo».

Las reflexiones de Ydessa se alternan con las opiniones de los visitantes. Unos dicen que su primera sensación fue de claustrofobia, otros se han sentido abrumados por la cantidad de imágenes expuestas, aunque después han sentido la necesidad de buscar los ositos, porque hay instantáneas de grupos familiares, deportivos o de amigos en las que la presencia de estos no es muy evidente. La cineasta apunta que este juego implica un riesgo: que no se observe la fotografía ni a los retratados, que son más interesantes que los propios ositos de peluche. Sin embargo, los hay que experimentan cierta incomodidad porque muchas son escenas privadas. Es una sensación de voyerismo. Para otros no tienen sentido porque son personas a las que no conocen y de las fotografías solo extraen una impresión de muerte. Sobre esta idea la cineasta añade que todas esas fotografías, cada una de ellas con un marco negro, hacen pensar en un columbario. «Uno supone que todas las personas que están aquí han muerto», señala Agnès Varda. La madre de Ydessa sigue viva, en Toronto, y ambas comentan que no hay fotos anteriores de la familia. Las más antiguas corresponden a las de la boda de sus padres. Y ese fue el problema de los deportados: que lo perdieron todo. Ydessa dice que le falta «toda la mitología que imaginábamos que acompaña al álbum familiar». Por ello los objetos no tienen valor comercial, pero sí emocional. De ahí que para Thomas Weski, conservador de la Haus der Kunst, sea un comienzo para formar otra familia. Chris Dercon, director del museo, parece confirmar esta idea, ya que sugiere que es «un álbum familiar ficticio». Sin embargo, la cineasta puntualiza que, «cuando conoces el contexto de Ydessa, puedes creer que tomó prestadas fotos de otras familias para crear un álbum familiar imaginario. Pero claramente ha ido mucho más allá de una búsqueda personal». Varda concluye que cada detalle conmueve a los visitantes, las imágenes los hacen reaccionar o les despiertan antiguos recuerdos. En esta misma línea otra visitante comenta: «Tengo la impresión de que toda la humanidad, toda esa gente, son una gran familia. El pasado, el pasado de todos, los une. Y el recuerdo de este pasado crea esta memoria colectiva que el coleccionista ha preservado en fotos».

Agnès Varda parece hacer referencia a Barthes cuando escribe que «lo que la Fotografía reproduce al infinito únicamente ha tenido lugar una sola vez: la Fotografía repite mecánicamente lo que nunca más podrá repetirse existencialmente»[406]. Porque a la cineasta le conmueve observar «estos momentos congelados en el tiempo. Te encuentras con varias personas, cada una de ellas "única" en esos instantes "únicos" que se han ido para siempre». E incide en las que están degradadas, porque causan estremecimiento al pensar que están destinadas a una pérdida irreparable. Y si hay zonas borrosas, como ocurre en algunas, surge el temor de que el recuerdo de esa persona desaparezca con el tiempo. Ante la imagen borrosa de una niña, Varda recuerda cómo se desvanece nuestra niñez. Una idea parecida le expresará Christian Boltanski en el tercer episodio de la miniserie *Agnès de-ci de-là Varda:* «La primera cosa que muere es nuestro yo infantil, y lo guardamos. Todos tenemos un cadáver de nuestro yo infantil dentro de nosotros».

Sin embargo, hay una tercera sala al final, vacía, en cuyo centro se encuentra una escultura de Maurizio Cattelan

---

[406] Roland Barthes, *La cámara lúcida, op. cit.*, pág. 26.

cuyo título es *Him,* que parece un colegial arrodillado. Pero al girar en torno a ella se revela que su rostro es el de Hitler. Y ello, según Weski, produce un fuerte impacto a causa del cual «Ydessa nos obliga a volver sobre nuestros pasos. Vuelves a mirar la exposición con otro estado de conciencia». Un visitante dice que, «de repente, las fotos pierden su inocencia». Ydessa afirma que «hubo un trauma alemán y un trauma judío». De hecho, el edificio de la Haus der Kunst está marcado por ese pasado porque, según dice Chris Dercon, era el lugar donde se exponía el arte nazi y en el que siempre había un discurso de Hitler.

Agnès Varda apunta que «la historia se escribe sola, incluso en las fotos más inocentes», e introduce una serie de imágenes de soldados y oficiales nazis con sus familias o sus compañeros de regimiento, todas ellas con la presencia de un osito de peluche. Esto le hace recordar a la cineasta un libro para niños, *Otto,* escrito e ilustrado por Tomi Ungerer, «porque narra en primera persona lo que la exposición sugiere». Su autor apunta que «Otto es el vínculo entre dos niños, uno es judío, el otro no». Y con imágenes de las ilustraciones se relata la historia: un día vienen a buscar al niño judío y a sus padres y este le da su oso a su amigo alemán. Tras una serie de vicisitudes y varias décadas después, ambos amigos, ya ancianos, se reencuentran gracias al osito.

Sin embargo, en las salas donde cuelgan las fotografías, hay otra escultura hiperrealista de un perro tendido en el suelo, también obra de Cattelan. Ydessa la ha incluido para que el visitante se cuestione qué es real y qué es ficticio. Y la cineasta hace hincapié en que son pocos los que se agachan para ver la serie de imágenes que está a ras del suelo: son niños con ositos, pero con un arma de fuego en sus manos, y algunos incluso aparecen encañonando a su osito.

Y Agnès Varda se pregunta: «¿Qué queda después de este torbellino de imágenes?».

## 2004. Quelques veuves de Noirmoutier

> Siempre me han preguntado qué es la mesa, qué representa. Es lo que ustedes quieran [...]. No sé si esta mesa es una mesa o un ataúd, o algo religioso, un altar o un banco... Quizá sea todo eso al mismo tiempo[407].

Documental realizado para el canal Arte a partir de los videos que forman parte de la instalación *Les veuves de Noirmoutier,* que consiste en una pantalla central de 35 mm en la que se exhibe en bucle a las viudas de Noirmoutier vestidas de negro dando vueltas alrededor de una mesa situada en la orilla de una playa. Rodeando la pantalla, con una estructura similar a un políptico, hay catorce monitores de vídeo, cada uno de los cuales contiene el testimonio de una viuda en el que cuenta su experiencia ante la pérdida, el vacío y la soledad. Frente al panel, hay distribuidas catorce sillas con catorce auriculares, cada uno conectado a una de las pantallas y que permiten al visitante escuchar la historia de cada viuda.

El documental reúne todos estos testimonios, y la secuencia de las viudas en la playa y caminando en torno a la mesa abre y cierra el metraje, aunque con una diferencia: en la del inicio entran lentamente en el encuadre, y en la del final, por el contrario, salen del plano. Y el cuerpo del documental lo constituyen los testimonios de las viudas. Unas son jóvenes, otras son ancianas, pero todas están unidas por el dolor y la soledad que relatan ante la cámara. Unas todavía están en duelo, porque aún es reciente la muerte del cónyuge; otras arrastran décadas de soledad por la temprana muerte del ma-

---

[407] Agnès Varda, *Varda par Agnès. L'intégrale, vol. 1994-2019, op. cit.*, pág. 69.

Joséphine Fradet, conocida también como Fine Potoune, en *Quelques veuves de Noirmoutier* (2004), © Ciné-Tamaris.

rido. En su mayoría, todos eran pescadores. El último testimonio es el de Agnès Varda, porque también es una viuda de Noirmoutier, condición que la aproxima a ellas, aunque, al contrario que las demás, la cineasta permanece en silencio. Un plano largo cuidadosamente compuesto con dos sillas en la playa. La marea está baja. Agnès Varda se sienta en una silla, la otra está vacía: es una forma de enfatizar la ausencia de Jacques Demy. Un primer plano hace más evidente la tristeza en su expresión. Le siguen unos planos de algas, donde se encuentran el agua y la arena. La cámara se dirige de nuevo a la silla vacía. Y de nuevo aparece Varda, con ropa diferente de la de la primera toma. Pero esta vez llora. Un duelo por la muerte de Demy que hará vestida de blanco, de espaldas a la cámara, en *Las playas de Agnès*. Y la voz en *off* de la propia cineasta, que canta «Sables mouvants», con letra de Jacques Prévert y música de Maurice Thiriet, es la misma versión que suena al final de *Jacquot de Nantes,* con Demy sentado en la arena de la playa.

## 2008. Las playas de Agnès
## *(Les plages d'Agnès)*

> No es un proyecto pretencioso. Es simplemente el comportamiento de muchos ancianos que cuentan sus recuerdos. Excepto que, como cineasta, tenía que encontrar la manera de hacer una película autodocumental, vagamente ficticia. Encontrar una escritura divertida e inventiva para narrar una vida de artista como una vida ordinaria[408].

*Las playas de Agnès* es una autobiografía fílmica que no sigue estrictamente una línea cronológica, aunque Varda matiza que el único orden temporal que ha establecido son las playas[409]. Los recuerdos son fragmentarios. De ahí que esté construido a modo de *collage* visual, un atlas vardiano en el que se entremezclan secuencias de sus películas, fotografías, imágenes de su archivo familiar, recreaciones de escenas de su infancia, reproducciones de pinturas, inauguraciones de sus exposiciones y *performances,* como la que llevó a cabo vestida de patata cuando presentó su videoinstalación *Patatutopia* en la Bienal de Venecia de 2003, o cuando escenifica las maniobras que tenía que hacer para aparcar su pequeño automóvil en un decorado que recrea el patio de su casa, o las instalaciones que concibe exclusivamente para la película, como la playa artificial que monta sobre el asfalto de su propia calle. La cineasta parece de-

---

[408] Élise Domenach y Philippe Rouyer, «Entretien avec Agnès Varda. Passer sous le pont des Arts à la voile», *Positif,* núm. 574, diciembre de 2008, pág. 17.

[409] Stéphane Delorme, «Le pont des arts. Entretien inédit avec Agnès Varda», art. cit., pág. 92.

jar que el azar traiga sus recuerdos durante la construcción del film. «Los recuerdos son como moscas que revolotean, fragmentos de memoria en desorden», afirma en un momento dado. Y ella los enlaza por medio de asociaciones visuales o conceptuales. Algo que confirma la propia Varda:

> Cuando estoy en Sète, muestro la instalación sobre los Justos[410] que hice sesenta años después; cuando muestro la exposición de Aviñón, porque todos esos muertos me vienen a la cabeza, paso a Jacques Demy, a quien no conocía en la época de Aviñón... Navego en la cronología, hay la idea de una playa alegre en Sète, alegre en París, luego un sueño agridulce en California, y las playas de Noirmoutier, un poco más tristes, llenas de algas, muy hermosas [...]. ¿Viste el gato de Marker en la película, Guillaume-en-Égypte? Le pedí permiso y lo incluimos, esos desfases me gustan. Marker como gato, no en la realidad[411].

Y al mismo tiempo, *Las playas de Agnès* es una reflexión sobre la memoria, el paso del tiempo, la muerte, el arte o el cine, porque, como la cineasta apunta en el propio documental, ha cumplido 80 años.

> Interpreto el papel de una ancianita regordeta y parlanchina que cuenta su vida. Sin embargo, son los otros los que me interesan y a quienes me gusta filmar. Los otros, que me intrigan, me motivan, me interpelan, me desconciertan, me apasionan. Esta vez, para hablar de mí, pensé: si abriéramos a las personas, encontraríamos paisajes. Si me abrieran a mí, encontrarían playas.

---

[410] Se refiere a la titulada *Hommage aux Justes de France* (2007).

[411] Stéphane Delorme, «Le pont des arts. Entretien inédit avec Agnès Varda», art. cit., pág. 92.

Así se expresa la cineasta ante la cámara mientras camina hacia atrás, descalza en la playa, como una alegoría al acto de recordar que está a punto de iniciar. Esta acción la repetirá en varias ocasiones a lo largo del metraje, por ejemplo cuando evoca su infancia en Sète: «Hoy regreso a esta playa, retrocediendo, retrocediendo como en todo este film»; sobre una barca, en la que rema «hacia atrás para llegar al muelle donde vivíamos»; caminando hacia atrás por el Pont des Arts de París para recordar su etapa como estudiante, y en la playa de Venice para rememorar sus estancias en California, aunque vuelve a reiterar: «mis recuerdos me rodean como moscas que se confunden. No sé, dudo en recordar todo eso». De ahí la secuencia de unas niñas que han montado en la arena un puesto de flores de papel y conchas, como las que la cineasta hacía en su infancia, y sobre la que apostilla: «No sé lo que es recrear una escena como esta. ¿Hace revivir esos tiempos? Para mí es cine, es un juego».

Pero, sobre todo, las playas. Las del norte de Bélgica, «el comienzo para mí, el principio de lo que más o menos sé sobre mí», las de Sète, Noirmoutier o Venice. Pero la playa, para la cineasta, es también un espacio metafórico porque une el cielo, el agua y la tierra. Y es en una de esas playas del norte donde inicia la película. Con la ayuda de un grupo de jóvenes colaboradores, coloca diversos espejos de diferentes tamaños sobre la arena. En su documental *Varda por Agnès* apunta que «el espejo es la herramienta del pintor que se hace un autorretrato. Pero, en realidad, yo pongo ante el espejo a todos los que habían trabajado conmigo y me habían acompañado. Era una forma de decir que la película quizá hablaría de los demás y de mí, o de mí y los otros».

Y recuerda que en su casa había un tocadiscos de manivela, que su padre escuchaba a Tino Rossi y a Rina Ketty y que su madre ponía siempre la *Sinfonía inacabada* de Franz Schubert, la única pieza de música clásica que escuchaba de niña. «Me gustaba el título», subraya en *off*. Lo inacabado, término relacionado con el concepto de *work in progress,* la obra en proceso, un atributo del cine vardiano. Sea como fuere, la cineasta cuenta que fue concebida en la villa de Arlés y por ello le pusieron el nombre de Arlette, que cambió a los 18 años por el de Agnès, que registra legalmente. Realiza una visita a la casa donde pasó su infancia, en la que vive un matrimonio que colecciona trenes en miniatura. Del jardín, que presenta una situación de abandono, le surgen algunos recuerdos, «pero no la emoción. Ningún recuerdo de juegos o de lágrimas». Es el riesgo que posee el hecho de recordar, que los recuerdos no se ajustan a una realidad vista décadas después, algo que constata la cineasta cuando afirma: «Fue divertido este encuentro, y como era un caso un poco inusual me absorbió esta pareja y su colección de trenes. En cuanto a la casa de la infancia, fue un fracaso».

Consciente de la fragilidad y de la imprecisión que poseen los recuerdos, la cineasta prosigue su ejercicio de rememoración: el éxodo a Sète, a causa de la invasión nazi, donde la familia se instala en un velero; sus acampadas con un grupo de exploradoras de cuyas guías sabrá mucho tiempo después que, durante sus excursiones a los Alpes, ayudaban a escapar a niñas judías; o que Sète fue el escenario de su primera película, *La Pointe Courte,* algo que celebra con Blaise y Vincent y las pruebas previas que les hizo a sus padres, Pierrot y Sozou, y que proyectan sobre una pantalla instalada en un carro que ambos empujan por las calles de la Pointe Courte. La cineasta comenta que ellos nunca habían visto a su padre en movimiento a causa de su prematura muerte, y con ello pone de relieve una cualidad inherente del cine: que hace revivir a los difuntos. Como cuando evoca a Jacques Demy con primeros planos, que utilizó en *Jacquot de Nantes*. Imágenes que recupera de nuevo en *Varda por Agnès* y sobre las que puntualiza que «no es un deseo de detener el tiempo, sino de acompañar al tiempo».

Y de nuevo la memoria. Le pregunta a una octogenaria si se acuerda de la pesca y ella responde que muy vagamente. «La memoria a veces me tiende trampas», concluye. Varda añade: «Bonita manera de expresarlo». Y de ahí a su encuentro con una ya anciana Andrée Vilar, amiga de la infancia, que, aunque padece problemas de pérdida de memoria, todavía recita poemas como «El cementerio marino» de Paul Válery.

Navegando hacia adelante y hacia atrás, Agnès Varda va depositando en su *collage* fílmico nuevos recuerdos: sus estudios de arte en l'École de Louvre; sus deseos de perder la virginidad, que ilustra con el fotomontaje de René Magritte *Je ne vois pas la (femme) cachée dans la forêt* [No veo a la (mujer) oculta en el bosque]; la influencia que ejercieron las clases de Gaston Bachelard; sus estudios nocturnos de fotografía en la École Technique de Photographie et de Cinématographie de la calle Vaurgirard, en la que Demy ingresaría dos años más tarde; su primera cámara, una Rolleiflex, que su madre le compró de segunda mano; sus primeros trabajos para las galerías Lafayette y la SNCF, su colaboración como fotógrafa de Jean Vilar, o su viaje a China.

Y al mismo tiempo, en su ejercicio de evocación, recrea algunas vivencias en un decorado del patio de su casa de la rue Daguerre, por ejemplo cómo se calentaba con una estufa embutida en ropa de invierno o las numerosas maniobras que debía hacer para estacionar su pequeño automóvil, acción que ella misma realiza con la ayuda de una reproducción en madera del vehículo. Pero su patio fue escenario de algunas fotografías —varios retratos del escultor Alexander Calder—, de sus películas —la escena con Laura Betti y Jane Birkin como trasuntos de Stan Laurel y Oliver Hardy en *Jane B. par Agnès V.,* o de la toma que rodó junto con Alain Resnais y que simula una calle de la Pointe Courte—, e incluso allí organizó su primera exposición de fotografías entre el 1 y el 19 de junio 1954, según el catálogo que muestra en pantalla. También monta una playa ar-

*Las playas de Agnès* (2008), © Ciné-Tamaris.

tificial sobre el asfalto de la rue Daguerre con arena real y sobre la que coloca el material de oficina y al equipo de gente de su productora. «En esta película donde las playas son el paisaje de base y el punto de partida de los recuerdos y anécdotas, ¿cómo contar mis numerosos años en París con Jacques Demy si no es transformando la calle donde vivíamos en una playa?»[412].

Los recuerdos se suceden: *Les fiancés du pont Mac Donald* que fue un pretexto para que Godard se quitase sus gafas de sol y pudiese ver sus ojos, anécdota que le contará a JR, también oculto siempre en sus sempiternas gafas de sol en *Caras y lugares;* el éxito de *Los paraguas de Cherburgo,* que los lleva a Demy y a ella a viajar a California; las pruebas que Agnès Varda hace a un jovencísimo Harrison Ford para *Estudio de modelos,* un asunto que ya había mencionado en *L'univers de Jacques Demy;* cuando filmó las protestas de los Black Panthers; su proyecto frustrado en Hollywood, *Peace and Love;* su segunda estancia en Los Ángeles, cuando rueda *Mur*

[412] Agnès Varda, *Varda par Agnès. L'intégrale, vol. 1994-2019, op. cit.,* pág. 98.

*murs* y *Documenteur;* la visita de Morrison al rodaje de *Piel de asno;* sus largometrajes *Sin techo ni ley* o *Una canta, otra no,* que le sirven para evocar su participación en el Manifiesto de las 343 y a Delphine Seyrig; el fracaso de *Las cien y una noches; Jane B. par Agnès V.*, de la que recupera la secuencia en la que Birkin vacía su bolso ante la Torre Eiffel y afirma que «aunque vaciemos todo, no revelamos gran cosa». ¿Es una forma sutil de recordar al espectador que, aunque hable de sí misma en *Las playas de Agnès,* en realidad ella tampoco va a desvelar muchas cosas?

Y de nuevo Demy, su enfermedad, la escritura de sus recuerdos, el origen de *Jacquot de Nantes,* su muerte. Y la cineasta sentada, vestida de blanco, ante una radio que enciende y en la que suena una transcripción al piano de *Jesus bleibet meine Freude* de Bach. Enlaza esta imagen con la instalación *Les veuves de Noirmoutier,* en la que la propia Varda está presente como viuda, sentada en una silla, al lado de otra vacía. Esta obra formaba parte de su exposición *L'île et elle* en la Fondation Cartier, como las instalaciones *La cabane aux portraits* y *La cabane de l'échec,* a la que rebautizó como *La cabane de cinéma*. En el interior de esta última expresa: «Cuando estoy aquí, tengo la sensación de que vivo en el cine, que es mi casa. Me parece que siempre he vivido aquí». Aparecen unos créditos finales que se interrumpen con una secuencia inicial de *Jacquot de Nantes* que recoge el final de una representación en un guiñol y la voz de Jacquot diciendo que no ha acabado porque a veces se vuelve a abrir el telón. Y ello da paso a la celebración, cuando cumple *80 balais*[413], con la visita de amigos que le regalan escobas con las que después aparece sentada en su patio y sosteniendo en sus manos una foto con escobas. De

413 *80 Balais,* es decir, «80 escobas», expresión coloquial francesa cuyo equivalente en español sería que cumple «80 tacos».

repente convierte la imagen en un *mise en abyme* porque dicha foto es la misma imagen de ella sosteniendo la foto de las escobas, y así sucesivamente. Y concluye: «Recuerdo mientras vivo».

* * *

Coda:

En varias ocasiones Agnès Varda ha mencionado la impresión que le causó el prefacio que escribió Montaigne para sus ensayos. El escritor, al sentir la proximidad de su vejez, «pensó que debería dejar algo de sí mismo a sus seres queridos»[414]. Varda no solo cita este prefacio en varias entrevistas que concedió con motivo del estreno de *Las playas de Agnès* y que, según confiesa, ha releído en numerosas ocasiones[415], sino que reproduce un fragmento en su dosier de prensa:

> Lo he dedicado [el libro] al interés particular de mis parientes y amigos, para que, una vez me hayan perdido —cosa que les sucederá pronto—, puedan reencontrar algunos rasgos de mis costumbres e inclinaciones, y para que así alimenten, más entero y más vivo, el conocimiento que han tenido de mí[416].

---

[414] Agnès Varda, *Varda par Agnè. L'intégrale, vol. 1994-2019, op. cit.*, pág. 106.

[415] Élise Domenach y Philippe Rouyer, «Entretien avec Agnès Varda. Passer sous le pont des Arts à la voile», art. cit., pág. 17.

[416] Michel de Montaigne, *Los ensayos,* prólogo de Antoine Compagnon, edición y traducción de J. Bayod Brau, Barcelona, Acantilado, 2021, pág. 5.

## 2008-2011. Agnès de-ci de-là Varda

> Raymond Bellour es uno de los primeros teóricos que habló sobre el vídeo hace veinticinco años. Recientemente escribió *La querelle des dispositifs*. Su teoría es que mis películas son instalaciones. Es cierto para *De-ci de-là,* porque no es realmente una película: es al mismo tiempo un puzle, una crónica, una colección. No es pasar de una cosa a otra, ¡es solo mi programa! Me invitan aquí, luego allá, y, entre medias, me voy a otro lugar[417].

Al parecer, durante la realización de *Las playas de Agnès,* surgió la posibilidad de hacer una versión extendida del documental en forma de serie, pero, según la cineasta, al término de aquella se encontraba cansada de hablar sobre sí misma[418]. Sea como fuere, el proyecto se transformó en una miniserie de televisión con el título de *Agnès de-ci de-là Varda* para el canal Arte France, una crónica o diario compuesto por cinco episodios de cuarenta y cinco minutos de duración cada uno. Agnès Varda, con su pequeña cámara digital, filma sus viajes a distintos lugares del mundo, bien porque acude invitada a festivales o filmotecas, bien con motivo de alguna exposición de sus obras. Los museos o centros de arte que visita, los cineastas, artistas, galeristas, coleccionistas o comisarios con los que se encuentra, pero también las distintas ciudades, sus mercados, sus mercadillos y sus habitantes, constituyen el eje central.

---

[417] Agnès Varda, *Varda par Agnès. L'intégrale, vol. 1994-2019, op. cit.,* pág. 110.

[418] *Ibíd.,* pág. 109.

Los cinco episodios se abren con el mismo *leitmotiv* a modo de prólogo de apenas dos minutos que gira en torno al árbol que posee en el patio de su casa de la rue Daguerre. La secuencia comienza con un operario que poda sus frondosas ramas. A continuación, una imagen invernal del mismo árbol con otro obrero que poda las ramas. Le siguen una serie de planos fijos, casi como una animación *stop motion,* que muestran su evolución, desde sus primeros brotes hasta que alcanza el follaje del principio. Entre medias se han ido superponiendo los créditos —añade, a modo de juego de palabras, el epígrafe «Agnès War da», casi como una declaración de intenciones— con el fondo de uno de los muros del patio en el que aparece sobreimpresionado el tronco. El último plano es una vista del árbol desde una de las ventanas, cuyos batientes se cierran lentamente para dar comienzo al episodio. Durante esta secuencia, el comentario con la voz en *off* de Agnès Varda apunta:

> Había que podar ese árbol, su follaje nos quitaba toda la luz. Comencé una serie de viajes, filmando aquí y allá rostros y palabras, museos, ríos y obras. Escuché a aquellos que encontré, a veces por azar, y especialmente artistas cuyo trabajo me gusta. Desde mi primer regreso, ya había nuevos brotes. Viajaba en avión o en tren, filmando en cada ciudad, no para hacer un informe, sino para captar fragmentos, instantes, personas. El árbol renacía. Iba y venía, y con Jean-Baptiste hacía el montaje de las imágenes y sonidos recopilados. Pero mucho antes de que terminaran mi periplo y mi trabajo, que duraron más de un año, el árbol había recuperado todo su follaje en menos de tres meses. Eso se muestra aquí en menos de dos minutos. Y aquellos que vean estas crónicas las verán en varios días. Un culebrón de hojas, por así decirlo[419].

---

[419] Prólogo extraído de la edición en DVD de *Agnès de-ci de-là Varda,* Ciné-Tamaris / ARTE France, 2011.

El primer episodio comienza en Berlín. La esperan en la cineteca. Confiesa que cada vez que acude a la capital alemana la recibe Hans Joachim Fetzer. De camino, en un taxi, ve reproducciones de osos pintados por las calles, aunque antes ha filmado los de peluche Steiff con el letrero *I love Berlin*. La puerta de Brandeburgo y el monumento al Holocausto. «Un saludo al ángel que filmó Wenders», exclama al pasar ante la Columna de la Victoria. «Un saludo a Fassbinder», profiere al cruzar Alexander Platz. Y L'Arsenal, la cineteca, que proyecta una retrospectiva de sus películas. Birgit Kohler, su directora, organiza el programa asistido por el citado Fetzer. Encuentro con Dominique Bluher, que es profesora en Harvard. Visita al museo Hamburger Bahnhof. De entre los artistas expuestos, escoge a Joseph Beuys. Confiesa que nunca había visto sus esculturas en grasa. Y de ahí a Boston gracias a Bluher, que ha organizado un encuentro con sus estudiantes, y allí visitan su instalación *Les veuves de Noirmoutier*. Su sorpresa es que Bluher ha empezado a tricotar una chaqueta para ella que tiempo después le entregará acabada en París.

Con el avatar de Chris Marker, el gato Guillaume-en-Égypte, «el portavoz discreto del cineasta», visita su estudio y filma sus ordenadores, sus libros, revistas y material de toda índole que el cineasta ha ido acumulando. Agnès Varda cuenta que Marker posee una doble vida, ya que está presente de modo virtual en *Second Life,* en «un archipiélago creado por Max Moswitzer conocido como *Mosmax Hax*». Y Varda se introduce en él en forma de avatar.

La ciudad de Nantes celebra el vigésimo aniversario de la muerte de Jacques Demy y el cincuentenario del rodaje de *Lola,* cita a la que acuden Anouk Aimée, que encarnó a Lola, y Michel Piccoli, entre otros, y Varda deja constancia de los diferentes eventos que tienen lugar, como la presentación de un libro dedicado a Demy en el pasaje Pommeraye. Allí realiza una visita a la exposición de François Delarozière y sus esculturas articuladas, al Musée des Beaux Arts de Nantes, que dedica una retrospectiva al pintor cubano Wilfredo Lam, o a la exhibición del artista Pierrick Sorin en la antigua fábrica de galletas LU, que ahora, según palabras de la cineasta, se ha convertido en Lieu Unique, en cuya parte trasera hay instalada una gran pared cuya fachada la forman vidrios opacos sellados durante cien años que encierran los objetos del desván del siglo. Una idea que partió de Jean Blaise después de leer el libro de Georges Perec *La vida instrucciones de uso*. Blaise le comenta:

> Organizamos el lugar de depósito en un almacén. Y durante tres meses, 11.855 personas vinieron a dejar un objeto. Registrábamos en un cuaderno el nombre de la persona, su edad, por qué depositaba ese objeto, y sellábamos la lata. Luego, la colocábamos en palés que después se incorporarían a la pared del desván del siglo.

A continuación habla sobre la fotografía que realizó en la terraza de la Cité Radieuse de Le Corbusier en Marsella y sobre la pieza en vídeo que concibió a partir de ella y en la que trató de imaginar lo que sucedió antes y después del momento en que disparó el obturador. El episodio se cierra en Portugal, donde, entre otras vivencias, recoge su encuentro con Manoel de Oliveira, que le hará una imitación de Chaplin, y su esposa Maria-Isabel. La última imagen es una fotografía de Agnès Varda con el matrimonio sobre la cual la realizadora comenta que entre los tres suman un total de 276 años.

* * *

El segundo episodio se inicia en Río de Janeiro, donde ha sido invitada por el Festival de Cine de la ciudad y donde se reencuentra con la actriz Jeanne Moureau. Visita la casa-museo de Heitor Villa-Lobos donde el programador Fabiano Canosa afirma que el compositor y el cineasta Glauber

*Agnès de-ci de-là Varda* (2008-2011), episodio 02,
© Ciné-Tamaris.

Rocha son los dos grandes genios brasileños. De este último, Agnès Varda destaca su film *Dios y el diablo en la tierra del sol (Deus e o diablo na terra do sol,* 1964). Su hija, Paloma Rocha, se encarga del preservar el legado de su padre. En la casa-museo del director se proyecta otro de sus films, *Antonio das Mortes* (1969). Y recuerda un viaje a Brasil con Demy que ilustra con algunas fotografías. Entre otros encuentros y visitas, destaca la que realiza al Museo de Arte Contemporáneo de Niteroi, diseñado por Niemeyer, donde descubre a artistas brasileños contemporáneos como Antonia Diaz, Luiz Ernesto, Antonio Manuel, Cildo Meireles, cuya silla le trae reminiscencias de Magritte, o la silla dentro de una celda de Raul Mourao, que le hace pensar en *Les chaises* de Ionesco, en la silla de Jean Vilar —de quien muestra el retrato que le hizo en su día sentado y con los brazos apoyados en el respaldo—, en la de Pierre Etaix o en la que plasmó en una de sus primeras instantáneas; sillas que al final relaciona con su imagen sentada en una de ellas al borde de la playa, como se había autorretratado en *Les veuves de Noirmoutier*.

Y de Magritte y sus sillas a Bruselas para asistir a la inauguración del Museo Magritte en la Place Royale. Introduce el vídeo promocional creado para el evento: bombines, manzanas, paraguas y pipas formando una suerte de bandada de pájaros que sobrevuelan las calles de la capital. Tras ello, un encuentro con el coleccionista Walter Vanhaerents, que le muestra su colección, expuesta en una antigua fábrica, y su visita a las exposiciones del pintor y grabador belga Pierre Alechinsky y de la artista Kikie Crêvecoeur. Después se traslada a Estocolmo, donde le informan de que acaban de subastar los bienes de Ingmar Bergman, como las fichas de ajedrez de *El séptimo sello (Det sjunde inseglet,* 1957), tal como comprueba en el catálogo de la subasta que le entregan. Varda no oculta su tristeza. Después recibe en su habitación a la periodista Christina Höglund, cuya calvicie le llama la atención. Ella simplemente le dice que se le cayó el pelo. Le muestra imágenes de un film que hizo sobre su problema capilar, de cómo la miraban los demás, de que conoció a otra mujer que padecía la misma enfermedad y luego pasó a formar parte de un grupo de mujeres con el mismo problema.

Viaje a Venecia. Recuerda cuando, en 2003, Hans Ulrich Obrist le invita a participar en la Bienal de Venecia, en la que presentó su primera videoinstalación, *Patatutopia,* o cuando, muchos años atrás, estuvo en el festival con Sandrine Bonnaire y recibió el León de Oro por *Sin techo ni ley*. O la vez que presentó en dicho festival *Las playas de Agnès*. La cineasta acude a la inauguración del antiguo edificio de aduanas que François Pinault ha reconvertido en centro de arte contemporáneo para albergar su colección. Y después visita varios pabellones de la Bienal. El de España exhibe una exposición de Miquel Barceló. Y ahí la cineasta inserta las imágenes de un encuentro con el artista en su estudio de París. Le cuenta cómo consigue algunas texturas a partir de herramientas que fabrica y que en África las termitas se comieron sus dibujos, los cuales conserva y le enseña, además de comentarle que tiene idea de hacer algo con ellos, aunque aún no sabe muy bien qué. En 2010, Barceló expone en Aviñón, con un gran elefante apoyado sobre su trompa. Al fondo aparece el Musée du Petite Palais. De su colección muestra la pintura del siglo XV *La escalera de Jacob,* de Nicolas Dipre, pero en aquel Barceló ha concebido una serie de intervenciones. Y expone al mismo tiempo en la fundación de su galerista Yvon Lambert, además de realizar una *performance* con el coreógrafo Josef Nadj, «Paso doble», con la que se cierra el episodio.

* * *

En el episodio tercero, tras la introducción sobre la poda y crecimiento de su árbol, añade una serie de imágenes sobre una tala de árboles en el bulevar San Vicente en Los Ángeles; también en Noirmoutier y en Ámsterdam encuentra una pequeña escultura de un podador sobre la rama de un árbol. Visita la feria de arte de Basilea, Art|Basel, y después acude a la ciudad de Colonia. En una perfumería le explican el origen del *eau de cologne,* cuyo creador, Giovanni Maria Farina, era un italiano que se estableció en la ciudad a principios del siglo XVIII. La mujer que dirige el negocio es una descendiente de aquel que recibe a la cineasta y le habla de aromas. Uno de ellos es el de la patata. Agnès Varda comenta sorprendida en voz en *off:* «¿Por qué se pone a hablarnos de patatas? ¿Del olor de las patatas cocidas, del olor de las patatas frías? ¿Casualidad? ¿Cómo podría saber que, cerca de aquí, en el Orangerie[420], estoy exponiendo imágenes de viejas patatas arrugadas que tienen nuevos brotes?». Además, otra de las obras que se exhibe es la videoinstalación *Patatutopia.*

---

[420] Se refiere a su exposición, que tuvo lugar en enero de 2010 en el Orangerie Theater (www.orangerie-theater.de).

*Agnès de-ci de-là Varda* (2008-2011), episodio 03: *Portraits brisés,* © Ciné-Tamaris.

En un parque helado le saca un retrato a un hombre reflejado en un espejo que previamente Varda ha roto con un martillo. Después introduce una secuencia en el patio de su casa en la calle Daguerre. Está nevado. Mientras suena la *Fuga del gato* de Scarlatti, la cineasta filma a sus felinos ante la máscara de la Desconocida del Sena[421]. Realiza la misma operación: la rompe con un martillo y la fotografía. Todas estas instantáneas forman parte de la serie *Portraits brisés*. Visita el Museo Ludwig de Colonia, donde, según confiesa, descubre al artista turco Kutlug Ataman y sus videoinstalaciones *Küba* y *Paradise,* que forman parte de una exposición temporal. En el mismo museo, la cineasta se fija en *Soundings* (1968), una obra interactiva de Robert Rauschenberg, y en dos obras del escultor George Segal, *The restaurant window* (1967) y *Alice listening to her poetry and music* (1970). Esta última le sirvió como fuente de inspiración para la secuencia de *Las playas de*

[421] Véase nota 194.

*Agnès* en la que, vestida de blanco y sentada de espaldas, enciende la radio que tiene sobre la mesa y suena *Jesus bleibet meine Freude* de Bach. En la Alianza Francesa presenta *Las playas de Agnès* y exhibe sus retratos fotográficos de cineastas como Demy, Visconti o Fellini y de actrices como Anouk Aimée. El cartel de la exposición es su conocido retrato fotográfico de perfil ante el cuadro de Gentile Bellini *El milagro de la cruz en el puente de San Lorenzo* (c. 1500), que se conserva en la Gallerie dell'Accademia de Venecia.

Viaje a San Petersburgo. Su chófer es un profesor de historia. Visita mercadillos, un restaurante cuya carta reproduce fotos antiguas y el Museo del Hermitage, donde tiene un encuentro con Natalia Brodskaia, la conservadora jefa, que le confiesa que su conocimiento del arte francés empezó con Félix Vallotton. Agnès Varda se fija en que a las mujeres que llevan zapatos de tacón les hacen ponerse un paño de lana para que no hagan ruido al caminar. Filma a los visitantes. De repente, capta un cuadro en cuyo cristal se refleja un grupo de turistas que pasa de largo. Es *San Lucas dibujando a la Virgen,* de Rogier Van der Weyden:

> —Agnès Varda: Y nadie se paró a mirar esta obra maestra. ¿Cómo es posible?
>
> —Natalia Brodskaia: Son los grupos. El guía establece el programa. Les dice: «Vamos a ver el cuadro de Leonardo da Vinci». Así que el grupo camina y no mira los otros cuadros.

Después la *Danae* de Tiziano. Y la *Danae* de Rembrandt, que aparece en la película *El arca rusa (Russkiy kovcheg,* Aleksandr Sokurov, 2002), ya que se rodó en su totalidad en el museo. La cineasta comenta que pudo felicitar al cineasta en París e incluye un fragmento de aquel momento. Después acude a una antigua fábrica textil convertida en el Centro de Arte Ligovsky Prospekt, donde se permite el juego de crear una instalación espontánea: coloca una hilera de sillas plegables a lo largo de su terraza en la que «se propone a los visitantes mirar el inmueble de enfrente». Y comprueba, y graba con su cámara, que algunos se sientan. En el centro se exhiben varios vídeos, entre ellos, *Automorfing portrait,* un autorretrato de Boltanski.

En el patio de su casa de la rue Daguerre con Christian Boltanski y su mujer, la también artista Annette Messager. Aquel apunta: «La primera cosa que muere es nuestro yo infantil, y lo guardamos. Todos tenemos un cadáver de nuestro yo infantil dentro de nosotros». A Varda le hace pensar en la exposición *Les habitants de Malakoff,* que tuvo lugar en la Maison des Arts en Malakoff en 2007 y de la que muestra algunas imágenes. De nuevo en el patio de la rue Daguerre, recibe ahora a unos periodistas de la radio que van a entrevistar a Boltanski para una emisión de France Culture por su exposición en el Grand Palais, *Personnes,* en 2010. Allí, Agnès Varda filma las reflexiones de Boltanski sobre su obra expuesta, como la instalación de una enorme pirámide de ropa vieja. Encima, una pinza colgada en el techo que atrapa algunas prendas, se eleva y, al llegar a una altura concreta, las suelta. Y así sucesivamente. El artista comenta que

> está ese movimiento continuo de atrapar, con esa pinza, de soltar. Y al mismo tiempo esa pinza atrapa al azar. Para mí es la idea de la mano de Dios. No es ni bueno ni malo. Hace su trabajo: agarra y desecha. El destino es ciego. Agarra cualquier cosa. Agarra no importa qué. Ese es el tema de esta obra. A medida que envejecemos, con más frecuencia nos preguntamos: ¿por qué este sobrevivió? ¿Por qué este murió? Parece que no hay razón alguna. Parece ser puramente el azar.

De nuevo en el patio de la rue Daguerre con Messager y Boltanski. Varda les pregunta cómo es la vida de un matrimonio formado por artistas. Ellos responden que en el terreno artístico hacen vidas separadas, que cada uno tiene su taller y el otro nunca lo visita. El episodio concluye con la visita al estudio de Anette Messager, en el que ella, al igual que su marido, ofrece algunas reflexiones sobre su obra.

* * *

El comienzo del cuarto episodio tiene lugar en la Biennale de Lyon, celebrada entre el 16 de septiembre de 2009 y el 3 de enero de 2010, según reza en un rótulo que se superpone sobre una antigua fábrica azucarera rehabilitada como centro de arte contemporáneo. Menciona a Hou Hanru, el comisario de la exhibición *Le spectacle du quotidien* [El espectáculo de lo cotidiano], que afirma ante su cámara: «Esta opción consiste en mostrar que, tal vez, es el momento de mirar las cosas que no mirábamos y cambiar el foco de atención hacia algo que vivimos sin hablar de ello». Varda ha sido invitada a la exposición y sobre ella confiesa que le gusta ver los preparativos, «cómo instalan las instalaciones» *[comment on installe les installations],* en otro de sus habituales juegos de palabras. Ella expone *La cabane de cinéma, La cabane aux portaits* y *Le dépôt de la cabane de plage,* que contiene la proyección en bucle del film *La mer Méditerranée avec 2 «r» et 1 «n», entre Sète et Agde*. Habla de sus «vecinos», como el artista chino Yang Jiechang, que expone más de tres mil trozos de huesos en cerámica esmaltada; de Sarah Sze[422], que presenta una obra de forma esférica con el título *Planétarium portable;* del japonés Takahiro Iwasaki, o del Colectivo Yangjiang, cuya obra es una *performance* sobre las apuestas deportivas en la que además cocinan, comen y beben.

Encuentro con Michel Jeannès, que le cuenta a la cineasta: «Todo el mundo me llama Monsieur Bouton. Estoy desarrollando una práctica como poeta familiar en torno a

---

422 Véase nota 398.

este objeto. Un trabajo artístico, una zona de intención poética alrededor del botón, el objeto cultural común más pequeño». Le enseña una caja repleta de pequeñas cajitas que contienen botones y comenta que cada vez que encuentra uno en la calle, lo recoge y anota el lugar donde lo encontró, la fecha y lo que le sucedió durante ese día. La caja, según las palabras del artista, es *Un année du «journal du fibulanomiste»* [Un año del «diario de un *fibulanomiste»],* concluye. Varda pregunta por la palabra *fibulanomiste* y él responde: *C'est le mot pour dire «collecctionneur de boutons»* [Es la palabra para decir «coleccionista de botones»].

Viaja a Sète. Muestra algunos lugares, como el puente de la Civette en el centro de la villa, el Palais Consulaire o la placa de un callejón con su nombre y de la que dio cuenta en *Las playas de Agnès*. Se reencuentra en la Pointe Courte con pescadores de su edad. En un garaje, la cineasta se percata de que en la pared hay unas fotos de su película *La Pointe Courte*. El dueño le dice que muchos miembros de su familia participaron en ella y que él fue quien interpretó al personaje de Raphaël. Agnès Varda explica que el ritual de las Justas *[Joutes]* no ha cambiado y, al igual que hizo en *Las playas de Agnès,* compara las imágenes que rodó en 1954 para la película con las que filma durante este viaje a Sète. Aunque alguna diferencia hay, porque los remeros han sido sustituidos por motores fuera borda.

Visita al Musée International des Arts Modestes (MIAM). Dentro, la recibe Hervé Di Rosa, que, junto con Bernard Belluc, ha creado el museo al juntar sus respectivas colecciones de objetos modestos, desde los más variados envases hasta todo tipo de utensilios domésticos. Di Rosa cuenta que

> son objetos que se dan como regalo [...]. Cuando la campaña publicitaria termina, cuando el objeto ya no divierte a los niños, entonces adquiere una dimensión poética. Incluso hay marcas que han producido miles de objetos de

regalo que no han guardado en archivos. Es gracias a unos cuantos tipos como nosotros por lo que tenemos estos archivos. En cincuenta años, habremos preservado cosas que todos han descuidado. Son cosas que han sido útiles pero que se han vuelto inútiles, abandonadas, huérfanas de la creación.

Agnès Varda visita a Pierre Soulages, el pintor que trabaja con el color negro, en su casa-estudio, situada cerca de la casa de Jean Vilar, en Sète. Un detalle que cuenta ante la cámara es que cuando entra en su estudio a trabajar coloca delante de la puerta una piedra atada con un cordel negro, como si fuese un regalo, para indicar que no se le puede molestar. A continuación, el artista desgrana algunas reflexiones sobre su obra e incluye imágenes rodadas en la retrospectiva que le dedicó el Centre Pompidou[423]. Después menciona el cementerio donde está enterrado Paul Valéry. Y su encuentro con Jean-Louis Trintignant, que ofrece un recital de poemas de Jacques Prévert, Robert Desnos y Boris Vian en el Festival de Poesía *Voix vives* creado por Maïthé Vallès-Bled. Pero en Sète Agnès Varda presenta su exposición *La mer... etsetera,* que tiene lugar en el Centre Régional d'Art Contemporain (CRAC)[424]. De sus obras expuestas, comenta *Bord de mer* (2009). El episodio finaliza con una entrevista a los hermanos Ange y Daniel Calli, pescadores de profesión, que le hablan sobre la fabricación de las redes. La cineasta muestra los enseres de pesca repartidos por el muelle y reflexiona en voz en *off:* «Estos objetos, estas herramientas, bidones, cuerdas, redes, estaban dispuestos de una manera tan hermosa que harían sonrojar de envidia

[423] La exposición, con el título de *Soulages,* tuvo lugar entre el 14 de octubre de 2009 y el 8 de marzo de 2010. Página web del artista: www.pierre-soulages.com.

[424] La exposición tuvo lugar entre el 7 de abril y el 14 de junio de 2009.

a algunos artistas que hacen instalaciones. Así como decimos *Art Brut,* ¿podemos hablar de *instalaciones brutas?*».

* * *

El quinto episodio se inicia en la playa de Venice. Visita al matrimonio formado por la guionista y escultora Patricia Knop y el cineasta Zalman King, quienes ya habían estado presentes en *Las playas de Agnès.* Tras mostrar algunas obras escultóricas creadas por ella, en su mayoría retratos familiares, enseña su colección de figuras de ángeles. «Los Ángeles es la ciudad de los ángeles», afirma Patricia. Después visita Watts Towers[425], obra de «un héroe del *art brut*», el albañil de origen italiano Simon Rodia. La cineasta comenta que le recuerda a la construcción del cartero Cheval[426]. Acude a Nickerson Gardens para ver sus muros, que son la memoria de los muertos del barrio en las guerras callejeras. Recuerda cuando filmó en *Mur murs* pinturas sobre los fallecidos de bandas rivales. Pero aquí es diferente, porque escriben los nombres: «Solo se ven los nombres de aquellos que se mataron entre sí. Una terrible lista de nombres y apodos. Un monumento de nombres». Recoge el testimonio de una joven viuda que cree que a su marido lo mataron por miedo, porque ya no pertenecía a ninguna banda. Desconoce quién lo hizo. Con su dinero y la cantidad que le prestó su madre pagó su funeral, 8.100 dólares. Lo sorprendente es que dos semanas más tarde encontró en su casa la misma cantidad en total, 8.100 dólares, que su marido tenía escondida.

---

[425] Un documental: *I build the tower* (Brad Byer y Edward Landler, 2006). Para más información: www.wattstowers.us.

[426] Se trata del *Palais Idéal* que el cartero Ferdinand Cheval construyó entre 1879 y 1912 en Hauterives, en la región Ródano-Alpes. Más información: www.facteurcheval.com.

Agnès Varda regresa a Venise, donde vivía Jim Morrison, y allí recuerda *Documenteur:* instala sobre la arena una tela rectangular azul y superpone imágenes de aquella película. El mismo procedimiento que ha utilizado en la playa de Sète para crear una compleja imagen con espejos y variaciones en la pieza titulada *La mer Méditerranée avec 2 «r» et 1 «n», entre Sète et Adge*.

Viaja a Frankfurt para ver una exposición dedicada a dos pintores del siglo xv: Rogier de la Pasture, conocido como Rogier van der Weyden, y el Maestro de Flemalle, cuyo nombre se cree que fue Robert Campin. Agnès Varda traza una reflexión sobre las numerosas representaciones artísticas de la Anunciación. Confiesa que su madre coleccionaba postales de pinturas relacionadas con dicha escena y que ella, según apunta, la ha seguido ampliando. Dice que siempre se representa al ángel apareciéndose por la izquierda, y que son raros los cuadros en los que llega por la derecha, y muestra ejemplos de Philippe de Champaigne, Rubens, Poussin y Lotto. En este último la cineasta se detiene porque el ángel provoca miedo en un gato. Por otra parte, hace referencia a la Pietà de Villeneuve-lès-Avignon, atribuida a Enguerrand Quarton, que se conserva en el Museo del Louvre. Y se acuerda del primer festival de teatro, de Jean Vilar, y de la representación de una opereta, *Le chanteur de Mexico,* compuesta en 1951 por Francis López, con decorados de Christophe Vallaux y vestuario de Rosalie Varda.

Viaja a México DF porque su cineteca le dedica un ciclo. Allí acude a un mercado y filma a sus gentes, como aquellas que se encuentra en la calle: una mujer que toca una guitarra mientras mendiga, chicos que para ganar un dinero hacen acrobacias ante los coches mientras el semáforo está en rojo. Asiste al Festival de Guadalajara, donde recibe un premio: «Ahora que soy mayor, tienden a otorgarme premios, a darme trofeos», apunta. Encuentro en su casa de Ocotitlán con el cineasta Carlos Reygadas, cuya camiseta reza «Primero muerto que fallar al Festival de Morelia». Después visita la casa de Frida Kahlo en Coyoacán; los mercadillos del lugar; una calle de artesanos; la Fundación Jumex, que posee una importante colección de arte, donde la recibe su curador, Michel Blancsubé; el Museo Universitario de Arte Contemporáneo (MUAC), del que le llaman la atención obras de Olafur Eliasson y Dan Graham, y el Museo de Arte Popular, sobre el que comenta que el tema más recurrente de las piezas expuestas es el de la muerte. La cineasta establece una comparación: la idea festiva y lúdica de la muerte de los mexicanos frente a la visión trágica de los europeos. En París hay dos exposiciones relacionadas con el tema que tuvieron lugar en el mismo año, 2010: *Vanités mort, que me veux-tu?,* en la Fundación Bergé-St-Laurent, entre el 23 de junio y el 19 de septiembre, y *C'est la vie, vanités de Pompéï à Damien Hirst,* en el Museo Maillol, del 3 de febrero al 28 de junio. «La mujer y la muerte, la carne y lo óseo: temas recurrentes, tratados a la antigua» *[La femme et la mort, la chair et l'os: thèmes récurrents, traités à l'ancienne],* comenta la cineasta mientras muestra varios cuadros del siglo XVII de Sebastian Bonnecroy, Cornelis Norbertus Gysbrechts, Joseph Heitz el Joven o Guido Cagnacci, pero también hay cuadros de Cézanne y obras contemporáneas, de Marina Abramovic, Miquel Barceló, Niki Saint Phalle o Annette Messager. En un cuadro que representa el cadáver en descomposición de un papa cuya autoría se atribuye al círculo de Juan Valdés Leal (1622-1690) hay una inscripción que Agnès Varda lee: *Après l'homme, les vers, après les vers, la puanteur* [Después del hombre, los gusanos, después de los gusanos, el hedor].

## 2015. Les 3 boutons

> Quiero que la película dé también la impresión de una reflexión, mostrando vestidos de noche, que no se sabe quién los lleva, ni para qué sirven... Y luego un delantal de goma que se usa cuando se ordeña una cabra o una vaca. La contradicción misma de estos dos tipos de ropa cuenta el contraste de la vida, en una sociedad completamente injusta y desequilibrada. Las historias de princesas son tontas, porque a medianoche, ¡paf!, se acaban y vuelven a tener ropa vieja, delantales. ¡Pero el delantal de la escuela es hermoso! La escuela es hermosa, es la ambición de hacer algo con la vida. Todo esto son pequeños hilos que tiro así, desde el conocimiento que tengo de la vida. No es significado, es representación. Y la representación es mi oficio[427].

Desde 2011, año en el que la firma italiana de alta costura Miu Miu creó el proyecto *Women's tales,* encarga dos cortometrajes al año a reconocidas cineastas con la condición de que esté presente la ropa de la marca. Entre las directoras que han sido invitadas se encuentran Lucrecia Martel, Miranda July, Alice Rohrwacher, Naomi Kawase, Chloë Sevigny, Dakota Fanning, Lynne Ramsay, Carla Simón, cuya pieza protagoniza Ángela Molina, o la propia Agnès Varda, que dirigió el décimo de la serie[428]. La mayoría de estos films se estrenan en el Festival de Cine de Venecia antes de incorporarlos a sus respectivas campañas publicitarias.

---

427 Agnès Varda, *Varda par Agnès. L'intégrale, vol. 1994-2019, op. cit.*, pág. 126.

428 Los cortometrajes de la serie *Woman's tale* se pueden visionar tanto en la página web de la marca (www.miumiu.com) como en su canal de YouTube (https://www.youtube.com/@miumiu).

*Les 3 boutons* (2015), © Ciné-Tamaris.

Sea como fuere, *Les 3 boutons* es una pieza de carácter onírico en el que la cineasta le da una vuelta de tuerca a los tópicos tradicionales de los cuentos infantiles. Se inicia con Jasmine (Jasmine Thiré), que ordeña una cabra en la granja donde vive. La niña lleva un aparato de ortodoncia en la boca y rompe la cuarta pared para dirigirse al espectador: «Con nuestras once cabras obtenemos ocho litros de leche al día. En dos sesiones de ordeño, producimos treinta pequeños quesos y luego los maduramos durante diecisiete días».

En ese instante aparece el cartero (Jackie Patin)[429], que le trae un paquete. Al abrirlo, Jasmine saca una tela magenta que se convierte en un gran vestido de baile que flota ante sus ojos. Mira a la cámara e inicia su frase con un juego fonético: *basse-cour, haute couture* [corral, alta costura]. Y prosigue: «Soy muy pequeña en un mundo demasiado grande, en un mundo demasiado viejo. Tengo curiosidad».

---

[429] Jacky Patin, cartero en la vida real y pintor aficionado, volverá a aparecer en *Caras y lugares* con el cuadro que le regaló a Agnès Varda, cuadro que se muestra en los créditos finales del presente cortometraje.

Comienza a palpar el vestido hasta que descubre una abertura en él que, al introducirse dentro de ella, la lleva a una caverna. Allí, tras ver trajes de mineros colgando en lo alto, recorre su interior hasta que se encuentra dicho vestido magenta, que al tocarlo se convierte en un harapo. Una voz de ultratumba dice: «Un vestido de gala. Un trapo». La niña responde que no es para ella, ni el uno ni el otro, y que «son buenos para los cuentos de hadas».

Al salir de la gruta, oye voces de un grupo de colegialas vestidas con sus mandiles de cuadros azules. Jasmine se pone uno igual y sale a su encuentro. Durante la carrera, pierde su primer botón. Y ante la cámara, mientras aquellos se alejan de ella, dice que luchará por estudiar: «Quiero elegir mi vida». Varda realiza una transición por medio de un *travelling* lateral: de un plano de ella sentada en la hierba con un libro en sus manos a un muro de piedra que enlaza con un muro urbano. Jasmine camina por la acera con su mandil de cuadros azules. Al tropezar con un joven que acaba de salir de un portal con su bicicleta, se le cae un segundo botón, botón que, al paso de un barrendero, cae en un hilo de agua hasta desaparecer en una alcantarilla. Cuando pasa ante tres niñas que, sentadas en una mesa, se toman un helado, Jasmine saca uno de su bolsillo, le da un sorbo y se lo vuelve a guardar. Se detiene ante un escaparate que exhibe un vestido negro con botones blancos. Una de las dependientas tira de un cordel y este se estrecha como si fuese un acordeón hasta convertirse en un fino rectángulo vertical con tres botones. Jasmine se ríe, pero luego, con el rostro serio, se dirige de nuevo a la cámara: «No me gusta despertarme a la realidad. No me gusta cuando una de las cabras muere. No me gusta cuando las cosas se descontrolan. No me gusta perder. Sí, he decidido amar la vida».

Y se le cae un tercer botón, que recoge Michel Jeannès, alias Monsieur Bouton, artista que colecciona botones y a quien Agnès Varda entrevistó en *Dos años después* y en el cuarto episodio de *Agnès de-ci de-là Varda*. El botón queda clasificado en su *Journal du fibulanomiste*, un gran fichero con cajas de cerillas donde introduce cada pieza encontrada junto con una pequeña nota que indica el lugar y el día del hallazgo. En este caso, el 30 de mayo de 2015 en el 86 de la rue Daguerre, que es la dirección del domicilio de la cineasta.

De nuevo Jasmine se dirige a la cámara: «Una vez encontré un guante en la calle. Un guante solo, separado de su gemelo. Era un guante pequeño. Un guante de niño. Seguro que lo regañaron». Un niño halla el primer botón que se le cayó a Jasmine. Cava un pequeño hoyo, lo entierra, lo riega y surge una flor.

A la granja llega de nuevo el cartero con un mensaje para Jasmine. Y aunque nadie responde, lo transmite oralmente: «Quien pierda tres botones tendrá tres deseos gracias al destino, que traerá tres momentos afortunados. Y la suerte le traerá tres encuentros clave, tres sorpresas en la vida. Y tres mapaches, en honor a Jacques Prévert»[430].

---

[430] Se refiere al poema titulado «Inventario», recogido en Jacques Prévert, *Palabras*, *op. cit.*, págs. 208-210.

## 2015-2017. Caras y lugares (*Visages villages*)

—Agnès Varda: Es siempre lo que me ha gustado de los documentales. Pasas unos días con la gente, haces amistad con ellos y luego los pierdes de la misma manera que los representas con grandes imágenes que se van a borrar de las paredes. Eres consciente de que vives momentos privilegiados. El momento del encuentro, el momento del rodaje y del *collage,* ¡y ya está! Me gusta mucho.

—JR: Momentos que no duran pero que quedan grabados[431].

*Caras y lugares* supone una vuelta de tuerca en la concepción cinematográfica de Agnès Varda por cuanto concibe por primera vez una película a cuatro manos, con el artista y fotógrafo JR. Además, transforman la propia narración en *off* en un diálogo entre ambos, lo que les permite trascender el relato tradicional y proporciona al documental una mayor espontaneidad. Además, tanto por sus comentarios ante la cámara en el propio film como por el diálogo entre ambos que reproduce el segundo volumen del libro autobiográfico *Varda par Agnès,* es un proyecto concebido desde la improvisación. La finalidad es muy sencilla: recorrerán la Francia rural en busca de rostros y lugares, tal como indica el título.

El film comienza de manera irónica en la campiña francesa; JR y Agnès Varda caminan al borde de la carretera por separado. Cuando están a punto de encontrase, a él le reco-

---

[431] «Conversation entre Agnès Varda, JR et Olivier Père», en Agnès Varda, *Varda par Agnès. L'intégrale, vol. 1994-2019, op. cit.*, pág. 154.

ge un pequeño tractor tras hacer autostop. La voz en *off* de JR comenta que ellos no se conocieron en una carretera. En la segunda secuencia, ambos se hallan bajo una marquesina. La voz de Varda apunta que tampoco fue en una parada de autobús, y ahí la cineasta, que confiesa su mala vista, pregunta a un joven, que es JR, cuándo pasa el siguiente. Y este responde que en tres minutos. En la tercera secuencia, JR dice que su encuentro no tuvo lugar en una panadería mientras entra y pide un dulce que se ha acabado en el mismo momento en que Agnès Varda está al fondo del mismo local. En la cuarta secuencia, en una discoteca, ambos bailan sin percatarse de la presencia del otro. Y JR inicia la frase «no nos conocimos...», que la voz de Varda completa: «... bailando». La voz de JR añade que no ha olvidado las imágenes de algunos films de la cineasta, como el rostro de Cleo o el documental *Mur murs*. Y la cineasta replica que adora la fotografía de unos ojos gigantes que JR pegó en dos enormes depósitos o las mil caras que instaló en el suelo del Panthéon. Prosigue ella, catálogo en mano, alabando las instantáneas que aquel hizo en Cuba. Entonces JR confiesa que fue él quien dio el primer paso y se presentó en la calle Daguerre. Tras ello, la invita a su estudio, donde la cineasta comienza a realizar retratos suyos y se percata de que JR nunca se quita las gafas de sol, como Jean-Luc Godard, y que ello fue el origen del cortometraje *Les fiancés du pont Mac Donald* que incluyó en *Cleo de 5 a 7,* la excusa para poder ver los ojos del cineasta. Ella le dice que cuando lo rodó tenía 33 años. JR responde que son los que tiene él ahora.

Ambos viajan en la camioneta propiedad de JR, una suerte de fotomatón y laboratorio fotográfico ambulante. Primera parada: L'Escale. Sacan fotos a algunos de sus habitantes con una *baguette* en la boca y, cuando salen ampliadas, las pegan en las paredes unas a continuación de las otras, unidas por la barra de pan. Dice que el trabajo de JR responde a su idea de fotografiar los rostros «para que no desaparezcan rápidamente de los agujeros de mi memoria».

En otro pueblo les hablan de una calle perteneciente a un barrio minero que va a ser derruida. En ella queda una sola vecina, Janine, que se autoproclama la única superviviente del lugar. Recuperan viejas fotos de mineros y, tras ampliarlas, las fijan sobre las fachadas. Algunos habitantes, mineros jubilados, recuerdan vivencias de su oficio que se ilustran con antiguas postales. Y después, el rostro gigante de Janine sobre la fachada de su casa.

Prosigue su periplo con el encuentro del hombre del tractor que al principio del film recogió a JR cuando hacía autostop. Los lleva a sus tierras, en Chérence, pueblo que conoce Agnès Varda porque ahí está la casa donde vivió su admirada Nathalie Sarraute. Entrevistan al agricultor, que les cuenta que cultiva solo con sus tractores. Y pegan su retrato fotográfico en la fachada de su gran almacén de madera. En Bonnieux, una de sus habitantes les habla de la historia de amor de dos de sus antepasados, de los que amplían una antigua fotografía que después adhieren sobre la fachada de la casa donde vivieron; también retratan a una camarera con una sombrilla que les presta el joven campanero, que invita a JR a subir al campanario, donde le hace una demostración; en una fábrica de Château-Arnoux-St-Aubin realizan dos fotografías en grupo, una con los trabajadores del turno de mañana y otra con los del turno de tarde. Ambas imágenes las fijan una a continuación de la otra. Pero Agnès Varda y JR se han percatado de un gran depósito de la fábrica que decorarán después con fotografías de distintos peces.

Agnès Varda acusa problemas de vista. Y JR asiste a la intervención de sus ojos. Ello le trae a la cineasta reminiscencias de la célebre secuencia de *Un perro andaluz,* cuando Luis Buñuel se dispone a cortar el ojo de una mujer con una navaja de afeitar. En la siguiente escena, un grupo de personas en una gran escalinata. Cada una sostiene una letra, dispuestas como las de las tablas que utilizan los oculistas. La cineasta los mira a través de unas gafas de oftalmología para graduar la vista. Dice que le gustaría que las letras se moviesen un poco, y, a una orden de JR, aquellos las mueven ligeramente. Después, los dos sentados en la escalera:

> —JR: Conque ves borroso, ¿y eres feliz?
> —Agnès Varda: Y tú lo ves todo oscuro y eres feliz. Digamos que depende de cómo veamos las cosas.
> —JR: Desde abajo...
> —Agnès Varda: O desde arriba.

Inician un nuevo viaje, a Pirou, concretamente Pirou-Plage, un poblado que al parecer se abandonó cuando aún no había finalizado su construcción. Invitan a las gentes que viven en los alrededores a realizar un pícnic y, tras fotografiarlas, pegan sus retratos en las fachadas. «Intentamos animar, revivir, rehabilitar un lugar donde la vida ha desaparecido un poco con rostros, con un poco de energía, aunque sea por un solo día», les explica JR.

Agnès Varda le recuerda a Jacky Patin, el cartero pintor que apareció en *Les 3 boutons,* el cuadro que le regaló mientras se lo muestra y le pide su opinión sobre lo que representa. Aquel responde: «Puede representar...». Ella replica: «¿Una mujer muy pequeña y un cartero muy grande?», y él asiente. El siguiente plano es una fachada con el retrato fotográfico de cuerpo entero del cartero. Después, mientras instalan «una galería de retratos al aire libre», tienen un encuentro con un artista *hippie* septuagenario que se hace llamar Pony y que, tras ser retratado, les invita a su casa, situada en el campo y llena de obras que concibe con material encontrado. En un momento dado les dice: «Nací a la sombra de una estrella, Mi madre, la Luna, me dio su frescor, mi padre, el Sol, su calor y el universo para vivir. ¿Te das cuenta? Tengo un gran lugar en la vida».

Llegan a una granja donde se percatan de que las cabras no tienen cuernos. Su dueño les cuenta que se los queman cuando son pequeñas y con ello evitan que se peleen y se hagan daño. Sin embargo, otra ganadera está en contra de esa práctica. «Si una cabra tiene cuernos, debe conservar sus cuernos», afirma. Y añade después: «Ellas se pelean. Los seres humanos también se pelean». Y fijan una gran foto de una cabra en la fachada de una factoría. Entrevistan a un trabajador del sector, que confiesa que desconocía la historia pero que sugiere que se les podrían poner bolas de caucho en los cuernos. Y ante la imagen que han colocado de la cabra, Agnès Varda y JR se hacen unas fotos. Pero la cineasta le amonesta: «Es mi turno de sacarte una foto. Pero todavía tienes esas malditas gafas. Pienso que no es amable. Es como si estuvieras extendiendo un velo negro entre nosotros».

La cineasta recuerda su fotografía del joven, el niño y la cabra muerta a la que dedicó el cortometraje *Ulysse*. Y viajan al lugar donde la hizo en 1954, Saint-Aubin-sur-Mer. En una playa entre esta localidad y Sainte-Marguerite-sur-Mer se halla un búnker construido por los alemanes que cayó del acantilado y se quedó clavado en la arena en posición vertical. JR tiene la idea de realizar una intervención en él. Tras tomar medidas, estudiar las mareas y reflexionar sobre qué imagen podrían utilizar, eligen un retrato que hizo Varda a su amigo el fotógrafo Guy Bordin. Tras pegarla en el búnker, al regresar al día siguiente comprueban que el mar ha borrado la imagen. «Imágenes efímeras, estoy acostumbrado. Pero el mar la borró demasiado rápido», expresa JR. Sentados ambos en la playa, donde el viento levanta la arena, Agnès comenta en *off:* «El mar siempre tiene razón, y el viento... y la arena... La

*Caras y lugares* (2015-2017), © Ciné-Tamaris.

imagen se había ido. Íbamos a desaparecer también. La película no estaría terminada. Y no habría conseguido hacer desaparecer las gafas de JR». Un fundido encadenado hace desaparecer sus figuras: queda la imagen de la playa sacudida por el aire. Una reflexión sobre el paso del tiempo que enlaza con la visita a la tumba de Cartier-Bresson y su mujer, la fotógrafa Martine Franck, en el pequeño cementerio de Montjustin.

> —JR: ¿Te asusta la muerte?
> —Agnès Varda: No creo. Pienso mucho en ello. No creo que tenga miedo. Pero no sé lo que será en el último momento. Tengo deseos de estar allí.
> —JR: ¿Ah, sí, por qué?
> —Agnès Varda: Porque todo habrá terminado.

Visita a la abuela centenaria de JR. Agnès Varda le pregunta si cuando su nieto viene a verla nunca se quita el sombrero y las gafas y ella responde que «siempre es así». JR dirá en *off:* «Ella no te dirá nada más. Cada uno tiene sus secretos», mientras corre por una zona ajardinada y da un

Agnès Varda y JR en *Caras y lugares* (2015-2017),
© Ciné-Tamaris.

salto que enlaza con la secuencia en los muelles de Le Havre. Allí JR le presenta a la cineasta a tres estibadores. Pero ella quiere conocer a sus mujeres, una de las cuales es conductora de un camión en el puerto. Serán las tres retratadas, y sus efigies, pegadas en una gran pila de contenedores. Cuando preparan el montaje, se suben a una máquina que les eleva y JR le pregunta si recuerda la última vez que subieron a un ascensor. Agnès responde afirmativamente, cuando en el Museo del Louvre gastaron «una pequeña broma a Godard. Él hizo correr muy deprisa a tres de sus personajes en la gran galería del Louvre para batir el récord de cruzar el museo». Se refiere al film *Banda aparte (Bande à part,* 1964). E inician una carrera por las galerías del museo, Agnès Varda sentada en una silla de ruedas empujada por JR. De vuelta al puerto, los tres grandes retratos están adheridos sobre los contenedores apilados. Y los que coinciden con el lugar del corazón tienen las puertas abiertas, y en sus correspondientes huecos se halla cada una de ellas sentada, con las piernas al aire, y, desde ahí, van expresando sus emociones.

En su estudio, JR le dedica una sesión de fotos a Agnès Varda en la que capta «esos ojos que ven tan mal de lejos», sus manos y sus pies. «La idea de que dirijas mis pies me encanta». Al verlos, la cineasta dice que parecen un corazón arrugado e inserta una foto de sus patatas arrugadas en forma de corazón. JR pega las fotos en vagones cisterna de un tren. Una de ellas son los dedos de los pies de Agnès. Un operario le pregunta por sus intenciones. Agnès Varda responde que «el propósito es el poder de la imaginación. Es decir, nos permitimos el derecho JR y yo de imaginar cosas y preguntar a la gente: ¿Podemos llevar la imaginación a vuestro hogar?». Un plano muestra el convoy con la mencionada imagen de los dedos de los pies, además de otras con sus ojos. JR comenta: «Tus pies y tus ojos cuentan una historia. Este tren irá a muchos lugares a los que tú nunca irás».

Agnès Varda propone otro viaje, esta vez en tren. Durante el trayecto, le muestra a JR *Les fiancés du pont Mac Donald* en un dispositivo iPad. Este pregunta cómo va a ser la visita a Godard y ella responde que «es... impredecible. No lo sabemos». Al llegar a Rolle, acuden a la casa del cineasta, que no responde cuando llaman a su puerta. JR se percata de unas líneas escritas en el cristal de la entrada. Ella le dice que es un mensaje codificado del cineasta: «En la villa de Douarnenez Du côté de la côte». Varda, sin poder evitar la tristeza que le produce la situación, comenta:

> «En la villa de Douarnenez». Allí es donde fuimos a comer. Era un pequeño restaurante, boulevard du Montparnasse, donde íbamos a comer con Jacques y Jean-Luc. Y cuando Jacques murió, solo me envió una nota: «En la villa de Douarnenez». Si ha hecho esto para entristecerme, lo ha conseguido. Y luego, «Du côté de la côte». No sé, es una película que hice. Esto significa que sabe que soy yo, que él piensa en Jacques. Pero no tiene ninguna gracia. Ninguna. Bueno, si no quiere abrir, es un impresentable.

Y la cineasta le escribe una nota: «Préstame tu pluma para escribir una nota, mi amigo Jacquot. Gracias JLG por tener algo de memoria y no-gracias por mantener tu puerta cerrada».

Sentados en la orilla del lago, Agnès Varda le explica a JR que *Du côté de la côte* en el mensaje de Godard tiene que ver con una casa que alquiló aquel en Niza con su entonces compañera sentimental la actriz Anna Karina y donde ella y Demy pasaron unos días invitados por ellos.

> —JR: ¿Piensas que él quería hacerte daño? ¿O que quería desafiar la estructura narrativa de tu propia película?
>
> —Agnès Varda: No, de nuestra película. ¿Crees que él quería tenderme una trampa?
>
> —JR: Puede que piense que desde tu lado. Tú escribes desde el suyo también. Y puede que vuestros escritos estén entrelazados. De alguna manera un poco sorprendente.
>
> —Agnès Varda: Están entrelazados, es lo que siento. Realmente están unidos.

JR confiesa que no sabe cómo actuar y le pregunta qué puede hacer. «¿Algo solo para ti?». Y se quita las gafas de sol, pero el plano de su rostro se muestra desenfocado. Agnès Varda le da las gracias. Él dice que no se había dado cuenta de que sus ojos eran tan claros. La cineasta le replica: «No te veo muy bien, pero te veo». Ella le propone mirar el lago y ambos giran sus cabezas.

## 2019. Varda por Agnès
## *(Varda par Agnès)*

*Varda por Agnès* se proyectó por primera vez el 13 de febrero de 2019 en la sección oficial del Festival de Berlín, un mes antes del fallecimiento de la cineasta en París el 29 de marzo. De ahí que pronto adquiriera un carácter de testamento fílmico. Con el mismo título que su libro autobiográfico, de hecho sigue una concepción similar por cuanto también es un *collage,* una suerte de atlas sobre su universo creativo, el film es una reflexión sobre su obra como cineasta, como fotógrafa y como artista visual. Aunque se proyectó en salas como un largometraje, inicialmente estaba concebido para la televisión en dos capítulos, o *causeries* [charlas], tal como la cineasta los denomina. La primera *causerie* —o primera parte del film— abarca su filmografía en celuloide hasta su último título, *Las cien y una noches,* y la segunda, tras una breve disertación sobre su trayectoria como fotógrafa, comienza con *Los espigadores y la espigadora,* film con el que inaugura el nuevo siglo con el uso de las cámaras digitales y su trayectoria como artista visual. Elabora este documental a partir de fragmentos de conferencias, presentaciones y entrevistas en las que desgrana sus inspiraciones, sus intenciones, sus métodos de trabajo, sus estrategias narrativas o sus ideas sobre la puesta en escena, que alterna con secuencias de sus films, material de archivo personal, fotografías y videoinstalaciones, elementos que enlaza, al igual que en sus documentales anteriores, por medio de asociaciones visuales y conceptuales y sin seguir un orden cronológico.

Una silla de director, con el nombre de Agnès V. en el respaldo, y el público llenando un teatro. Todo ello con

*Varda por Agnès* (2019), © Ciné-Tamaris.

imágenes a gran velocidad. Hasta que aparece ella, de espaldas, y comienza la charla, en la que enumera las tres claves de su cine. La inspiración, que es la razón por la cual un cineasta concibe un film, es decir, «las motivaciones, las ideas, las circunstancias y la casualidad que despiertan un deseo y que se ponen a trabajar para hacer una película». La creación, que «es cómo hacemos la película. Qué medios usas, cómo se estructura». Y, por último, compartir, porque «no hacemos films para verlos solos, sino para mostrarlos».

A partir de ahí, Varda repasa su obra y desmenuza sus claves creativas, que ya había plasmado en su libro autobiográfico o en títulos como *Las playas de Agnès.* Desde *Oncle Yanco* hasta *Cleo de 5 a 7;* desde *Daguerréotypes,* en la que filma a la «mayoría silenciosa» que representan los comerciantes, hasta la «minoría enfadada» en *Black Panthers;* de las protestas que reclamaban el derecho a la contracepción y al aborto en Francia y que reflejó en *Una canta, otra no* a la rebeldía de Mona en *Sin techo ni ley,* cuya estructura a partir de doce *travellings* que van de izquierda a derecha la cineasta explica en un paisaje rural, sentada en una *dolly* con la reproducción de una cámara sobre un trípode mientras la empuja un operario. Y, tras su encuentro con Sandrine Bonnaire, que recuerda su experiencia al interpretar a Mona, la playa. De la playa de donde surge Mona a la playa donde Agnès Varda expresa que es «un lugar de inspiración. Un paisaje mental. Allí están los tres elementos: el cielo, el mar y la tierra». Sentada, mirando al mar ante unos pájaros, creación de Christophe Vallaux, y unos niños, apunta que «la pesadilla del cineasta es que la sala esté vacía». Se lleva las manos a la cabeza y salta a otro plano con ella, también sentada de espaldas, en un cine con el patio de butacas vacío.

Prosigue su repaso con *La felicidad;* con su concepto de la *cinécriture;* con *Jacquot de Nantes,* porque «al comenzar una película, a veces la vida se impone», como la enfermedad Jacques Demy; con *Lions Love,* «creo que es un reportaje imaginario, una ficción utópica. Es lo que se desprende de mi paso por Hollywood. Es un *collage* a mi manera»; con su segunda estancia californiana diez años después, cuando concibe su díptico formado por *Mur murs,* «la película de Los Ángeles extrovertido», y *Documenteur*, la de «Los Ángeles introvertido, triste, desesperado»; *La Pointe Courte,* su primera película, en la que «comprendí desde el principio que los compositores contemporáneos eran mis cómplices», y menciona a Pierre Barbaud, autor de la música. Y, por medio de un juego fonético, «de Sète a Sceaux», el parque donde, junto con Jane Birkin, nació la idea de *Jane B. par Agnès V.,* durante cuyo rodaje surge *Kung-Fu Master*. Y *Las cien y una noches,* sobre la que recalca la presencia de Robert De Niro, que viajó solo para rodar su escena con Catherine Deneuve y que se aprendió su texto en francés, fonéticamente. Y concluye que el film fue un desastre. «De hecho ya no pude rodar más ficción en 35 mm».

La segunda parte, o *causerie* en la versión para televisión, evoca su «primera vida» como fotógrafa en el Théâtre National Populaire (TNP) de Jean Vilar y sus retratos de Salvador Dalí, Brassaï, Eugène Ionesco, Alexander Calder, Luchino Visconti, Federico Fellini, Jacques Demy, Anouk Aimée, Catherine Deneuve, Jeanne Moreau, Fidel Castro, «con sus alas de piedra», los de sus vecinos y amigos. Pero también la fotografía de la terraza del edificio de Le Corbusier en Marsella, donde «el azar hizo una puesta en escena», las composiciones con personas de variada índole, las de su viaje a China y sus autorretratos: el del mosaico cuando tenía 20 años, el que está delante de la pintura de Gentile Bellini, ya con 36 años, y un *Autoportrait brissé* con 80 años.

Tras este interludio, Agnès Varda continúa la revisión de su carrera cinematográfica, que adquiere un nuevo rumbo con el cambio de siglo y la aparición de la pequeña cámara digital con la que rueda *Los espigadores y la espigadora* y donde se produce su hallazgo de patatas con forma de corazón que la impulsa a filmar su proceso de descomposición y, cosas del destino, origen de su primera videoinstalación, *Patatutopia,* que exhibirá en la Bienal de Venecia de 2003 gracias al interés de Hans Ulrich Obrist y que supone el inicio de su carrera como artista visual. Inspirada en los trípticos medievales, concibe *Le triptyque de Noirmoutier,* resultado de algunas cuestiones que siempre se había planteado cuando se mira una fotografía: «¿Qué pasaba antes? ¿Y después? O en el cine, ¿qué pasa cuando sales de campo?». Invita, durante una conferencia que imparte al aire libre, a Hervé Chandès, director de la Fondation Cartier. Este recuerda cuando, tras visitar con la cineasta su primera exposición individual en la Galería Martine Abocaya, le propone la que será su exposición *L'île et elle* en 2006. Y comentan una de las obras expuestas, *La cabane de l'échec,* que después rebautiza *La cabane de cinéma,* con las tiras de su película *Las criaturas.* «La luz que atraviesa el celuloide es otra forma de hacer cine». Y, tras hacer una evocación de cómo se hacía el cine de antaño antes de la llegada de las cámaras digitales, el montaje de *La cabane du bonheur,* su tercera cabaña[432], en 2018 en la Galería Obadia. Y el arco construido con latas de películas vacías como puerta de entrada a la exposición, porque las bobinas se han utilizado para la citada cabaña. Agnès Varda confiesa que desde que rodó *Los espigadores y la espigadora*

> me he dado cuenta de que el hecho de reciclar es gratificante. Sientes que las cosas no están perdidas. Especialmente estas latas, ya inutilizables. Al igual que la película, inutilizable. Al reciclarla artísticamente, le damos una segunda vida. No se pierden, vuelven.

Y traza unas reflexiones sobre *Las playas de Agnès*. «Cuando vi que iba a cumplir 80 años, me entró el pánico. Era como si el número 80 estuviera en el frontal de un tren que venía directo hacia mí y yo tenía que hacer algo y acabarlo para mis 80 años». Después comenta que el film «sería una especie de autorretrato, un relato de mi trayectoria». Y recuerda su visita a la casa de su infancia, cuyos propietarios son un matrimonio aficionado a los trenes en miniatura, o su regreso al barrio de La Pointe Courte para «crear una emoción en el presente» con Blaise y Vincent, que empujan un carro con un proyector que muestra sobre una pantalla las pruebas previas que su padre Pierrot, fallecido prematuramente, y su madre hicieron para *La Pointe Courte*.

Pero regresa al terreno del arte con una instalación de Boltanski, *Personnes,* secuencia que pertenece al tercer episodio de su miniserie *Agnès de-ci de-là Varda*. Y menciona a continuación la intervención que llevó a cabo en un inmueble en Nantes con la instalación *La chambre occupée (Paroles de squatteurs),* pieza en la que denuncia la situación

---

432 La segunda cabaña fue *My shack of cinema* (2013) con las tiras de celuloide de *Lions Love*.

precaria que afrontan los emigrantes; su videoinstalación *Bord de mer,* en la que combina una fotografía del mar sobre una pared, la proyección cenital de un vídeo con las olas que llegan a la orilla y arena real y sobre la que apunta: «me gusta comparar la realidad y su representación»; la serie de trípticos *Portraits à volet vidéo,* en la que combina una foto central, estática, con dos imágenes a ambos lados en movimiento; *Le tombeau de Zgougou,* sobre la que revela cómo hicieron la animación de las conchas que aparecen sobre la sepultura y cómo rodaron el plano posterior en el que la cámara se eleva al cielo para mostrar desde la distancia la ubicación de dicha tumba, y *Hommage aux Justes de France,* que se expuso en el Panthéon de París.

Agnès Varda cierra el film, quizá de manera premonitoria, con la secuencia de *Caras y lugares* que, según confiesa, pensaron fuese su escena final. Es cuando ella y JR están sentados en la playa y el aire levanta una gran nube de arena que difumina sus figuras, mientras Varda dice en *off* que ella y JR están «desapareciendo en una tormenta de arena y viento. Y creo que así acabaré esta charla. Desaparezco en la bruma. Os dejo».

# Filmografía[433]

## 1954. La Pointe Courte

*Dirección y guion:* Agnès Varda. *Producción:* Tamaris Films. *Fotografía:* Louis Stein. *Música:* Pierre Barbaud, temas folclóricos locales. *Montaje:* Alain Resnais. *Ayudante de montaje:* Anne Sarraute. *Consejera artística:* Valentine Schlegel. *Intérpretes:* Silvia Monfort (ella), Philippe Noiret (él), los habitantes de La Pointe Courte. *Duración:* 89 minutos.

## 1957. Ô saisons, ô châteaux

*Dirección y guion:* Agnès Varda. *Producción:* Pierre Braunberger, Films de la Pléiade. *Fotografía:* Quinto Albicoco, C. Terry. *Música:* André Hodeir & Jazz Groupe de Paris. *Montaje:* Janine Verneau. *Narración:* Danièle Delorme. Poemas recitados por Antoine Bourseiller. *Duración:* 22 minutos.

[433] Por indicación expresa de Ciné-Tamaris, se sigue la cronología con sus correspondientes años y datos que figuran en la filmografía publicada en Agnès Varda, *Varda par Agnès. L'intégrale, op. cit.*

## 1958. L'Opéra-Mouffe

*Dirección, guion y producción:* Agnès Varda. *Fotografía:* Sacha Vierny. *Música:* Georges Delerue. *Montaje:* Janine Verneau. Con la participación de Dorothée Blank, Antoine Bourseiller, André Rousselet, Jean Tasso, José Varela, Monika Weber. *Duración:* 17 minutos.

## 1958. Du côté de la côte

*Dirección y guion:* Agnès Varda. *Producción:* Anatole Dauman, Philippe Lifchitz, Argos Films. *Fotografía:* Quinto Albicoco, Raymond Castel. *Música:* Georges Delerue. *Montaje:* Henri Colpi, Jasmine Chasney. *Narración:* René Coggio, Anne Olivier. *Duración:* 24 minutos.

## 1961. Cleo de 5 a 7
*(Cléo de 5 à 7)*

*Dirección y guion:* Agnès Varda. *Producción:* Georges de Beauregard, Carlo Ponti, Rome-Paris Films. *Fotografía:* Jean Rabier. *Música:* Michel Legrand. *Canciones:* Michel Legrand, con letra de Agnès Varda. *Montaje:* Janine Verneau y Pascale Laverrière. *Dirección artística:* Bernard Levin. *Intérpretes:* Corinne Marchand (Cléo), Antoine Bouseiller (Antoine), Dominique Davray (Angèle), Dorothée Blank (Dorothée), Michel Legrand (Bob, el pianista), José Luis de Vilallonga (el amante de Cleo), Loye Payen (la vidente), Renée Duchateau (la vendedora de sombreros), Lucienne Marchand (la taxista), Serge Korber (Maurice, llamado Plumitif), Robert Postec (doctor Valineau). *Duración:* 90 minutos.

*Les fiancés du pont Mac Donald* (1961), cortometraje incluido en *Cleo de 5 a 7*.

*Dirección y guion:* Agnès Varda. *Producción:* Georges de Beauregard, Carlo Ponti, Rome-Paris Films. *Fotografía:* Jean Rabier. *Música:* Michel Legrand. *Montaje:* Janine Verneau. *Intérpretes:* Anna Karina (la novia rubia), Jean-Luc Godard (el hombre de las gafas de sol), Émilienne Caille (la novia negra), Eddie Constantine (el regador), Sami Frey (conductor del coche fúnebre), Danièle Delorme (la vendedora de flores), Yves Robert (el vendedor de pañuelos), Alan Scott (el marinero), Georges de Beauregard (conductor de la ambulancia), Jean-Claude Brialy (enfermero). *Duración:* 3 minutos.

### 1963. Salut les cubains

*Dirección, guion y fotografías:* Agnès Varda. *Producción:* Société Nouvelle Pathé-Cinéma. *Música:* cantos y danzas afrocubanas, Benny Moré. *Montaje:* Janine Verneau. *Narración:* Michel Piccoli. *Duración:* 30 minutos.

### 1964. La felicidad
### *(Le bonheur)*

*Dirección y guion:* Agnès Varda. *Producción:* Mag Bodard, Parc Films. *Fotografía:* Jean Rabier. *Música: Allegro,* del *Quinteto para clarinete en La mayor* K. 581; *Adagio en Si bemol mayor,* K 411 para dos clarinetes y tres fagots, y *Fuga en do menor,* K. 546, de Wolfgang Amadeus Mozart, adaptadas por Jean-Michel Defaye. *Montaje:* Janine Verneau. *Intépretes:* Jean-Claude Drouot (François Chevalier), Claire Drouot (Thérèse Chevalier), Sandrine Drouot (Gisou Chevalier), Olivier Drouot (Pierrot Chevalier), Marie-

France Boyer (Émilie Savignard), Marcelle Faure-Bertin, Manon Lanclos, Sylvia Saurel, Marc Eyraud, Christian Riehl, Paul Vecchiali. *Duración:* 82 minutos.

### 1965. Elsa la rose

*Dirección y guion:* Agnès Varda. *Producción:* Pathé Cinéma. *Fotografía:* Willy Kurant, William Lubtchansky. *Música:* Konstantin Simonovitch, Jean Ferrat, Modest Músorgski, George Gershwin, W. C. Handy. *Montaje:* Jean Hamon. Poemas de Louis Aragon recitados por Michel Piccoli. Con la participación de Louis Aragon y Elsa Triolet. *Duración:* 20 minutos.

### 1965. Las criaturas
### *(Les créatures)*

*Dirección y guion:* Agnès Varda. *Producción:* Mag Bodard / Parc Films en coproducción con Madeleine Films, Sandrew (Estocolmo), Franscope. *Fotografía:* Willy Kurant, William Lubtchansky. *Música:* Pierre Barbaud interpretada por el Ensemble Instrumental de Musique de Paris dirigido por Konstantin Simonovitch, Henry Purcell. *Montaje:* Janine Verneau y María Lourdes Osorio. *Intérpretes:* Catherine Deneuve (Mylène), Michel Piccoli (Edgar Piccoli), Eva Dahlbeck (Michele Quellec), Marie-France Mignal (Viviane Quellec), Britta Petterson (Lucie de Montyon), Ursula Kubler (Vamp), Jeanne Allard (Henriette), Joëlle Gozzi (Suzon), Bernard Lajarrige (doctor Desteau), Lucien Bodard (Monsieur Ducasse), Pierre Danny (Max Picot), Louis Falavigna (Pierre Roland), Roger Dax (Père Quellec), Nino Castelnuovo (Jean Modet). *Duración:* 105 minutos.

## 1967. Oncle Yanco

*Dirección y guion:* Agnès Varda. *Producción:* Ciné-Tamaris. *Fotografía:* Didier Tarot, David Myers. *Música:* «No Spare Time to Love» de Richard Lawrence; «Ki an perpato» de Yannis Spanos y K. Daskalopoulos, y *Concierto para trompeta en La mayor «San Marco»* de Tommaso Albinoni. *Montaje:* Roger Ikhelf. Con la participación de Jean «Yanco» Varda. *Duración:* 22 minutos.

## 1968. Black Panthers

*Dirección, guion y producción:* Agnès Varda. *Fotografía:* David Myers, Paul Aratow, John Schofill, Agnès Varda. *Montaje:* Paddy Monk. *Duración:* 28 minutos.

## 1969. Lions Love

*Dirección y guion:* Agnès Varda. *Producción:* Max L. Raab, Agnès Varda. *Fotografía:* Steve Larner. *Música:* Joseph Byrd. *Montaje:* Robert Dalva. *Dirección artística:* Jack Wright. *Intérpretes:* Viva (Viva), Jim Rado (Jim), Jerry Ragni (Jerry), Shirley Clarke (Shirley), Carlos Clarens (Carlos), Eddie Constantine (Eddie), Max Laemmle (Max), Steve Kenis (Steve), Hal Landers (Hal), Billie Dixon (Jean Harlow en *The Beard),* Richard Bright (Billy el Niño en *The Beard). Duración:* 110 minutos.

## 1970. Nausicaa

*Dirección y guion:* Agnès Varda. *Producción:* Office de Radiodiffusion Télévision Française (ORTF). *Fotografía:* Charlie Gaeta. *Música:* Mikis Theodorakis, música folclórica griega. *Montaje:* Germaine Cohen. *Dirección artística:* Michel Janiaud. *Intérpretes:* France Dougnac (Agnès), Myriam Boyer (Rosalie), Stavros Tornes (Stavros), Catherine de Seynes (Simone), Gérard Depardieu *(hippie);* con los testimonios de los escritores Pericles Korovessis, Aris Fakinos, Vassilis Vassilikos; los economistas Spilios Papaspiliopoulos y Phaedon Metalinos; el estudiante Andreas Nicolopoulos; el geólogo Marius Ioannidis; el obrero Dimitrios Tolis; el filósofo Stelios Ramfos; los periodistas Iannis Angelopoulos y François Sommaripas; el artista Vlassis Caniaris; el escultor Philolaos, y la escritora Gisèle Prassinos. *Duración:* 90 minutos.

## 1974-1975. Daguerréotypes

*Dirección y guion:* Agnès Varda. *Producción:* Ciné-Tamaris, Institut National de l'Audiovisuel, ZDF. *Fotografía:* Nurith Aviv, William Lubtchansky. *Montaje:* Gordon Swire y Andrée Choty. *Intérpretes:* los comerciantes de la rue Daguerre y el mago Mystag. *Duración:* 80 minutos.

## 1975. Réponse de femmes

*Dirección y guion:* Agnès Varda. *Producción:* Sylvie Genevoix, Michel Honorin, Antenne 2, para la revista *F. comme Femme. Fotografía:* Jacques Reiss, Michel Thiriet. *Mon-*

*taje:* Marie Castro, Andrée Choty, Hélène Wolf. *Duración:* 8 minutos.

### 1976. Placer de amor en Irán
### *(Plaisir d'amour en Iran)*

*Dirección y guion:* Agnès Varda. *Producción:* Ciné-Tamaris. *Fotografía:* Nurith Aviv, Charles Van Damme. *Montaje:* Sabine Mamou y Élisabeth Pistorio. *Narración:* Thérèse Liotard. *Intérpretes:* Valérie Mairesse y Ali Raffi. *Duración:* 6 minutos.

### 1976. Una canta, otra no
### *(L'une chante, l'autre pas)*

*Dirección y guion:* Agnès Varda. *Producción:* Ciné-Tamaris, coproducida con Société Française de Production, Institut National de l'Audiovisuel, Contrechamp, Paradise Film (Bruselas), Population Film (Curaçao). *Fotografía:* Charles Van Damme, Nurith Aviv y Élisabeth Prouvost. *Música y canciones:* François Wertheimer y Orchidée, con letras de Agnès Varda. *Decorados y vestuario:* Frankie Diago. *Montaje:* Joëlle Van Effenterre. *Intérpretes:* Thérèse Liotard (Suzanne), Valérie Mairesse (Pauline alias Pomme), Ali Raffi (Darius), Robert Dadiès (Jérôme), Mona Mairesse (madre de Pauline alias Pomme), Francis Lemaire (padre de Pauline alias Pomme), Jean-Pierre Pellegrin (doctor Pierre Aubanel), François Wertheimer (François II el flautista), Micou Papineau, Doudou Greffier y Joëlle Papineau (grupo Orchidée). *Duración:* 120 minutos.

## 1980. Mur murs

*Dirección y guion:* Agnès Varda. *Producción:* Ciné-Tamaris, con la participación de Fonds de Création Audiovisuelle du Ministère de la Culture et de la Communication, Antenne 2, Janus (Frankfurt). *Fotografía:* Bernard Auroux. *Música:* Buxtehude, Carey, Cruz, Fiddy, Healy, Lauber, Los Illegals, Parker. *Montaje:* Sabine Mamou. *Narración:* Agnès Varda. Con la participación de los pintores muralistas Terry Schoonhoven, John Wehrle, Arthur Mortimer, Jane Golden, Kent Twitchell, Richard Wyatt, Willie Herron, Harry Gamboa, Arno Jordan, Judy Baca, Cat Felix. *Duración:* 81 minutos.

## 1980-1981. Documenteur

*Dirección y guion:* Agnès Varda. *Producción:* Ciné-Tamaris. *Dirección de producción:* Lisa Blok. *Fotografía:* Nurith Aviv. *Música:* Georges Delerue, interpretada al piano por Michel Colombier. *Montaje:* Sabine Mamou. *Intérpretes:* Sabine Mamou (Émilie Cooper), Mathieu Demy (Martin Cooper), Lisa Blok (Lisa), Tom Taplin (Tom Cooper), Tina Odom (Tina), Gary Feldman (escritor en la ventana), Charles Southwood, Chris Leplus, Andrew Meyer y Barry Farrell. *Duración:* 63 minutos.

## 1982. Ulysse

*Dirección y guion:* Agnès Varda. *Producción:* Dominique Vignet, François Nocher, Garance, con la participación de Paris Audiovisuel, Antenne 2, Centre National de la Cinématographie. *Fotografía:* Jean-Yves Escoffier y Pascal Rabaud. *Música:* Pierre Barbaud. *Montaje:* Marie-Jo Audiard, Hélène de Luze, Shéhérazade Saadi. *Narración:* Agnès Varda. Con la participación de Ulysse Llorca, Bienvenida Llorca, Fouli Elia. *Duración:* 22 minutos.

### 1982. Une minute pour une image

*Dirección:* Agnès Varda. *Producción:* Garance, Centre National de la Photographie. *Montaje:* Marie-Jo Audiard, Sabine Franel y Cévanne Haicault. Agnès Varda comenta catorce de las 170 emisiones de dos minutos de duración cada una que difundió France 3 entre el 31 de enero y el 22 de julio de 1982.

### 1984. Les dites cariatides

*Dirección:* Agnès Varda. *Producción:* Ciné-Tamaris, TF1. *Guion:* Agnès Varda, con poemas de Charles Baudelaire. *Director de fotografía:* Cyril Lathus, Jean-Pierre Albasy. *Música:* Jean-Philippe Rameau, Jacques Offenbach cantado por François Wertheimer. *Montaje:* Hélène Wolf. *Duración:* 13 minutos.

### 1984. 7 P., cuis., s. de b... (À saisir)

*Dirección y guion:* Agnès Varda. *Producción:* Ciné-Tamaris, con la participación de Centre National des Arts Plastiques (CNAP), Fonds d'Iniciation à la Création (FIACRE). *Fotografía:* Nurith Aviv. *Música:* Pierre Barbaud. *Montaje:* Sabine Mamou. *Intérpretes:* Hervé Nagnani (el padre de joven), Louis Bec (el padre de mayor), Saskia Cohen Tanugi (la madre de joven), Colette Bonnet (la madre de mayor), Pierre Esposito (el primogénito), Catherine De Barbeyrac (la hija mayor), Folco Chevalier (el enamorado), Michèle Nespoulet (la buena sirvienta), Yolande Moreau (la sirviente belga). *Duración:* 27 minutos.

### 1985. Sin techo ni ley
### *(Sans toit ni loi)*

*Dirección y guion:* Agnès Varda. *Producción:* Ciné-Tamaris, Film Antenne 2 con la participación del Ministère de la Culture, Film 4 international (Londres) y C.M.C.C. (Vitrolles). *Fotografía:* Patrick Blossier. *Música original:* Joanna Bruzdowicz. Canciones: «The Changeling», interpretada por The Doors; «À contre-courant», interpretada por Valérie Lagrange; «Oh baby» y «Freedom is slavery», interpretadas por Passion Fodder; «Marcia baila» e «In my tea», interpretadas por Les Rita Mitsouko; «Sur la mer toujours recommencée calmée» de Giacomo Puccini, interpretada por Marina Albert. *Montaje:* Agnès Varda y Patricia Mazuy. *Escenografía:* Jean Bauer y Anne Violet. *Intérpretes:* Sandrine Bonnaire (Mona), Macha Méril (Madame Landier), Stéphane Freiss (Jean-Pierre, el ingeniero agrónomo), Yolande Moreau (Yolande), Patrick Lepczynski (David, el judío errante), Yahiaoui Assouna (Assoun), Joël Fosse (Paulo), Marthe Jarnias (tía Lydie), Laurence Cortadellas (Eliane), los habitantes de Bellegarde, Boulbon, Saint-Étienne-du-Grès, Générac, Jonquières-Saint-Vincent, Uchaud, Montcalm y Tresques. *Duración:* 105 minutos.

### 1986. T'as de beaux escaliers, tu sais

*Dirección y guion:* Agnès Varda. *Producción:* Ciné-Tamaris. *Director de fotografía:* Patrick Blossier. *Música:* Michel

Legrand. *Montaje:* Marie-Jo Audiard. *Intérpretes:* Isabelle Adjani. *Duración:* 3 minutos.

### 1986-1987. Jane B. par Agnès V.

*Dirección y guion:* Agnès Varda. *Producción:* Ciné-Tamaris, La Sept. *Fotografía:* Nurith Aviv, Pierre-Laurent Chenieux. *Música:* «The changeling» de The Doors; *Sinfonía núm. 10* de Francesco Manfredini; *Canzonetta* de Claudio Monteverdi; «Good morning Little school girl», compuesta por Sonny Boy Williamson e interpretada por The Yardbirds; «Love me, please love me», de Michel Polnareff; «Je t'aime moi non plus» y «Le moi et le je» de Serge Gainsbourg; «My heart belongs to daddy» de Cole Porter interpretada por Jane Birkin; improvisación sobre Chopin de Jean-Charles Guiraud; «Farucca», interpretada por Christophe Barratier; temas de solos de violín, flauta y saxofón de Joanna Bruzdowicz. *Montaje:* Agnès Varda y Marie-Jo Audiard. *Decorados:* Bertrand Lherminier y Philippe Bernard. *Vestuario:* Rosalie Varda, Rose-Marie Melka. *Intérpretes:* Jane Birkin, Philippe Léotard (el pintor), Jean-Pierre Léaud (el amante colérico), Farid Chopel (el colonial), Serge Gainsbourg (él mismo), Alain Souchon (el lector de Verlaine), Laura Betti (Lardy), Charlotte Gainsbourg (hija de Jane B.), Mathieu Demy (hijo de Agnès V.), Monique Godard (ama de llaves), Ian Marshall (el administrativo), James Millard (Tarzán), Pascale Torsat (modelo de Tiziano), Henri Piednoir (panadero). *Duración:* 97 minutos.

### 1987. Kung-Fu Master

*Dirección y guion:* Agnès Varda. *Producción:* Ciné-Tamaris. *Fotografía:* Pierre-Laurent Chenieux. *Música:* Joanna

Bruzdowicz. *Canciones:* «Someone to love» de Les Rita Mitsouko; «Manifeste» de Les Bérurier Noir; «Save me» de Public Image Limited. *Montaje:* Marie-Jo Audiard. *Dirección artística:* Phillipe Bernard. *Vestuario:* Rose-Marie Melka. *Intérpretes:* Jane Birkin (Mary-Jane), Mathieu Demy (Julien), Charlotte Gainsbourg (Lucy), Lou Doillon (Lou), Eva Simonet, Judy Campbell, David Birkin, Andrew Birkin, Gary Checkchak, Franck Laurent. *Duración:* 78 minutos.

## 1990. Jacquot de Nantes

*Dirección y guion:* Agnès Varda. *Producción:* Ciné-Tamaris, con la participación de Canal Plus, La Sept, La Sofiarp, Centre National de la Cinématographie, Ministère de la Culture et de la Communication, Conseil Municipal de Nantes. *Dirección de producción:* Perrine Nauduin, Danielle Vaugon. *Fotografía:* Philippe Desdouits, Nathalie Durand, Gérard Mercier. *Música original:* Joanna Bruzdowicz. *Canciones*[434]: «Papa n'a pas voulu...», interpretada por Mireille; «Les saltimbanques» de Louis Ganne, interpretada por Liliane Breton; «Le tango de Marilou» (M. Mariotti / G. Mandès); «J'attendrai...» (D. Olivieri / L. Poterat); «Les fraises et les framboises» (canción popular); «Caroline, Caroline» (V. Scotto / L. Benech / V. Telly); «Le roi de Thulé» y «L'air des bijoux», del *Fausto* de Charles Gounod; «Le petit Grégoire» (Th. Botrel); «Ça vaut mieux que d'attraper la Scarlatine» (P. Misraki / Hornez / Decoin); «Nous irons pendre notre linge...» (J. Kennet / M. Carre / P. Misraki); «La cucaracha» (P. Piot / H. Ithier); «Encore un petit verre

[434] Algunas canciones las silban o las tararean los propios personajes. De ahí que no se especifique el intérprete. No obstante, la relación de temas se ha extraído de los propios títulos de crédito de la película.

de vin» (E. Mézière); «Boum», «N'y pensez pas» y «Le temps des cerises», interpretadas por Charles Trénet; «Démons et merveilles» (L. Thiriet / J. Prévert); «Tout va très bien Madame la Marquise» (P. Misraki / Pasquier / Allum), interpretada por Ray Ventura y su orquesta; «La fille de Madame Angot» de Charles Lecoq, interpretada por Mady Mesplée; «Après toi je n'aurai plus d'amour» (V. Scotto / G. Koger), interpretada por Tino Rossi; «Dans les plaines du Far-West» (Ch. Humel / M. Vandair), interpretada por Yves Montand; «Au Chili», por L. Gasté – J. Hélian et son orchestra; «Valse chinoise» (J. Colombo / G. Ghestem), interpretada por la Orchestre Musette Jo Reno; «L'auberge du Cheval Blanc» (Benatzky); «Que ma joie...» de J. S. Bach, interpretada al piano por J. Ch. Guiraud; *Las cuatro estaciones* de Antonio Vivaldi, interpretada por Orquesta de Cámara de Toulouse dirigida por Louis Auriacombe; *Stabat mater* de Antonio Vivaldi, interpretada por Livia Budai y la Liszt Ferenc Chamber Orchestra dirigida por Frigyes Sandor. *Montaje:* Marie-Jo Audiard. *Dirección artística:* Robert Nardone, Olivier Radot. *Vestuario:* Françoise Disle. *Intérpretes:* Philippe Maron (Jacquot 1), Édouard Joubeaud (Jacquot 2), Laurent Monnier (Jacquot 3), Brigitte De Villepoix (Marilou, la madre), Daniel Dublet (Raymond, el padre), Clément Delaroche (Yvon 1), Rody Averty (Yvon 2), Hélène Pors (Reine 1), Marie-Sidonie Benoist (Reine 2), Jérémie Bernard (Yannick 1), Cédric Michaux (Yannick 2). *Duración:* 118 minutos.

## 1992. Les demoiselles ont eu 25 ans

*Dirección y guion:* Agnès Varda. *Producción:* Ciné-Tamaris, con la participación del Centre National de la Cinématographie (CNC), la Commission Télévision de la PROCIREP. *Dirección de producción:* Perrine Bauduin. *Fo-*

*tografía:* Stéphane Krausz y George Strouvé, Agnès Varda (Imágenes de 1966), Alexandre Auffort (Agence CAPA), Patrick Mounoud (imágenes en vídeo). *Música:* Michel Legrand, Jacques Loussier. *Montaje:* Agnès Varda y Anne-Marie Cotret; con los testimonios de Mag Bodard, Catherine Deneuve, Bernard Evein, Jean-Louis Frot, Michel Legrand, Jacques Perrin y Bertrand Tavernier. *Duración:* 63 minutos.

### 1994. Las cien y una noches
### *[Les cent et une nuits de (Simon Cinéma)]*

*Dirección y guion:* Agnès Varda. *Producción:* Ciné-Tamaris, France 3, con la participación de Canal Plus, Centre National de la Cinématographie (CNC), PROCIREP, L'ARP. *Fotografía:* Éric Gautier. *Música:* canción «Le ciné va... Le cinéma», compuesta e interpretada por Gérard Presgurvic y con letra de Agnès Varda. *Montaje:* Hugues Darmois. *Dirección artística:* Cyr Boitard y Cédric Simoneau. *Vestuario:* Rosalie Varda. *Intérpretes:* Michel Piccoli (Monsieur Simon Cinéma), Marcello Mastroianni (el amigo itaiano), Henry Garcin (Firmin el mayordomo), Julie Gayet (Camille), Mathieu Demy (Camille, llamado Mica), Emmanuel Salinger (Vincent) y la participación por orden alfabético de Anouk Aimée, Fanny Ardant, Jean-Paul Belmondo, Romane Bohringer, Sandrine Bonnaire, Jean-Claude Brialy, Patrick Bruel, Alain Delon, Catherine Deneuve, Robert De Niro, Gérard Depardieu, Harrison Ford, Gina Lollobrigida, Jeanne Moreau y Hanna Schygulla. *Duración:* 125 minutos.

## 1992-1995. L'univers de Jacques Demy

*Dirección, guion y narración:* Agnès Varda. *Producción:* Ciné-Tamaris, con la participación del Centre National de la Cinématographie (CNC), Ministère des Affaires Étrangères, l'Institut National de l'Audiovisuel, Canal Plus France, Canal Plus Belgique, Canal Plus España, Docstar, SOFICA Valor 2. *Fotografía:* Stéphane Krausz, Peter Pilafian, George Strouvé. *Música:* Michel Legrand; Michel Colombier; *Every day* de Buffalo Springfield; Joanne Bruzdowicz (dos temas de *Jacquot de Nantes);* Elsa Barraine; *Concierto núm. 2 en Sol menor* de Mendelsohn (en los créditos no se especifican los intérpretes); *Gloria* de Antonio Vivaldi interpretada por el Ensemble Vocal de Nantes dirigido por Paul Colleaux. *Montaje:* Marie-Jo Audiard. Con la participación, por orden alfabético, de: Anouk Aimée, Richard Berry, Nino Castelnuovo, Danielle Darrieux, Catherine Deneuve, Françoise Fabian, Harrison Ford, Claude Mann, Marc Michel, Jeanne Moreau, Jacques Perrin, Michel Piccoli, Dominique Sanda, Jean-François Stevenin, Anne Vernon. *Duración:* 91 minutos.

## 1999-2000. Los espigadores y la espigadora *(Les glaneurs et la glaneuse)*

*Dirección, guion y narración:* Agnès Varda. *Producción:* Ciné-Tamaris, con la participación del Centre National de la Cinématographie, Canal Plus, PROCCIREP. *Dirección de producción*: Jean-Marc Vignet. *Fotografía:* Stéphane Krausz, Didier Rouget, Didier Doussin, Pascal Sautelet, Agnès Varda. *Montaje:* Agnès Varda, Laurent Pineau. *Música original:* Joanna Bruzdowicz. *Canciones:* «Apfelsextett» de Pierre

Barbaud; «Rap' de recup'» de Richard Klugman y Agnès Bredel; «Bô», «Eaux bleues», «Cinq à quatre» y «Duo», temas del disco *Funny Streams* del grupo Ocean (Isabelle Olivier, Sébastien Texier y Nicolas Krassik), François Wertheimer. *Duración:* 82 minutos.

### 2001-2002. Dos años después
### *(Deux ans après)*

*Dirección, guion y narración:* Agnès Varda. *Producción:* Ciné-Tamaris, con la participación del Centre National de la Cinématographie, Canal Plus. *Fotografía:* Stéphane Krausz, Agnès Varda. *Música:* Joanna Bruzdowicz, Georges Delerue; «Bô», «Cinq à quatre» y «Duo», temas del disco *Funny Streams* del grupo Ocean (Isabelle Olivier, Sébastien Texier y Nicolas Krassik); «Je cherche après Titine», interpretada por Les Pistons Flingueurd; «La glaneuse: mazurka» de J. Bertin; temas de *L'Opéra-Mouffe* y *Documenteur* de Georges Delerue; «Rap' de recup'» de Richard Klugman y Agnès Bredel; *Ma fugue núm. 5 en ré majeur de J. S. Bach* en versión de François Wertheimer interpretada por Jean-Charles Giraud. *Montaje:* Agnès Varda. *Ayudantes de montaje:* Jean-Baptiste Morin, Laure-Alice Hervé, Laurent Pineau. *Duración:* 64 minutos.

### 2001-2003. Le lion volatil

*Dirección y guion:* Agnès Varda. *Producción:* Ciné-Tamaris en coproducción con CNDP. *Dirección de producción:* Jacques Royer. *Fotografía:* Mathieu Vadepied, Xavier Tauveron. *Música:* «Valse musette» de Joanna Bruzdowicz; «La Drôle de fin», interpretada por Patricia Guédé. *Montaje:* Agnès Varda, Sophie Mandonnet. *Vestuario:* Rosalie Varda.

*Intérpretes:* Julie Depardieu (Clarisse), David Deciron (Lazare), Frédérick E. Grasser-Hermé (la vidente), Silvia Urrutia (primera clienta), Bernard Weber (jefe de los conserjes), Valérie Donzelli (la segunda clienta). *Duración:* 12 minutos.

### 2004. YDESSA, LES OURS ET ETC.

*Dirección, guion y narración:* Agnès Varda. *Producción:* Ciné-Tamaris, con la participación de France 5, France 2, Jeu de Paume, Centre National de la Cinématographie, Ministère de la Culture et de la Communication, Centre National des Arts Plastiques (CNAP). *Dirección de producción:* Cecilia Rose, Stéphanie Scanvic, Jean-Noël Felix. *Fotografía:* Markus Seitz, John Holosko, Claire Duguet, Rick Kearney. *Música:* Isabelle Olivier. *Montaje:* Agnès Varda. *Ayudante de montaje:* Jean-Baptiste Morin. Con la participación de la comisaria, coleccionista y artista Ydessa Hendeles. *Duración:* 44 minutos.

### 2004. QUELQUES VEUVES DE NOIRMOUTIER

*Dirección y guion:* Agnès Varda. *Producción:* Ciné-Tamaris, ARTE France. *Director de fotografía:* Éric Gautier, Agnès Varda. *Música:* Ami Flammer. *Montaje:* Agnès Varda, Baptiste Filloux, Jean-Baptiste Morin. Con los testimonios, por orden de aparición, de Joséphine Fradet, llamada Fine Potoune, Jeanne Ganachaud, Anne-Marie Renaudin, Christiane Bouchereau, Huguette Hamoudi, Alice Thibaud, Thérèse Cosson, Odette Adrien y Jeannine Vegnant, Geneviève Ploquin, Martine Augereau, Agnès Horaud, Inès Allorant, Annie Penisson, Hélène Brunet, Annick Perodeau y Nicole Viaud. *Duración:* 70 minutos.

## 2008. Las playas de Agnès
*(Les plages d'Agnès)*

*Dirección, guion y narración:* Agnès Varda. *Producción:* Ciné-Tamaris, ARTE France, con la participación de Canal Plus, Région Île-de-France, Région Languedoc-Roussillon, Centre National de la Cinématographie. *Dirección de producción:* Cecilia Rose. *Fotografía:* Hélène Louvart, Alain Sakot, Julia Fabry, Jean-Baptiste Morin, Agnès Varda. *Música:* Joanna Bruzdowicz, Stéphane Vilar, Paule Cornet. *Montaje:* Agnès Varda, Baptiste Filloux, Jean-Baptiste Morin. *Decorados:* Frankie Diago. *Duración:* 110 minutos.

## 2008-2011. Agnès de-ci de-là Varda

*Dirección y guion:* Agnès Varda. *Producción:* Ciné-Tamaris, ARTE France, con la participación del Centre National de la Cinématographie (CNC). *Dirección de producción:* Cecilia Rose, Anita Benoliel, Rosalie Varda. *Fotografía:* Agnès Varda, Julia Fabry, Hélène Louvart. *Música original:* Laurent Levesque. *Montaje:* Agnès Varda, Jean-Baptiste Morin, Johan Boulanger. *Duración total:* 225 minutos (45 minutos cada episodio).

## 2015. Les 3 boutons

*Dirección y guion:* Agnès Varda. *Producción:* Max Brun, Rosalie Varda, Cecilia Rose, Stéphane Scanvic & Miu Miu, Hi Production, Ciné-Tamaris. *Dirección de producción:* Rémi Bergman. *Fotografía:* Pierre-Hugues Galien. *Música:* Isabelle Olivier. *Montaje:* Agnès Varda, Maxime Pozzi-Garcia. *Decorados:* Emma Pucci. *Vestuario:* Miu Miu. *Intérpretes:* Jasmine Thiré (Jasmine), Michel Jeannès (Monsieur Bouton), Jacky Patin (el cartero), Léon Mézard (el niño), Corentin Vignet (el ciclista), Patricia Wang (vendedora), Cecilia Rose (clienta). *Duración:* 11 minutos.

### 2015-2017. Caras y lugares
### *(Visages villages)*

*Dirección, guion y narración:* Agnès Varda y JR. *Producción:* Rosalie Varda, Ciné-Tamaris, Social Animals, Rouge International, ARTE France, Arches Films. *Dirección de producción:* Cecilia Rose. *Fotografía:* Claire Duguet, Nicolas Guicheteau, Valentin Vignet, Romain Le Bonniec, Raphaël Minnesota, Roberto De Angelis, Julia Fabry. *Música:* Mathieu Chedid. *Montaje:* Agnès Varda, Maxime Pozzi-Garcia. *Duración:* 89 minutos.

### 2019. Varda por Agnès
### *(Varda par Agnès)*

*Dirección y guion:* Agnès Varda. *Producción:* Rosalie Varda, Ciné-Tamaris, en coproducción con Danny Boon, Joey Faré, ARTE France, HBB26, Scarlett Productions. *Dirección de producción:* Cecilia Rose. *Fotografía:* François Décréau, Claire Duguet, Julia Fabry. *Montaje:* Agnès Varda con Nicolas Longinotti. *Ayudante de Agnès Varda:* Julie Fabry.

* * *

Hay filmografías que incluyen algunos de estos cortometrajes. Tal como consta en su libro autobiográfico, la cineasta ha separado este grupo de films bajo el epígrafe *Autour du cinéma et des cinéastes.* Es por ello por lo que aquí se mantiene su criterio:

—*Pier Paolo Pasolini —Agnès Varda —N ew York —1967* (2022), 3 min, 06.

Rodado de forma directa, cámara en mano, durante un paseo por la calle 42 de Nueva York con Pasolini. Agnès Varda ha grabado aparte la entrevista con el cineasta, que monta en *off* con las imágenes. En ella la cineasta le pregunta, entre otras cosas, por los conceptos de la realidad y la ficción. Él responde que en su opinión no hay diferencia «porque el cine es la realidad expresándose a través de sí misma». Si filma un hombre en la calle, esa es la realidad. Y si elige a un actor para que interprete a ese hombre, entonces lo que filma es la realidad de ese actor.

—*Le tournage de Peau d'Âne de Jacques Demy* (1970), 4 min.

Agnès Varda filma el rodaje de *Piel de asno* de Jacques Demy. Algunos de sus fragmentos los ha incorporado a *L'univers de Jacques Demy* y *Las playas de Agnès,* como la visita de Jim Morrison y Alain Ronay.

—*Viennale trailer* (2004), 1 min. 55 seg.

Cortometraje sobre el Vienna International Film Festival, rodado y narrado por Agnès Varda y montado por Jean-Baptiste Morin.

—*La petite histoire de Gwein la bretonne* (2008), 5 min.

Agnès Varda relata la trayectoria de su amiga Gwen Deglise, a quien conoció en la calle Daguerre mientras vendía sus libros de arte para comprarse un billete de avión a California y que se convirtió después en directora y programadora de la cinemateca americana en Los Ángeles[435].

—*What to do: How do it? (A potato story) / Que faire? Comment faire? (Une histoire de pommes de terre)* (2008), 8 min.

Vídeo realizado para el «Manifesto Marathon» organizado por Hans Ulrich Obrist en 2008 en la Serpentine Gallery de Londres. Sonido: extractos del sonido de la instalación *Le Costume Patate* (2003) —voz de Agnès, en francés— y una nueva voz en *off* narrada por Agnès en inglés que menciona, entre otras cosas, la crisis financiera de 2008[436].

—*Hommage à Henri Langlois* (2014), 2 min.
Cortometraje realizado como homenaje a Henri Langlois, fundador de la Cinémathèque Française, con motivo del centenario de su nacimiento para la 67.ª edición del Festival de Cannes en 2014.

## Otros films

—*Les enfants du musée* (1964)
Film de siete minutos de duración producido por Pathé Cinéma para el programa de televisión *Chroniques de France.*

---

[435] Agnès Varda, *Varda par Agnès. L'intégrale, vol. 1994-2019, op. cit.*, pág. 224.
[436] *Ibíd.*, pág. 225.

> En París, en una de las salas del Palacio del Louvre, a la sombra de los grandes maestros de la pintura y la escultura, se reúnen niños. Están allí para aprender a dibujar, pintar y esculpir. Pero no es una escuela como las demás...[437].

—*Quelques femmes bulles* (1977)

Mediometraje de 58 minutos de duración que, tal como la cineasta apunta[438], es un *post scriptum* de *Una canta, otra no,* escrito por Agnès Varda y realizado por Agnès Varda y Marion Sarrault.

> Se rodó en vídeo en 1977 en un pueblo de Oise, en Bouqueval, y en la estación de Villeneuve-Triage, rebautizada como Bulleville, con las participantes de *L'une chante, l'autre pas:* Thérèse Liotard, Valérie Mairesse, el grupo Orchidée, una fanfarria de chicas, más François Wertheimer y figurantes. Agnès Varda presentaba el *show* y desaparecía en el aire. Había trucos de magia y las canciones de la película se presentaban en plena fiesta del pueblo. La contable de Ciné-Tamaris, en avanzado estado de gestación, había dibujado una cara de payaso en su vientre prominente, que mostraba entre sus pantalones y su jersey. Una anciana tocaba el violín y Agnès Varda arrojaba grano a unas gallinas[439].

## *Boni*[440] (selección)

Son numerosos los *boni* que Agnès Varda ha concebido para sus ediciones en DVD: breves presentaciones de la cineasta sobre sus películas, entrevistas y otras piezas diversas. En su libro autobiográfico, Agnès Varda incluye una

---

[437] Agnès Varda, *Varda par Agnès. L'intégrale, vol. 1954-1994, op. cit.,* pág. 241.

[438] *Ibíd.,* pág. 257.

[439] *Ibíd.*

[440] Véase nota 123.

filmografía de sus *boni,* aunque advierte que es una selección[441]. Por otra parte, hay filmografías que incluyen algunos *boni* como films oficiales, como ocurre con los que aquí se destacan:

—*Histoire d'une vieille dame* (4', 1985).
Cortometraje sobre el personaje de la tía Lydie (Martha Jarnias) de *Sin techo ni ley.*

—*Hommage à Zgougou (et salut à Sabine Mamou)* (2', 2002).
Pequeño homenaje que Agnès Varda realiza a su gata Zgougou, de la que en su catálogo de la exposición *L'île et elle* incluye una filmografía[442]. Es un *boni* que se incluyó en la edición de *Los espigadores y la espigadora.*

—*Rue Daguerre en 2005* (21', 2005).
Agnès Varda explora su calle treinta años después del rodaje de *Daguerréotypes* para comprobar los vestigios que quedan de aquellos negocios.

Compilaciones en DVD y Blu-ray (selección)

*Cinévardaphoto* (2004).
En algunas filmografías de la cineasta se incluye este título, que, en realidad, es una compilación de sus tres cortometrajes que giran en torno a la fotografía: *Ydessa, les ours et etc.* (2004), *Ulysse* (1982) y *Saluts les cubains* (1963).

---

[441] Agnès Varda, *Varda par Agnès. L'intégrale, vol. 1994-2019, op. cit.*, págs. 227-228.
[442] Véase nota 13.

*Agnès de-ci de-là Varda* (2008-2011).

*Pack* de dos DVD editado por Ciné-Tamaris y ARTE France.

*Tout(e) Varda* (2012).

Editado por ARTE France y Ciné-Tamaris, es un cofre de veintidós DVD con la filmografía completa de la cineasta.

*Universo Agnès Varda* (2024).

Edición española publicada por Avalon en Blu-ray que incluye quince largometrajes —*La Pointe Courte, La felicidad, Las criaturas, Lions Love, Daguerréotypes, Una canta, otra no, Documenteur, Mur murs, Jane B. par Agnès V., Kung-Fu Master, Jacquot de Nantes, Les demoiselles ont eu 25 ans (Las señoritas cumplen 25), Las cien y una noches, L'univers de Jacques Demy* y *Las playas de Agnès*— y quince cortometrajes —*L'Opéra-Mouffe, Du côté de la côte, Les fiancés du pont Mac Donald, Saluts les cubains, Elsa la rose, Oncle Yanco, Black Panthers, Réponse de femmes, Placer de amor en Irán, Ulysse, Les dites cariátides, 7 P., cuis., s. de b... (à saisir), T'as de beaux escaliers, tu sais, Le lion volatil* e *Ydessa, les ours et etc.*

## Videoinstalaciones[443]

—*Patatutopia* (2003), su primera videoinstalación.

—Las videoinstalaciones de la exposición *L'île et elle:*
*Le triptyque de Noirmoutier,* 2005.
*Les veuves de Noirmoutier,* 2005.
*Le tombeau de Zgougou,* 2006.
*Ping Pong, Tong et Camping,* 2006.
*La cabane aux portraits,* 2006; *Ma cabane de l'échec,* 2006.
*Le Passage du Gois,* 2006.
*La grande carte postale ou souvenir de Noirmoutier,* 2006.

—*Hommage aux Justes de France,* 2007.
—*Bord de mer,* 2009.
—*La mer, la mer, toujours recommencée,* 2009.
—*«Miroir, miroir, dis-moi, quelle est la plus calme des mers?»,* 2009.
—*Le dépôt de la cabane de plage,* 2011 [que contiene la proyección en bucle del film *La mer Méditerranée avec 2 «r» et 1 «n», entre Sète et Agde].*

443 Agnès Varda, *Varda par Agnès. L'intégrale, vol. 1994-2019, op. cit.,* págs. 236-254.

—*Portraits à volet vidéo,* 2011-2015, compuesto por:
*Alice et les vaches blanches,* 2011.
*Pêcheur à Sète,* 2011.
*Cécilia Mangini,* 2011; *Achille et Paris du Cirque Phocéen,* 2013.
*Kalmi et les Hip-Hoppeurs,* 2013.
*Amélie et les Majorettes de Vitrolles,* 2013.
*Marie dans le vent,* 2015.

—*La chambre occupée* (Paroles de squatteurs), 2012.
—*Le magasin de téléviseurs,* 2012.
—*Ulysse,* 2012.
—*Filmer des patates,* 2012.
—*Les bouches du Rhône,* 2013.
—*My shack of cinema* (2013); *Cabane du film Lions Love.*
—*La terrase du Corbusier / Les gens de la terrase,* 2016.
—*When Sandy dreams,* 2017 (encargo producido por la Calder Foundation de Nueva York).
—*Montage d'extraits vidéo du film Le bonheur* (1964), 2018, que forma parte de *La cabane de cinéma La serre du bonheur* (2018).
—*3 Moving images. 3 Places. 3 Rhythms,* proyección sobre tres pantallas, 2018.

# Exposiciones (selección)[444]

*Utopia Station,* Biennale de Venecia, del 15 de junio al 2 de noviembre de 2003. Primera exposición de Agnès Varda, invitada por Hans Ulrich Obrist.

*3 + 3 + 15 = 3 installations,* Galería Martine Aboucaya, París, del 29 de enero al 26 de marzo de 2005. Primera exposición individual de Agnès Varda.

*Contact,* exposición colectiva, Le Lieu Unique, Nantes, del 16 de octubre al 31 de diciembre de 2005.

*L'île et elle,* Fondation Cartier pour l'Art Contemporain, París, junio-septiembre de 2006.

*Hommage aux Justes de France,* Panthéon, París, del 17 al 21 de enero de 2007.

*Je me souviens de Vilar en Avignon,* Chapelle Saint-Charles, Festival de Aviñón, del 7 al 27 de julio de 2007.

*La mer... etsetera,* Centre Régional d'Art Contemporain (CRAC), Sète, del 7 de abril al 15 de junio de 2009.

X Biennale de l'Art Contemporain de Lyon, La Sucrière, del 16 de septiembre de 2009 al 3 de enero de 2010.

*Portraits brisés,* Galería Obadia, Bruselas, del 5 de junio al 17 de julio de 2010.

---

[444] Relación confeccionada a partir de la documentación facilitada por Ciné-Tamaris.

*Y'a pas que la mer,* Musée Paul Valéry, Sète, del 3 de diciembre de 2011 al 22 de abril de 2012.

*The Beaches of Agnès Varda in China, 1957-2012. Cinema – Photo – Video Installation.* CAFA Art Museum de Pekín (del 10 de marzo al 18 de abril) y Hubei Art Museum de Wuhan (del 30 marzo al 6 de mayo), 2012.

*Las dos orillas de Agnès Varda,* Centro Andaluz de Arte Contemporáneo, Sevilla, del 30 de octubre de 2012 al 7 de abril de 2013.

*Agnès Varda in Californialand,* Los Angeles County Museum of Art (LACMA), del 3 de noviembre de 2013 al 22 de julio de 2014.

*Photographs Get Moving (Potatoes and Shells, Too),* Logan Center, Chicago, del 11 de septiembre al 8 de noviembre de 2015.

*Varda/Cuba,* Centre Georges Pompidou, París, del 11 de noviembre de 2015 al 1 de febrero de 2016.

*Agnès Varda. Patates & Compagnie,* Musée d'Ixelles, Bruselas, del 25 de febrero al 29 de mayo de 2016.

*Une barrière ouverte,* Galerie photo cinéma de l'Institut Lumière, Lyon, del 1 de septiembre al 13 de noviembre de 2016.

Galería Nathalie Obadía, ARCO, Madrid, del 22 al 26 de febrero de 2017.

*Agnès Varda,* Galería Blum & Poe, Nueva York, del 2 de marzo al 15 de abril de 2017.

*Une cabane de cinéma: La serre du bonheur,* Galería Nathalie Obadia, París, del 14 de abril al 9 de junio de 2018.

*Agnès Varda, Variacions ao redor do mar,* Pazo da Cultura, Pontevedra, del 28 de junio al 26 de agosto de 2018.

*The three lives of Agnès Varda,* Multimedia Art Museum (MANN), Moscú, del 12 de abril al 26 de mayo de 2019.

*Agnès Varda, Luz e sombra / Light and shadow,* Museo Serralves, Oporto, del 21 de junio de 2022 al 12 de febrero de 2023.

*Agnès Varda, Plages, Cabanes et Coquillages,* Villa Domergue (del 8 de julio al 18 de septiembre de 2022) y Centre d'Art La Malmaison (del 8 de julio de 2022 al 29 de enero de 2023), Cannes.

*Viva Varda!,* Cinémathèque Française, París, del 11 de octubre de 2023 al 28 de enero de 2024.

*Agnès Varda. Fotografiar, Filmar, Reciclar,* Centre de Cultura Contemporània de Barcelona (CCCB), del 18 de julio al 8 de diciembre de 2024.

# Bibliografía

AGNÈS VARDA CINEASTA

*Libros escritos por Agnès Varda*

*Varda par Agnès. L'intégrale,* París, Éditions de La Martinière, 2023.
— Primer volumen: *Varda par Agnès. 1954-1994* [reedición del libro publicado por Cahiers du Cinéma & Ciné-Tamaris, 1994].
— Segundo volumen: *Varda par Agnès. 1994-2019.*
*Les plages d'Agnès. Texte illustré du film d'Agnès Varda,* col. Mémoires de César, Montreuil, Éditions de L'oeil, 2010.

*Artículos escritos por Agnès Varda (selección)*

«Comment j'ai fait *La Pointe Courte*», *Ciné-Club Méditerranée,* núm. 8, enero de 1956, pág. 10 (reeditado en *Positif,* número 575, enero de 2009, págs. 58-59).
«La liberté, c'est le style», *L'Écran,* núm. 1, enero de 1958, páginas 30-34.
«Témoignage sur Chris Marker», *Image et Son,* núms. 161-162, abril-mayo de 1963, pág. 56.
«Dix-dix, ou mes dix ans en dix images», *Cinéma 64,* núm. 88, julio-agosto de 1964, págs. 64-74.
«Juillet revient, et nous revenons en Avignon...», en Anne Philipe y Claude Roy (eds.), *Gérard Philipe, souvenirs et témoignages,* París, Gallimard, 1969, págs. 431-433.

«Notes sur Toronto», *La Revue du cinéma / Image et Son,* número 283, abril de 1974, págs. 63-66.

«Autour et alentour de *Daguerréotypes*», *Cinéma 75,* núm. 204, diciembre de 1975, págs. 39-53.

Sin título, dentro de Hommage à André Bazin: Festival de Cannes 1983, *Cahiers du Cinéma,* núm. 347, mayo de 1983.

«Un jour sous le ciel» (a propósito del rodaje de *Sin techo ni ley), Cahiers du Cinéma,* núm. 378, diciembre de 1985, págs. 11-15.

«Le flou et le net», *Cahiers du Cinéma,* núm. 400 (supplément), octubre de 1987, pág. 51.

«Vers le visage de Jacques», *Cahiers du Cinéma,* núm. 438, diciembre de 1990, págs. 30-33.

«Buñuel en quatrième vitesse», *Positif,* núm. 400, junio de 1994, págs. 142-143.

«L'île et elle, et cinéma et tcetera», *Cahiers du Cinéma,* núm. 613, junio de 2006, pág. 52.

*Guiones*

*Sans toit ni loi,* dentro de la sección «Découpages», *L'Avant-Scène Cinéma,* núm. 526, noviembre de 2003, págs. 24-70.

*Cléo de 5 à 7. Scénario,* prefacios de Audrey Diwan y Véronique Le Bris, col. L'Imaginaire, París, Gallimard, 1962 (reedición en 2023).

*Entrevistas*

Alion, Yves, «Entretien avec Agnès Varda», *L'Avant-Scène Cinéma,* núm. 526, noviembre de 2003, págs. 3-9.

Anderson, Melissa, «The modest gesture of the filmmaker: an interview with Agnès Varda», *Cinéaste,* vol. 26, núm. 4, 2001, págs. 24-27.

Arnault, Hubert, «Entretien avec Agnès Varda», *Image et Son,* núm. 201, enero de 1967, págs. 41-48.

Audé, Françoise, «Conversation avec Agnès Varda», *Positif,* número 325, marzo de 1988, págs. 2-5.

AUDÉ, Françoise, y JEANCOLAS, Jean-Pierre, «Entretien avec Agnès Varda», *Positif,* núm. 253, abril de 1982, págs. 40-44.
BÉCHADE, Chantal de, «Entretien avec Agnès Varda», *La Revue du Cinéma / Image et Son,* núm. 369, febrero de 1982, págs. 45-47.
CARCASONNE, Philippe, y FIESCHI, Jacques, «Agnès Varda» (entretien), *Cinématographe,* núm. 66, marzo/abril de 1981, páginas 20-22.
CLOUTIER, Mario, «Agnès Varda. Une jeune femme très digne», *Séquences,* núm. 177, marzo/abril de 1995, págs. 25-27.
DECOCK, Jean, «Entretien avec Varda sur *Sans toi ni loi», The French Review,* vol. 61, núm. 3, 1988, págs. 377-385.
— «Entretien avec Agnès Varda sur *Jacquot de Nantes», The French Review,* vol. 66, núm. 6, 1993, págs. 947-958.
DELORME, Stéphane, «Le pont des arts. Entretien inédit avec Agnès Varda», *Cahiers du Cinéma,* núm. 755, mayo de 2019, págs. 92-97.
DOMENACH, Élise, y ROUYER, Philippe, «Entretien avec Agnès Varda: passer sur le pont des Arts à la voile», *Positif,* núm. 574, diciembre de 2008, págs. 17-21.
DUBROUX, Danièle, «En marge d'Hollywood, Los Angeles au coeur. Le point de vue d'Agnès Varda», *Le journal des cahiers,* núm. 23, págs. XIII-XVI, suplemento incluido en *Cahiers du Cinéma,* núms. 334-335, abril de 1982.
DUPONT, Joan, «The house that Agnès built», *Film Quarterly,* volumen 72, núm. 2, invierno de 2018, págs. 55-66.
EDELMAN, Rob, «Travelling a different route: an interview with Agnès Varda», *Cinéaste,* vol. 15, núm. 1, 1986, págs. 20-21.
FIESCHI, Jean-André, y OLLIER, Claude, «La grâce laïque. Entretien avec Agnès Varda», *Cahiers du Cinéma,* núm. 165, abril de 1965, págs. 42-51.
GOUDET, Stéphane, «Entretien avec Agnès Varda et JR: des yeux et des vieux», *Positif,* núm. 676, junio de 2017, págs. 24-28.
KOZLOFF, Max, *«Le Bonheur», Film Quarterly,* vol. 20, núm. 2, invierno de 1966-1967, págs. 35-37.
LALANNE, Jean-Marc, y MORAIN, Jean-Batiste, «Retenir quelque chose qui s'en va», *Les Inrockuptibles,* núm. 681, 16 de diciembre de 2008, págs. 33-39.

LEQUERET, Elisabeth, «Le bel été de la glaneuse», *Cahiers du Cinéma,* núm. 550, octubre de 2000, págs. 32-33.

MARTIN, Marcel, «Brève rencontre... avec Agnès Varda», *Écran 77,* núm. 58, 15 de mayo de 1977, págs. 12-13.

MCCORMICK, Ruth, «*One sings, the other doesn't:* an interview with Agnès Varda», *Cinéaste,* vol. 8, núm. 3, 1978, págs. 28-31.

MONTERDE, José Enrique; COLL, Mercè; SOLÀ, Anna, y SELVA, Marta, «Agnès Varda: El cine nos ayuda a abrir nuestra mente», *Dirigido por,* núm. 233, marzo de 1995, págs. 50-53.

MOUTON, Janice, «From feminine masquerade to flâneuse: Agnès Varda's Cléo in the city», *Cinema Journal,* vol. 40, núm. 2, invierno de 2001, págs. 3-16.

NARBONI, Jean; TOUBIANA, Serge, y VILLAIN, Dominique, «*L'une chante, l'autre pas.* Entretien avec Agnès Varda», *Cahiers du Cinéma,* núm. 276, mayo de 1977, págs. 21-26.

QUART, Barbara, «Agnès Varda: a conversation», *Film Quarterly,* vol. 40, núm. 2, invierno de 1986-1987, págs. 3-10.

RACINE, Claude, «Agnès Varda ou la cinécriture», *24 Images,* número 27, primavera de 1986, págs. 26-29.

RIAMBAU, Esteve, «Cinéaste et restauratrice. Entretien avec Agnès Varda», *Journal of Film Preservation,* núm. 89, noviembre de 2013, págs. 15-23.

SÉGUIN, Louis, «*Le bonheur:* entretien avec Agnès Varda», *Cahiers du Cinéma,* núm. 745, junio de 2018, págs. 8-22.

UYTTERHOEVEN, Pierre, «Agnès Varda de 5 à 7», *Positif,* núm. 44, marzo de 1962, págs. 1-14.

VILLAPLANA, Virginia, «Conversaciones con Agnès Varda», *Banda Aparte,* núm. 19, septiembre de 2000, págs. 27-31.

WEINRICHTER, Antonio, «*Sin techo ni ley.* Entrevista con Agnès Varda», *Dirigido por,* núm. 136, mayo de 1986, págs. 10-13.

WERA, Françoise, «Entretien avec Agnès Varda», *Ciné-Bulles,* volumen 5, núm. 3, febrero/abril de 1986, págs. 4-11.

*Monografías y capítulos de libros sobre Agnès Varda*

ADLER, Laure, *Agnès Varda,* París, Gallimard, 2023.

BARNET, Marie-Claire (ed.), *Agnès Varda Unlimited: Image, Music, Media,* Moving Image 6, Cambridge, Legenda, 2016.

BASTIDE, Bernard, *Les cent et une nuits d'Agnès Varda. Chronique d'un tournage,* París, Pierre Bordas et Fils, 1995.

BÉNÉZET, Delphine, *The cinema of Agnès Varda: resistance and eclecticism,* Nueva York, Wallflower Press, 2014.

BLUHER, Dominique, y FABRY, Julia, «The other portrait: Agnès Varda's self-portraiture», en Muriel Tinel-Temple, Laura Busetta y Marlène Monteiro (eds.), *From self-portrait to selfie. Representing the self in the moving image,* Oxford, Berna, Berlín, Bruselas, Nueva York y Viena, Peter Lang, 2019, páginas 47-76.

— *La troisième vie d'Agnès Varda / The third life of Agnès Varda,* Leipzig, Spector Books, 2022.

CONWAY, Kelley, *Agnès Varda,* Contemporary Film Directors, Urbana, Chicago y Springfield (IL), University of Illinois Press, 2015.

CORTELLAZZO, Sara, y MASANGI, Michele (eds.), *Agnès Varda,* Turín, Edizioni di Torino, 1990.

DEROO, Rebecca J., *Agnès Varda between film, photography, and art,* Oakland (CA), University of California Press, 2018.

DEROO, Rebecca J., y KING, Homay (eds.), «Future Varda», monográfico dedicado a la cineasta en *Camera Obscura. Feminism, Culture, and Media Studies,* vol. 36, núm. 1 (106), Durham (NC), Duke University Press, 2021.

DEVARRIEUX, Claire, y NAVACELLE, Marie-Christine de, *Cinéma du réel. Avec Imamura, Ivens, Malle, Rouch, Storck, Varda et le ciné-journal de Depardon,* París, Autremont, 1988.

ERTEL, Judith, *Agnès Varda. Cléo de 5 à 7,* Neuilly-sur-Seine, Éditions Atlande, 2020.

ESTÈVE, Michel (ed.), *Agnès Varda, Études cinématographiques,* núms. 179-186, París, Lettres Modernes Minard, 1991.

FIANT, Anthony; HAMERY, Roxana, y THOUVENEL, Éric (eds.), *Agnès Varda: le cinéma et au-delà,* Rennes, Presses Universitaires de Rennes, 2009.

Flitterman-Lewis, Sandy, *To desire differently. Feminism and the French cinema,* Nueva York, Columbia University Press, 1996.
Capítulos:
— «Agnès Varda and the woman seen», págs. 215-247.
— «Varda in context: French film production in the early sixties-The New Wave», págs. 248-267.
— «From *Déese* to *idée: Cleo from 5 to 7»,* págs. 268-284.
— «The "impossible portrait" of femininity: *Vagabond»,* páginas 285-315.

Hayward, Susan, «Beyond the gaze and into femme-filmécriture: Agnès Varda's *Sans toit ni loi* (1985)», en Susan Hayward y Ginette Vincendeau (eds.), *French film: text and contexts,* Londres, Routledge, 2000, págs. 269-280.

Kline, T. Jefferson (ed.), *Agnès Varda: Interviews,* Jackson (MS), University Press of Mississippi, 2014.

Laborda Barceló, Juan, *Mujeres que conducen. El cine de Agnès Varda,* Madrid, Sílex, 2024.

Mauffrey, Nathalie, *La cinécriture d'Agnès Varda. Pictura et poesis,* Aix-en-Provence, Presses Universitaires de Provence, 2021.

Merino, Imma, *Agnès Varda. Espigadora de realidades y de ensueños,* col. Nosferatu, Donostia / San Sebastián, Donostia Kultura / Filmoteca Vasca, 2019.

Merino, Imma, y Losilla, Carlos, «Filmar el fantasma, borrar la melancolía. Una conversación sobre Agnès Varda en el espejo de Jacques Demy», en Quim Casas y Ana Cristina Iriarte (coords.), *Jacques Demy,* San Sebastián-Madrid, Donostia Zinemaldia-Festival de San Sebastián / Filmoteca Española, 2011, págs. 27-47.

Moure, José, «The incipit of *Beaches of Agnès (Les plages d'Agnès):* an installation in the form of a self-portrait», en José Moure y Dominique Chateau (eds.), *Post-cinema: cinema in the Post-Art era,* Ámsterdam, Amsterdam University Press, 2020, págs. 27-42.

Orpen, Valerie, *Cléo de 5 à 7,* Londres, IB Tauris, 2007.

Prédal, René, *Sans toi ni loi d'Agnès Varda,* Neuilly-sur-Seine, Éditions Atlande, 2003.

Rickley, Carrie, *A complicated passion. The life and work of Agnès Varda,* Nueva York, W. W. Norton & Co., 2024.

SMITH, Alison, *Agnès Varda,* Manchester, Manchester University Press, 1998.
UNGAR, Steven, *Cléo de 5 à 7,* Londres/Hampshire, British Film Institute / Palgrave Macmillan, 2008.
VANCHERI, Luc, «Les cabanes d'Agnès Varda. De "l'échec" au "cinéma"», en Elena Biserna y Brown Precious (eds.), *Cinéma, architecture, dispositif,* Campanotto Editore, 2011.

*Artículos sobre Agnès Varda*

ALCALÁ ANGUIANO, Fabiola, «Las imágenes de *Rostros y lugares* (2017). Una reflexión desde el documental performativo y los estudios visuales», *Fotocinema. Revista Científica de Cine y Fotografía,* núm. 22, 2021, págs. 331-349.
ALFONSO, Ramón, «In memoriam. Agnès Varda. Dos o tres cosas que sé de ella», *Dirigido por,* núm. 499, mayo de 2019, págs. 64-69.
ALLARD, Ariane, «*Visages, villages:* le goût de l'autre», *Positif,* número 676, junio de 2017, págs. 20-22.
AMIEL, Vincent, «La patte d'un cinéaste (sur Agnès Varda et Alain Cavalier)», *Positif,* núm. 686, abril de 2018, págs. 100-102.
ANTHONY, Elizabeth M., «From fauna to flora in Agnès Varda's *Cléo de 5 à 7*», *Literature / Film Quarterly,* vol. 26, núm. 2, 1998, págs. 88-96.
AUDÉ, Françoise, «*Opéra Mouffe* (1958), *Oncle Yanco* (1967) et *Daguerréotypes* (1975)», *Positif,* núm. 218, mayo de 1979, págs. 74-75.
— «Cris et chuchotements. (*Mur Murs* et *Documenteur*)», *Positif,* núm. 250, enero de 1982, págs. 78-79.
— «Le diptyque paradoxal. Sur *Jane B. par Agnès V.* et *Kung-Fu Master*», *Positif,* núm. 325, marzo de 1988, págs. 6-7.
— «Des films pendant 40 ans», *Positif,* núm. 409, marzo de 1995, págs. 69-71.
— «L'au-delà documenté des réalisatrices», *Positif,* núm. 481, marzo de 2001, págs. 95-97.
BARNET, Marie-Claire, «Elles-Ils islands: cartography of lives and deaths by Agnès Varda», *L'Esprit créateur,* vol. 51, núm. 1, 2011, págs. 97-111.

Bellour, Raymond, «Varda ou l'art contemporain. Note sur *Les plages d'Agnès*», *Trafic,* núm. 69, primavera de 2008, págs. 16-19.
Bénézet, Delphine, «Varda en vadrouille / Agnès on the road again, an extended review of *Visages Villages* by Agnès Varda & JR (2017)», *Contemporary French and Francophone Studies,* vol. 22, núm. 4, 2018, págs. 406-417.
Benoliel, Bernard, «La main de l'autre» (sobre *Los espigadores y la espigadora), Cahiers du Cinéma,* núm. 548, julio-agosto de 2000, págs. 62-63.
Bergala, Alain, «Agnès Varda joue et gagne», *Le journaldes,* núm. 27, págs. VII-VIII, suplemento incluido en *Cahiers du Cinéma,* núm. 340, octubre de 1982.
— «La repousse» (a propósito de *Sin techo ni ley), Cahiers du Cinéma,* núm. 378, diciembre de 1985, págs. 5-7.
Berjon, Jean-Christophe, «Varda: "inventeuse" de cinéma» (a propósito de *Sin techo ni ley), L'Avant-Scène Cinéma,* núm. 526, noviembre de 2003, págs. 15-17.
Beylie, Claude, «Le triomphe de la femme», *Cahiers du Cinéma,* núm. 130, abril de 1962, págs.19-28.
— «Les chardons ardents d'Agnès Varda», *Écran 79,* núm. 79, 15 de abril de 1979, págs. 5-6.
Bíró, Yvette, y Portugues, Catherine, «Caryatids of time: temporality in the cinema of Agnès Varda», *Performing Arts Journal,* vol. 19, núm. 3, 1997, págs. 1-10.
Blatt, Ari J., «Thinking Photography in film, or the suspended cinema of Agnès Varda and Jean Eustache», *French Forum,* vol. 36, núm. 2-3, primavera de 2011, págs. 181-200.
Bluher, Dominique, «Autobiography, (re-)enactment and the performative self-portrait in Varda's *Les Plages d'Agnès / The beaches of Agnès* (2008)», *Studies in European Cinema,* vol. 10, núm. 1, 2013, págs. 59-68.
— «Varda's gift of Postcards», *Área Abierta,* vol. 19, núm. 3, 2019, págs. 287-306.
Blümlinger, Christa, «Agnès Varda. De la fotografía al cine y viceversa», *L'Atalante. Revista de Estudios Cinematográficos,* número 12, 2011, págs. 70-77.
— «Éloge d'Agnès Varda», *Trafic,* núm. 105, primavera de 2018, págs. 33-39.

Bonnaire, Sandrine, «Au risque du tournage» (a propósito del rodaje de *Sin techo ni ley), Cahiers du Cinéma,* núm. 378, diciembre de 1985, págs. 9-10.
Boyle, Claire, «Self-fictions and film: Varda's transformative technology of the self in *Les plages d'Àgnes», Revue critique de fixxion française contemporaine / Critical Review of Contemporary French Fixxion,* núm. 4, 2012, págs. 60-71.
Boyle, Karen, «Tout(e) Varda: the DVD collection as authorworld», *New Review of Film and Television Studies,* 16, número 1, 2018, págs. 40-61.
Cagiga, Nacho, «*Jacquot de Nantes* o un ejercicio imposible de nostalgia», *Banda Aparte,* núm. 19, septiembre de 2000, páginas 36-41.
Callenbach, Ernest, «The gleaners and I *(Les glaneurs et la glaneuse)», Film Quarterly,* vol. 56, núm. 2, invierno de 2002, págs. 46-49.
Chamarette, Jenny, «Spectral bodies, temporalised spaces: Agnès Varda's motile gestures of mourning and memorial», *Image & Narrative,* vol. 12, núm. 2, 2011, págs. 31-49.
— «Between women: gesture, intermediality and intersubjectivity in the installations of Agnès Varda and Chantal Akerman», *Studies in European Cinema,* vol. 10, núm. 1, 2013, págs. 45-57.
Cieutat, Michel, «*Le bonheur;* de l'amour selon Agnès», *Positif,* núm. 658, diciembre de 2015, págs. 90-91.
Ciment, Michel, «Viva Varda ou Agnès de 3h 45 à Sète», *Positif,* núm. 612, febrero de 2012, págs. 60-61.
Clarens, Carlos, «Varda et *Lions Love», Cahiers du Cinéma,* núm. 214, julio-agosto de 1969, págs. 12-13.
Codelli, Lorenzo, «*Mur murs,* d'Agnès Varda», *Positif,* número 244-245, julio-agosto de 1981, pág. 100.
Conway, Kelley, «A new wave of spectators: contemporary responses to *Cleo from 5 to 7», Film Quarterly,* vol. 61, núm. 1, otoño de 2007, págs. 38-45.
— «Varda at work: *Les plages d'Agnès», Studies in French Cinema,* vol. 10, núm. 2, 2010, págs. 125-139.
— «Responding to globalization: the evolution of Agnès Varda», *SubStance,* vol. 43, núm. 1, 2014, págs. 109-122.

Corless, Kieron, «Syros International Film Festival», *Sight and Sound,* vol. 29, núm. 10, octubre de 2019, pág. 19 (sobre *Nausicaa).*

Danks, Adrian, «Living cinema: The "Demy Films" of Agnès Varda», *Studies in Documentary Film,* vol. 4, núm. 2, 2010, págs. 159-172.

Darke, Chris, «First person singular. Agnès Varda's parallel career as a short-film essayist», *Film Comment,* vol. 44, núm. 1, enero/febrero de 2008, págs. 22-23.

Déchery, Laurent, «Autour de Mona dans *Sans toi ni loi* d'Agnès Varda», *The French Review,* vol. 79, núm. 1, octubre de 2005, págs. 138-147.

Delorme, Stéphane, «Une vie bien remplie. *Les Plages d'Agnès», Cahiers du Cinéma,* núm. 640, diciembre de 2008, págs. 35-36.

DeRoo, Rebecca J., «Unhappily ever after: visual irony and feminist strategy in Agnes Varda's *Le bonheur», Studies in French Cinema,* vol. 8, núm. 3, diciembre de 2008, págs. 189-209.

— «Confronting contradictions: genre subversion and feminist politics in Agnes Varda's *L'une chante, l'autre pas», Modern & Contemporary France,* vol. 17, núm. 3, agosto de 2009, páginas 249-265.

Dominick, Marcus, «Mediatizing Poverty: the ethic and aesthetics of adaption in Agnès Varda's *Sans toi ni loi», Contemporary French and Francophone Studies,* vol. 27, núm. 3, 2023, págs. 335-346.

Dubroux, Danièle, «Histoires d'F» (sobre *Una canta, otra no), Cahiers du Cinéma,* núm. 276, mayo de 1977, págs. 27-30.

— «Un auteur face à Hollywood», *Cahiers du Cinéma,* núm. 331, enero de 1982, págs. 48-49 (sobre *Mur murs* y *Documenteur).*

Dumas, Louise, *«Varda par Agnès.* La dernière plage D'Agnès», *Positif,* núm. 698, abril de 2019, págs. 6-8.

Elliott, Nicholas, *«Visages villages* d'Agnès Varda et JR. Les yeux d'Agnès», *Cahiers du Cinéma,* núm. 734, junio de 2017, página 30.

Elliot, Tomas, «Selfie-Portraits: Agnès Varda, JR, and the politics of sharing», *Frames Cinema Journal,* núm. 18, University of St. Andrews, 2021, págs. 164-176.

Erhart, Julia, «Manufactured memory and the still photograph: Agnès Varda's short films *Ydessa, les ours et etc... (Ydessa, the bears and etc...,* 2004) and *Ulysse* (1983)», *Short Films Studies,* vol. 12, núm. 1, 2022, págs. 67-79.

Fernández Valentí, Tomás, «*Caras y lugares.* El viaje de dos artistas», *Dirigido por,* núm. 488, mayo de 2018, pág. 25.

Flitterman-Lewis, Sandy, «Magic and wisdom in two portraits by Agnès Varda: *Kung-Fu master* and *Jane B. by Agnès V.*», *Screen,* vol. 34, núm. 4, invierno de 1993, págs. 302-320.

— «A "universe of associations": the complete films of Agnès Varda», *Film International (Göteborg, Sweden),* vol. 19, número 4, 2021, págs. 109-117.

Forbes, Jill, «The gaze of the meduse», *Sight and Sound,* vol. 58, núm. 2, primavera de 1989, págs. 122-124.

Frodon, Jean-Michel, «La semeuse», *Cahiers du Cinéma,* número 628, noviembre de 2007, págs. 90-91.

Giraud, François, «Intermediality and gesture: idealising the craft of filmmaking in Agnès Varda's *Lions Love (...and Lies)*», *Studies in French Cinema,* vol. 19, núm. 2, mayo de 2019, páginas 122-134.

Godard Jean-Luc, «À l'école d'une camerawoman», *Cahiers du Cinéma,* núm. 92, febrero de 1959, pág. 36.

Gorbman, Claudia, «Varda's music», *Music and the Moving Image,* vol. 1, núm. 3, otoño de 2008, págs. 27-34.

— «Finding a voice: Varda's early travelogues», *SubStance,* volumen 41, núm. 2, 2012, págs. 40-57.

Guest, Haden, «Emotion picture. Agnès Varda's self-reflexive *The beaches of Agnès* and the cinema of generosity», *Film Comment,* vol. 45, núm. 4, julio-agosto de 2009, págs. 44-49.

Holst-Knudsen, Heidi, «Subversive imitation: Agnès Varda's *Le Bonheur*», *Women's Studies,* vol. 47, núm. 5, julio/agosto de 2018, págs. 504-526.

Horner, Kierran Argent, «The art of advertising happiness: Agnès Varda's *Le Bonheur* and Pop Art», *Studies in French Cinema,* vol. 18, núm. 2, mayo de 2018, págs. 133-155.

Hottell, Ruth, «Incluiding ourselves: the role of female spectators in Agnès Varda's *Le bonheur* and *L'une chante, l'autre pas*», *Cinema Journal,* vol. 38, núm. 2, invierno de 1999, págs. 52-71.

Iglesias, Eulália, «*Caras y lugares:* intercambio de miradas», *Caimán Cuadernos de Cine,* núm. 71, mayo de 2018, págs. 36-37.
— «Agnès Varda: mujeres, lugares», *Caimán Cuadernos de Cine,* núm. 82, mayo de 2019, págs. 6-7.
Ince, Kate, «Feminist phenomenology and the film world of Agnès Varda», *Hypatia,* vol. 28, núm. 3, 2013, págs. 602-617.
Jordan, Shirley, «Ageing and care in Agnès Varda», *French Studies,* vol. 77, núm. 4, octubre de 2023, págs. 602-613 (https://doi.org/10.1093/fs/knad144).
Joyard, Olivier, «Le 1.er mai la fleur à la caméra», *Cahiers du Cinéma,* núm. 569, junio de 2002, págs. 13-14.
Kaganski, Serge, «*Les plages d'Agnès* d'Agnès Varda», *Les Inrockuptibles,* núm. 681, 16 de diciembre de 2008, pág. 48.
Kausch, Franck, «*Les plages d'Agnès.* La mer, éternellement recommencée», *Positif,* núm. 574, diciembre de 2008, págs. 15-16.
Kennedy-Karpat, Colleen, «Teaching *L'Opéra-Mouffe* (1958)», *Short Films Studies,* vol. 12, núm. 1, 2022, págs. 97-104.
Kirshner Jonathan, «An artist in her own right: the cinema of Agnès Varda», *Cinéaste,* vol. 46, núm. 3, 2021, págs. 4-9.
Kozloff, Max, «*Le bonheur* by Agnès Varda», *Film Quarterly,* vol. 20, núm. 2, invierno de 1966-1967, págs. 35-37.
Lei, Lucas, «Agnès Varda à Los Angeles et l'hypothèse d'une forme cinématographique du vernaculaire», *Interfaces. Image-Texte-Language,* núm. 44, 2020, págs. 97-124.
Lemaine, Yannick, «À V. Agnès, morituri te salutant!», *Positif,* núm. 699, mayo de 2019, pág. 78 [homenaje con motivo de su fallecimiento].
Lemieux Lefebvre, Catherine, «Je meur, moi non plus. *Cléo de 5 à 7* d'Agnès Varda», *Ciné-Bulles,* vol. 35, núm. 1, invierno de 2017, págs. 40-45.
Letort, Delphine, «Agnès Varda: filming the Black Panther's struggle», *L'ordinaire des Amériques,* núm. 217, diciembre de 2014.
Liandrat-Guigues, Suzanne, y Leutrat, Jean-Louis, «À bientôt (nous espérons)», *Positif,* núm. 478, diciembre de 2000, págs. 62-64.
Losilla, Carlos, «*Los espigadores y la espigadora:* prefacio del Apocalipsis», *Dirigido por,* núm. 317, noviembre de 2002, página 14.

Lucas, Tim, «Mother of invention», *Sight and Sound,* vol. 18, núm. 4, abril de 2008, pág. 88.

Martin, Marcel, «Profession: documenteuse», *La Revue du Cinéma,* núm. 436, marzo de 1988, págs. 53-58.

Mauffrey, Nathalie, «Un imaginaire collectif au féminin/masculin: *Les veuves de Noirmoutier* d'Agnès Varda», *Studies in French Cinema,* vol. 19, núm. 2, mayo de 2019, págs. 135-149.

McKim, Kristi, «Time, scale and cinephilia in the cinematic elegy: Agnès Varda's *Jacquot de Nantes*», *Studies in French Cinema,* vol. 8, núm. 3, 2008, págs. 211-227.

McLaughlin, Richard, «Agnès Varda's cinematic writing as political art in *Black Panthers*», *Short Film Studies,* vol. 12, núm. 1, 2022, págs. 55-65.

Merino, Imma, «Presencia (aparición y desaparición) de dos cineastas belgas», *Comparative Cinema,* vol. IV, núm. 8, 2016, págs. 57-62.

Monterrubio Ibáñez, Lourdes, «Autorretratos identitarios de una mirada fílmica. De la ausencia a la (multi)presencia: Duras, Akerman, Varda», *Comparative Cinema,* vol. IV, núm. 8, 2016, págs. 63-73.

Morgan-Davies, Jessica, «Intermediality and the Politics of (Un)Making in Agnès Varda's *Visages Villages*», *Journal of Modern Literature,* vol. 47, núm. 2, invierno de 2024, páginas 69-81.

Mouton, Janice, «Feminine masquerade to flâneuse: Agnès Varda's Cléo in the city», *Cinema Journal,* vol. 40, núm. 2, invierno de 2001, págs. 3-16.

Muñoz, Irene, *«Una canta, otra no», Dirigido por,* núm. 53, 1978, pág. 59.

Nacache, Jacqueline, *«Jane B. par Agnès V.* et *Kung-Fu Master», La Revue du Cinéma,* núm. 436, marzo de 1988, págs. 59-62.

Nelson, Roy Jay, «Reflections in a broken mirror: Varda's *Cléo de 5 à 7», The French Review,* vol. 56, núm. 5, 1983, páginas 735-743.

Nesselson, Lisa, *«Cinevardaphoto», Variety,* vol. 395, núm. 12, 9 de agosto de 2004, pág. 30.

Ortiz, Áurea, *«Cléo de 5 à 7.* La muerte y la doncella», *Banda Aparte,* núm. 19, septiembre de 2000, págs. 23-26.

Oter González, Jorge, «Análisis de una secuencia de *Salut les cubains* (Agnès Varda, 1963): música y filmación de fotografías», *Zer. Revista de Estudios de Comunicación,* vol. 21, núm. 41, noviembre de 2016, págs. 33-48.

Palmer, Tim, «Beside *Du Côté de la côte* (1958): Agnès Varda's early applied cinema», *Short Films Studies,* vol. 12, núm. 1, 2022, págs. 81-95.

Pérez, Gilberto, «Riding the wave», *Sight and Sound,* vol. 25, núm. 4, abril de 2015, págs. 51-53.

Pethő, Ágnes, «Intermediality as Metalepsis in the "cinécriture" of Agnès Varda», *Acta Universitatis Sapientae, Film and Media Studies,* núm. 3, 2010, págs. 69-94.

Powrie, Phil, «Heterotopic spaces and nomadic gazes in Varda: from *Cléo de 5 à 7* to *Le glaneurs et la glaneuse», L'Esprit Créateur,* vol. 51, núm. 1, monográfico «Watch this space: women's conceptialisations of space in contemporary French film and visual art», primavera de 2011, págs. 68-82.

Prédal, René, «Agnès de-ci de-là Varda», *Jeune Cinéma,* número 342-343, diciembre de 2011-enero de 2012, págs. 20-23.

Preto, António, «Éloge de la curiosité. Agnès Varda», *Trafic,* núm. 105, primavera de 2018, págs. 40-51.

Rabadán Villalpando, María Eugenia, *«Ulysse,* 1982, de Agnès Varda. Breve estudio acerca de la temporalidad de un cortometraje sobre una fotografía», *Magotzi Boletín Científico de Artes del IA,* vol. 10, núm. 19, 2022, págs. 66-70.

Rice, Shelley, «El hilo de Ariadna: en las playas que son Agnès Varda», *L'Atalante, Revista de Estudios Cinematográficos,* núm. 12, 2011, págs. 64-69.

Roud, Richard, «The left bank: Marker, Varda, Resnais», *Sight and Sound,* vol. 32, núm. 1, invierno de 1962-1963, páginas 24-27.

— «The left bank revisited», *Sight and Sound,* vol. 46, núm. 3, verano de 1977, págs. 143-145.

Rouyer, Philippe, «Agnès Varda se met en boîte», *Positif,* número 622, diciembre de 2012, págs. 68-69.

Siles Ojeda, Begoña, «La muerte como verdad. La cine-escritura de Agnès Varda o la melancolía del relato imposible», *Banda Aparte,* núm. 19, septiembre de 2000, págs. 19-22.

Strauss, Frédéric, «Une auberge espagnole» (sobre *Las cien y una noches), Cahiers du Cinéma,* núm. 488, febrero de 1995, páginas 54-55.
Taboulay, Camille, *«Les demoiselles ont eu 25 ans* d'Agnès Varda: la vie au travail», *Cahiers du Cinéma,* núm. 469, junio de 1993, págs. 48-49.
Tailleur, Roger, «Cléo d'ici à l'éternité», *Positif,* núm. 44, marzo de 1962, págs. 15-27.
Tissot, Florence, «Agnès Varda: la cinéaste de la Nouvelle Vague vue par le petit écran», *French Screen Studies,* vol. 24, núm. 1, 2024, págs. 17-33.
Torlasco, Domietta, «Digital impressions: writing memory after Agnès Varda», *Discourse,* vol. 33, núm. 3, 2011, páginas 390-408.
Trémois, Claude-Marie, «Les plages d'Agnès et les ports de Jacques», *Esprit,* núm. 351 (1), 2009, págs. 200-206.
Truffaut, François, «Ô saisons! Ô châteaux!», *Cahiers du Cinéma,* núm. 84, junio de 1958, pág. 42.
Tuncer, Asli Özgen, «Women on the move: the politics of walking in Agnès Varda», *Deleuze Studies,* vol. 6, núm. 1, número especial «The smooth and the striated», Edinburg University Press, 2012, págs. 103-116.
Tyrer, Ben, «Digression and return: aesthetics and politics in Agnès Varda's *Les glaneurs et la glaneuse* (2000)», *Studies in French Cinema,* vol. 9, núm. 2, 2009, págs. 161-176.
Uhlin, Graig, «Feminism and vegetal freedom in Agnès Varda's *Le Bonheur* (1965) and *Vagabond* (1985)», *Philosophies,* vol. 7, núm. 6, 2022, pág. 130.
Vallejo, Aida, «Género, autorrepresentación y cine documental. *Les glaneurs et la glaneuse* de Agnès Varda», *Cuaderns de cine,* núm. 5, 2010, págs. 101-116.
Viner, Leigh, «Motherhood and female desire in Agnès Varda's *Kung-Fu master», Interdisciplinary Humanities,* vol. 37, núm. 1, primavera de 2020, págs. 86-94.
Viviani, Christian, *«Les demoiselles ont eu 25 ans», Positif,* núm. 389-390, julio-agosto de 1993, págs. 40-41.
VV.AA., «The irrepressible Agnès Varda», *Sight & Sound,* vol. 28, núm. 7, junio de 2018, págs. 28-38.

VV.AA., «Hommage à Agnès Varda», *Cahiers du Cinéma,* número 755, mayo de 2019, págs. 80-110.

WILD, Florianne, «Écriture and cinematic practique in Agnès Varda's *Sans toi ni loi», L'Esprit Créateur,* vol. 30, núm. 2, 1990, págs. 92-104.

WOLMART, Gregory, «*Beaches of Agnes* (2008)», *Film & History,* vol. 44, núm. 1, primavera de 2014, págs. 8-12.

## AGNÈS VARDA ARTISTA VISUAL

### *Catálogos de exposiciones*

Agnès Varda, *Catalogue d'exposition,* Galerie Municipale du Château d'Eau, Toulouse, 1987.

*Agnès Varda: os filmes e as fotografias,* Cinemateca Portuguesa, 1993.

Agnès Varda, *L'îlle et elle,* con textos de Agnès Varda, catálogo de la exposición en la Fondation Cartier pour l'Art Contemporain, París (18 de junio-8 de octubre de 2006), Actes Sud, 2006.

Agnès Varda, *L'île et Elle: regards sur l'exposition,* París/Arlés, Fondation Cartier pour l'Art Contemporain / Actes Sud, 2006.

*Agnès Varda: Y'a pas que la mer,* catálogo de la exposición en Musée Paul Valéry de Sète (3 de diciembre de 2011-22 de abril de 2012), Au Fil du Temps Éditions, 2011.

*Varda/Cuba,* catálogo de la exposición en el Centre Pompidou, París (11 de noviembre de 2015-1 de febrero de 2016), con textos de Clément Chéroux, François Hourmant, Valérie Vignaux y Karolina Ziebinska-Lewandowska, Exb Atelier / Éditions du Centre Pompidou, 2015.

*Agnès Varda. Patates & compagnie,* catálogo de la exposición en el Musée d'Ixelles (25 de febrero-29 de mayo de 2016), Silvana Editoriale, 2016.

*Agnès Varda. Plages, cabanes et cocuillages,* catálogo de la exposición en el Centre d'Art La Malmaison, Cannes (8 de julio de 2022-29 de enero de 2023), Éditions Snoeck, 2022.

*Agnès Varda: Luz e sombra / Light and shadow,* Oporto, Fundação de Serralves, 2022.

*Director's inspiration: Agnès Varda,* Los Ángeles, DelMonico Books / Academy Museum of Motion Pictures, 2023.

*Viva Varda!,* Cinémathèque Française / Éditions de La Martinère, 2023.

*Agnès Varda. Fotografiar, filmar, reciclar,* Barcelona, CCCB / Arcadia Editorial, 2024.

*Artículos (selección)*

Bellour, Raymond, «Un peu plus de réel», *Trafic,* núm. 54, verano de 2005, pág. 5-12.

— «Varda ou l'art contemporain. Note sur *Les Plages d'Agnès*», *Trafic,* núm. 69, primavera de 2009, págs. 16-19.

DeRoo, Rebecca J., «Multimedia artist», *Sight & Sound,* vol. 28, núm. 7, junio de 2018, pág. 33.

Drake, Chris, «No woman is an island», *Sight & Sound,* vol. 16, núm. 12, diciembre de 2006, pág. 10.

Frodon, Jean-Michel, «Patates avec vue sur le cinéma», *Cahiers du Cinéma,* núm. 600, abril de 2005, págs. 90-91.

— «Godard et Varda dans l'espace: retour sur deux expositions», *Cahiers du Cinéma,* núm. 615, septiembre de 2006, páginas 68-71.

— «La vague, toujours nouvelle, jusqu'au sable du présent», *Cahiers du Cinéma,* núm. 646, junio de 2009, págs. 58-60.

Jordan, Shirley, «Spatial and emotional limits in installation art: Agnès Varda's *L'île et elle*», *Contemporary French and Francophone Studies,* vol. 13, núm. 5, diciembre de 2009, páginas 581-588.

Rouyer, Philippe, «Actualités d'Agnès Varda», *Positif,* núm. 548, octubre de 2006, págs 72-73.

Valens, Grégory, «Agnès Varda, l'hommage juste», *Positif,* núm. 553, marzo de 2007, pág. 66.

Audé, Françoise, *Ciné-modèles cinéma d'elles: situations de femmes dans le cinéma français 1956-1979,* Lausana, L'âge d'homme, 1981.

— *Cinéma d'elles 1981-2001,* Lausana, L'âge d'homme, 2003.

Bellour, Raymond, *La querelle des dispositifs. Cinéma-installations, expositions,* París, P.O.L., 2012.

Binh, N. T., y Moure, José, *Documentaire et fiction,* col. «Caméras subjetives», París, Les impressions nouvelles, 2015.

Blüher, Dominique, y Pilard, Philippe (eds.), *Le court métrage documentaire français de 1945 à 1968. Créations et créatures,* Rennes, Presses Universitaires de Rennes, 2009.

Breschand, Jean, *El documental. La otra cara del cine,* Barcelona, Paidós, 2004.

Casas, Quim, e Iriarte, Ana Cristina (coords.), *Jacques Demy,* San Sebastián-Madrid, Donostia Zinemaldia-Festival de San Sebastián / Filmoteca Española, 2011.

Cooper, Sarah, «Looking back, looking onwards: selflessness, ethics, and French documentary», *Studies in French Cinema,* vol. 10, núm. 1, 2010, págs. 57-68.

Frodon, Jean-Michel, *Le cinéma français de la Nouvelle Vague à nos jours,* París, Cahiers du Cinéma, 2010.

Graham, Peter, y Vincendeau, Ginette, *The French New Wave: critical landmarks,* Londres, British Film Institute, 2022.

Greene, Naomi, *The French New Wave: a new look,* Londres, Wallflower Press, 2007.

Heredero, Carlos F., y Monterde, José Enrique (eds.), *En torno a la Nouvelle Vague. Rupturas y horizontes de la modernidad,* Valencia, Institut Valencià de Cinematografía Ricardo Muñoz Suay / Festival Internacional de Cine de Gijón / Centro Galego de Artes da Imaxe y Filmoteca de Andalucía, 2002.

Mackenzie, Scott (ed.), *Film manifiestos and global cinema cultures. Critical anthology,* Berkeley (CA), Univerity of California Press, 2014.

Marie, Michel, *La Nouvelle Vague,* Madrid, Alianza Editorial, 2012.

Nichols, Bill, *Blurred boundaries. Questions of meaning in contemporary culture,* Indianápolis (IN), Indiana University Press, 1994.
— *La representación de la realidad. Cuestiones y conceptos sobre el documental,* Barcelona, Paidós, 1997.
— *Introduction to documentary,* Bloomington (IN), Indiana University Press, 2017.
Père, Oliver, y Colmant, Marie, *Jacques Demy,* París, Éditions de La Martinière, 2010.
Riambau, Esteve, *El cine francés, 1958-1998,* Barcelona, Paidós, 1998.
Rodríguez, Hilario J., y Tejeda, Carlos, *Cine XXI. Directores y direcciones,* Madrid, Cátedra, 2013.
Romaguera, Joaquim, y Alsina, Homero (eds.), *Textos y manifiestos del cine,* Madrid, Cátedra, 1993.
Sánchez Noriega, José Luis, *Historia del cine. Teoría y géneros cinematográficos, fotografía y televisión,* Madrid, Alianza Editorial, 2006.
Schmid, Marion, *Intermedial dialogues. The French New Wave and other arts,* Edimburgo, Edinburgh University Press, 2019.
Taboulay, Camille, *Le cinéma enchanté de Jacques Demy,* París, Cahiers du Cinéma, 1996.
Vincendeau, Ginette, «Women's cinema, film theory and feminism in France. Reflections after the 1987 Creteil Festival», *Screen,* vol. 28, núm. 4, otoño de 1987, págs. 4-19.
Weinrichter, Antonio, *Desvíos de lo real. El cine de no ficción,* Madrid, T&B Editores, 2004.
— (ed.), *La forma que piensa. Tentativas en torno al cine-ensayo,* col. Punto de Vista, Pamplona, Festival Internacional de Cine Documental de Navarra, 2007.
— (ed.), *Doc. El documentalismo en el siglo* XXI, Donostia, Festival Internacional de Cine de Donostia-San Sebastián, 2010.
Winston, Brian; Vanstone, Gail, y Chi, Wang, *The act of documenting. Documentary Film in the 21st Century,* Nueva York y Londres, Bloomsbury, 2017.

# Índice

# Colección
# Signo e Imagen / Cineastas

Títulos publicados

1. *Ingmar Bergman,* Juan Miguel Company (4.ª ed.).
3. *Stanley Kubrick,* Esteve Riambau (5.ª ed.).
4. *Luis Buñuel,* Agustín Sánchez Vidal (5.ª ed.).
5. *John Ford,* Patxi Urkijo (4.ª ed.).
6. *Eric Rohmer,* Carlos F. Heredero y Antonio Santamarina (2.ª ed.).
7. *Fritz Lang,* Quim Casas (4.ª ed.).
8. *Billy Wilder,* Claudius Seidl (3.ª ed.).
9. *George Cukor,* Augusto Martínez Torres.
10. *S. M. Eisenstein,* Jesús González Requena (2.ª ed.).
11. *John Cassavetes,* Thierry Jousse.
12. *Akira Kurosawa,* Manuel Vidal Estévez (3.ª ed.).
13. *David Lean,* Ramón Moreno Cantero.
14. *Alain Tanner,* Christian Dimitriu.
15. *Federico Fellini,* Pilar Pedraza y Juan L. Gandía (2.ª ed.).
16. *Steven Spielberg,* Marcial Cantero (2.ª ed.).
17. *Kenji Mizoguchi,* Antonio Santos.
18. *Joseph L. Mankiewicz,* N. T. Binh.
19. *Nicholas Ray,* Jean Wagner.
20. *Pedro Almodóvar,* Antonio Holguín (3.ª ed.).
21. *Jean-Luc Godard,* Suzanne Liandrat-Guigues y Jean-Louis Leutrat.
22. *Vincente Minnelli,* Augusto Martínez Torres.
23. *Roberto Rossellini,* Ángel Quintana.

24. *Peter Greenaway,* Jorge Gorostiza.
25. *Sam Peckinpah,* Francisco Javier Urkijo.
26. *Víctor Erice,* Carmen Arocena.
27. *Vicente Aranda,* Enrique Colmena.
28. *Tomás Gutiérrez Alea,* José Antonio Évora.
29. *Fernando Birri (El alquimista poético-político),* Fernando Birri.
30. *Michael Curtiz,* Pablo Mérida.
32. *Luchino Visconti,* S. Liandrat-Guigues.
33. *Nelson Pereira dos Santos,* Helena Salem.
34. *Carl Theodor Dreyer,* Manuel Vidal Estévez.
35. *Luis García Berlanga,* Francisco Perales (2.ª ed.).
36. *Francis Ford Coppola,* Esteve Riambau (2.ª ed.).
37. *David Wark Griffith,* José María Marzal.
38. *Arturo Ripstein (La espiral de la identidad),* Paulo Antonio Paranaguá.
39. *Jean Renoir,* Ángel Quintana.
40. *Mario Camus,* José Luis Sánchez Noriega.
41. *Satyajit Ray,* Alberto Elena.
42. *Woody Allen,* Jorge Fonte (6.ª ed.).
43. *Wim Wenders,* Íñigo Marzábal.
44. *Pier Paolo Pasolini,* Silvestra Mariniello.
45. *Claude Chabrol,* Aldo Viganò.
46. *Martin Scorsese,* José Enrique Monterde.
47. *Jacques Tati,* Carlos Cuéllar.
48. *Elia Kazan,* Efrén Cuevas.
49. *Alfred Hitchcock,* José Luis Castro (2.ª ed.).
50. *Charles Chaplin,* Esteve Riambau.
51. *Brian De Palma,* Marcial Cantero.
52. *Robert Bresson,* Santos Zunzunegui.
53. *Patricio Guzmán,* Jorge Ruffinelli.
54. *Samuel Fuller,* Quim Casas.
55. *Michael Powell y Emeric Pressburger,* Llorenç Esteve.
56. *Rainer Werner Fassbinder,* Yann Lardeau.
57. *Glauber Rocha,* José Carlos Avellar.
58. *Abbas Kiarostami,* Alberto Elena (2.ª ed.).
59. *Michelangelo Antonioni,* Domènec Font.
60. *Manuel Gutiérrez Aragón,* Vicente Molina Foix.

61. *John Huston,* Marcial Cantero.
62. *David Cronenberg,* Jorge Gorostiza y Ana Pérez.
63. *Tim Burton,* Marcos Marcos Arza (4.ª ed.).
64. *Howard Hawks,* Francisco Perales.
65. *Yasujiro Ozu,* Antonio Santos (2.ª ed.).
66. *Orson Welles,* Santos Zunzunegui (2.ª ed.).
67. *John Frankenheimer,* Francisco Javier Urkijo.
68. *Takeshi Kitano,* Luis Miranda.
69. *Milos Forman,* César Ballester.
70. *Douglas Sirk,* Jesús González Requena.
71. *David Lynch,* Quim Casas (4.ª ed.).
72. *Buster Keaton,* Joan M. Minguet.
73. *Oliver Stone,* Jorge Fonte.
74. *Frank Capra,* Ramon Girona.
75. *Clint Eastwood,* Carlos Aguilar (2.ª ed.).
76. *Robert Aldrich,* Jaime Iglesias Gamboa.
77. *Otto Preminger,* Antonio García-Berrio Hernández.
78. *François Truffaut,* Luis García Gil.
79. *Sergio Leone,* Carlos Aguilar.
80. *Fernando Fernán-Gómez,* José Luis Castro de Paz.
81. *Julio Medem,* Zigor Etxebeste.
82. *Andrei Tarkovski,* Carlos Tejeda.
83. *Joseph Losey,* Joaquín Vallet.
84. *Jerry Lewis,* Pablo Pérez Rubio.
85. *Jesús Franco,* Carlos Aguilar.
86. *Alexander Mackendrick,* Asier Aranzubia Cob.
87. *Tod Browning,* José Manuel Serrano Cueto.
88. *Aki Kaurismäki,* Pilar Carrera.
89. *Robert Zemeckis,* Jorge Fonte.
91. *Joel y Ethan Coen,* Antonio Santamarina.
92. *Alejandro Jodorowsky,* Diego Moldes.
93. *John Lasseter,* Jorge Fonte.
94. *Mario Bava,* Carlos Aguilar.
95. *Peter Weir,* Nekane E. Zubiaur.
96. *Terence Fisher,* Joaquín Vallet.
97. *Tex Avery,* Cruz Delgado Sánchez.
98. *Andy Warhol,* Alberte Pagán.

99. *Jim Jarmusch,* Hilario J. Rodríguez y Carlos Tejeda.
100. *Theo Angelopoulos,* Manuel Vidal Estévez.
101. *Robert Rossen,* José Antonio Jiménez de las Heras.
102. *Sydney Pollack,* Rubén Ordieres.
103. *Anthony Mann,* Francisco Javier Urkijo.
104. *Vittorio De Sica,* Aguilar y Cabrerizo.
105. *Jean-Pierre Melville,* Carlos Aguilar.
106. *Jacques Tourneur,* Rubén Higueras Flores.
107. *Paul Verhoeven,* Jordi Revert.
108. *Ridley Scott,* Jorge Fonte.
109. *Neil Jordan,* Jordi Ardid y Marta Giráldez.
110. *Leni Riefenstahl,* Manuel García Roig.
111. *Clarence Brown,* Carmen Guiralt Gomar.
112. *Bernardo Bertolucci,* Enric Alberich.
113. *Roman Polanski,* Joaquín Vallet.
116. *Wong Kar-wai,* Carlos F. Heredero (4.ª ed.).
117. *Nanni Moretti,* Aarón Rodríguez Serrano.
118. *Michael Cimino,* Pilar Carrera.
119. *Rob Reiner,* Jorge Fonte.
120. *Fred Zinnemann,* Christian Aguilera.
121. *Raoul Walsh,* Carlos Losilla.
122. *Louis Malle,* Enric Alberich.
123. *Icíar Bollaín,* José Luis Sánchez Noriega.
124. *George Lucas,* José Abad.
125. *Emir Kusturica,* Daniel Seguer.
126. *J. J. Abrams,* Juanma Ruiz.
127. *Friedrich Wilhelm Murnau,* Manuel Lamarca Rosales.
128. *Hirokazu Koreeda,* Miguel Muñoz Garnica.
129. *Paolo Sorrentino,* Elios Mendieta.
130. *Claude Lanzmann,* Alberto Sucasas.
131. *Basilio Martín Patino,* Javier Tolentino.
132. *Richard Fleischer,* José Abad.
133. *Don Siegel,* Joaquín Vallet.
134. *Carol Reed,* Luis García Gil.
135. *Christopher Nolan,* José Abad (4.ª ed.).
136. *Álex de la Iglesia,* Antonio Santamarina y Jesús Angulo.
137. *Jacques Rivette,* Violeta Kovacsics.
138. *Agnès Varda,* Carlos Tejeda.